农村新型墙体材料选用手册

NONGCUN XINXING QIANGTI CAILIAO XUANYONG SHOUCE

——以浙江为例

YI ZHEJIANG WEILI

王美燕 著

中国水利水电出版社
www.waterpub.com.cn

内 容 提 要

本书包括6个章节：绪论、墙体节能相关知识及政策、浙江常见新型墙体材料、浙江常见保温隔热材料、浙江常用墙体保温隔热系统和浙江农村墙体材料及构造选用。主要介绍农村建筑节能的相关知识和政策，浙江常见新型墙体材料和保温隔热材料的类型、性能特点和相关厂家产品，浙江省常用墙体保温隔热体系，符合浙江农村建筑节能设计要求的新型节能墙体选用表，适合节能改造的墙体选用表。随着我国新农村建设的全面开展，国家对农居也提出了新的节能设计要求。本书在实际调研的基础上，结合浙江农村的具体特点和农村节能规范和政策，介绍和推广新型墙体，并提出了适用于不同类型农居的墙体节能选用表。

本书可作为农村广大农民、农村基层领导、农村技术人员以及所有参与新农村规划设计施工的单位或个人学习和参考，也可以作为大专院校的师生的学习参考资料，以及作为农村施工人员培训材料。本书既适用于农村新建建筑，也适用于农村既有建筑的节能改造。

图书在版编目（CIP）数据

农村新型墙体材料选用手册 ： 以浙江为例 / 王美燕著. -- 北京 ： 中国水利水电出版社， 2016.1
ISBN 978-7-5170-4083-5

Ⅰ. ①农… Ⅱ. ①王… Ⅲ. ①农业建筑－墙－建筑材料－浙江省－手册 Ⅳ. ①TU5-62

中国版本图书馆CIP数据核字(2016)第101955号

书 名	农村新型墙体材料选用手册——以浙江为例
作 者	王美燕 著
出版发行	中国水利水电出版社 （北京市海淀区玉渊潭南路1号D座 100038） 网址：www.waterpub.com.cn E-mail：sales@waterpub.com.cn 电话：(010)68367658(发行部)
经 售	北京科水图书销售中心(零售) 电话：(010)88383994、63202643、68545874 全国各地新华书店和相关出版物销售网点
排 版	杭州开元有限公司
印 刷	北京纪元彩艺印刷有限公司
规 格	184mm×260mm 16开本 15印张 337千字
版 次	2016年1月第1版 2016年1月第1次印刷
印 数	0001—2000册
定 价	48.00元

凡购买我社图书，如有缺页、倒页、脱页的，本社发行部负责调换

版权所有·侵权必究

前　言

墙体材料是农村建房的最大宗商品材料之一。据调查，传统烧结黏土砖仍然是浙江农村建房的主要墙体材料。在农村发展和推广新型墙体材料不仅利于节地、节能、利废、环保，也有利于改善广大农村的人居环境。浙江省的墙改工作走在全国前列，早在2000年浙江省率先出台了在城市全面禁止使用黏土砖的硬性规定。在2009年又出台了《关于开展农村发展新型墙体材料目标责任管理试点工作的通知》，开始在农村实施政府主导的墙改。

本书是在完成浙江省发展新型墙体材料科研项目“浙江省新农村建筑的新型墙体材料及应用技术研究”的基础上，重新修改、补充和完善后形成的。主要包括以下几个部分：

第1章主要介绍国内外研究现状，在对浙江农村基本情况和浙江农村建筑基本情况调查的基础上，总结了浙江农村建筑的特点、常见墙体的热工性能、不同时期和不同结构形式建筑的热桥比例、室内物理环境等特点，分析了浙江农村建房存在的主要问题并提出了建议。

第2章主要介绍建筑墙体节能的基础知识和我国的墙体节能方面的政策法规，并对比了美国、日本、浙江省及国内其他地区的墙体节能方面的政策法规和规范要求。

第3章根据墙体材料的分类方法，将新型墙体材料分为砖、砌块和板材三大类，介绍适用于浙江农村的新型墙体材料的类型、性能，介绍浙江省主要企业生产的产品信息。

第4章主要介绍浙江省常用保温材料的类型、主要性能指标和热工性能，介绍浙江及周边地区主要企业生产的产品信息。

第5章主要介绍浙江省常用保温隔热体系的类型、选用要点和选用依据，介绍浙江及周边地区主要企业生产的产品信息。

第6章主要介绍浙江省常用新型墙体材料、常用保温隔热材料的热工性能指标选用表及选用依据［《农村居住建筑节能设计标准》（GB/T 50824—2013）和《浙江省居住建筑节能设计标准》（DB 33/1015—2015）］，列出了在不同热桥比例下，外墙和内墙不同节能要求的墙体材料和构造的选用表。

本书由王美燕著。赖祥助、黄垚岚、沈卫芬等为本书的编写提供了大量帮助。在资料收集上，浙江省墙体改革办公室前主任金光标和现任主任黄勇、调研员张玲，浙江省新型墙体材料协会会长童桂香，杭州、义乌、温州、湖州、宁波等地的墙改办提供了大量帮助和指导；浙江特拉建材有限公司、浙江方源建材有限公司、台州方远建材科技有限公司、临安同鑫建材有限公司等相关企业提供了大量资料，在此一并表示感谢！

希望本书能够提高农村居民、农村建筑设计施工技术人员等相关人员对新型墙体材料的认识，为政府在浙江农村推广新型墙体材料及其应用起到一定的促进作用。

本书成书时间仓促，加之著者水平有限，书中难免存在的不足之处，希望读者及同仁给予批评和指正。

编　者

2016年5月

目　录

第1章 绪 论

1.1 课题研究背景及内容

1.1.1 课题研究背景

墙体改革的最大目的是保护耕地,保护生态环境,节约能源,坚持可持续发展。我国耕地资源紧缺,耕地面积仅占国土面积的10%,不到世界平均水平的一半。目前,我国农村每年新增住宅约8亿m^2,主要以砖混结构建筑为主。建筑材料中70%是墙体材料,黏土砖仍然占主导地位,耗用大量耕地。国发办33号文件提出:"限制生产、使用实心黏土砖,并逐步向小城镇和农村延伸"。明文规定了禁止使用实心黏土砖的城市,逐步淘汰黏土制品,并向郊区城镇延伸;其他城市要按照国家的统一部署,分期分批禁止使用实心黏土砖,并向小城镇和农村延伸。

2007年浙江省十届人大常委会第三十三次会议通过了《浙江省发展新型墙体材料条例》,明确了新型墙体材料非黏土化的产业发展方向,确定了新型墙体材料推广使用由城市向农村推进,禁止在全省生产和使用实心黏土砖。《浙江省人民政府关于积极推进绿色建筑发展的若干意见》(浙政发〔2011〕56号)中提出积极推进墙体革新,并提出"鼓励其他建筑工程和农村建筑工程使用新型墙体材料",并鼓励发展"以工业废渣、粉煤灰、建筑渣土、煤矸石和江河湖海泥等为原料的新型墙体材料,积极开发各种砌块、轻质板材和高效保温材料,推行复合墙体和屋面技术,改善墙体保温和屋面保温的防水技术性能。积极研究开发科技含量高、利废效果好、节能效果显著的新型墙体材料生产技术"。

在新农村建设兴起的背景下,浙江农村住房建设量非常大。在2001—2014年间,浙江农村新建住房16.38万户,建房面积11819.09万m^2,占全省房屋建设总量的50.81%,年均建房面积2954.77万m^2。农村居民建房数量呈逐年增长趋势,人均居住面积从2000年的46.4m^2扩大到2005年末的55m^2,2012年已经达到61.51m^2。

浙江省在"十五"期间,在一些乡镇建设一批应用新型墙体材料的新农居和高山移民搬迁下山居住区试点示范建筑,取得了巨大成功,带动了周边乡村农居建设选用新型墙材。如绍兴东湖镇龙山村、临安杨岭乡、建德市莲花镇应用混凝土砌块和混凝土砖建造农居面积分别达到30多万平方米、3万多平方米和5万多平方米。实践证明,新型墙体材料在新农村建设中推广应用是可行的。浙江省富阳市于2014年完成320户,5.24万m^2的发展新型墙体材料专项补助,为农村全面推广新型墙体材料发挥了示范与带动作用。

1.1.2 课题研究内容

本课题研究就是在此背景下提出的,主要包括以下几部分内容:

(1)通过对浙江农村建筑基本情况、建筑材料的使用情况和村民意识等方面的调查,掌握农村现有自然村落、新型农村社区建筑的基本情况以及存在的问题。

(2)介绍适宜浙江农村建筑使用的墙体材料、保温隔热材料等建筑产品类型和性能,以及相关厂家的产品信息。

(3)介绍适宜浙江农村建筑使用的墙体保温隔热系统、适用条件及相关规范。

(4)根据我国现行农村建筑节能设计规范的相关要求,并根据我省农村建筑的建造特点,列出了浙江省农村节能建筑墙体选用表。

1.2 浙江农村基本概况

1.2.1 地理特征

浙江省地处中国东南沿海经济发达的长江三角洲南翼,东临东海、南接福建,西与江西、安徽相连,北与上海、江苏接壤。浙江省总面积10.18万km^2,境内地形复杂,山地和丘陵占70.4%,平原和盆地占23.2%,河流和湖泊占6.4%,耕地面积仅208.17万hm^2,故有“七山一水两分田”之称。地势由西南向东北倾斜,大致可分为浙北平原(杭嘉湖平原)、浙西丘陵、浙东丘陵、中部金衢盆地、浙南山地、东南沿海平原及滨海岛屿六种典型地形。

浙江省下辖杭州、宁波、温州、绍兴、湖州、嘉兴、金华、衢州、舟山、台州、丽水、义乌12个城市,其中杭州、宁波(计划单列市)为副省级城市,义乌为11+1省辖单列市。根据《浙江省统计年鉴2013》统计数据显示,截至2012年浙江农村共设有929个乡镇(650个镇、279个乡),共有28498个行政村。农村住户1257.09万户,农村人口约3856.87万人。对4700户进行调查,农村户均常住人口从2006年的3.55人降低为2012年的3.29人。

1.2.2 气候特征

浙江省位于我国东部沿海,处于欧亚大陆与西北太平洋的过渡地带,该地带属典型的亚热带季风气候区。受东亚季风影响,浙江冬夏盛行风向变化显著,降水呈明显的季节变化。由于浙江位于中、低纬度的沿海过渡地带,加之地形起伏较大,同时受西风带和东风带天气系统的双重影响,各种气象灾害频繁发生,是我国受台风、暴雨、干旱、寒潮、大风、冰雹、冻害、龙卷风等灾害影响最严重地区之一。浙江年平均气温15~18℃,极端最高气温33~43℃,极端最低气温-2.2~-17.4℃;全省年平均雨量在980~2000mm,年平均日照时数1710~2100h。浙江气候总的特点是:季风显著,四季分明,年气温适中,光照较多,雨量丰沛,空气湿润,雨热季节变化同步,气候多样,气象灾害繁多。

我国根据气候特点,将建筑热工设计分区划分为严寒地区、寒冷地区、夏热冬冷地区、夏热冬暖地区和温和地区。按照地理位置,浙江省属于夏热冬冷地区,夏季高温炎热,冬季潮湿阴冷。与同纬度其他地区相比,夏热冬冷地区的气候条件最为恶劣。

1.2.3 经济状况

浙江农村经济发展迅速，农村居民生活水平有了很大改善。1981年，浙江省城乡居民的恩格尔系数为55%，到2001年，农村居民恩格尔系数下降至41.6%。“十一五”期间，农村居民收入从2000年的4254元增加到2005年的6660元，恩格尔系数从43.5%下降到38.6%。在2007年中国百强县评比中，浙江省有25个县市入围，占1/4席；前十名中，浙江占4席，分别是慈溪、绍兴、义乌和余姚。2013年全国经济百强县14个，2014年全国经济百强县浙江省占有17席。根据《浙江省统计年鉴2013》统计的2012年浙江各市县农民人均收入情况可以看出，农民的人均纯收入已经从1978年的168元，增长到了2012年的14552元，增加了将近87倍。随着农民收入的提高，农民的消费水平也不断提高（图1-1）。从2005年到2012年的浙江省农村居民人均居住方面的支出情况可以看出，人们生活水平也在不断提高，住房、能源消耗方面的支出加大（图1-2）。

这些农村住房及用能方面的增长与浙江省农村经济的发展密不可分。从20世纪80—90年代发展起来的浙江专业市场在我国是领先和有代表性的，同时也深刻地改变了浙江农村以往“脸朝黄土背朝天”的传统农业模式。伴随着农村工业化步伐的加快，专业化分工的出现，大量家庭工场和乡镇企业应运而生，一批围绕本地区优势的具有特色产品生产的村落开始兴起，如温州柳市镇上园村的低压电器生产、义乌大陈镇的衬衫生产等。另一方面，在一些风景优美、环境宜人的农村，这些农村通常远离城郊，工业经济发展较慢，但具有得天独厚的旅游养生条件。近年来，发展起来的农家乐、避暑农庄等也悄然兴起。这些农村经营模式的转变，对建筑形式、建筑用能等都带来了很大的影响。

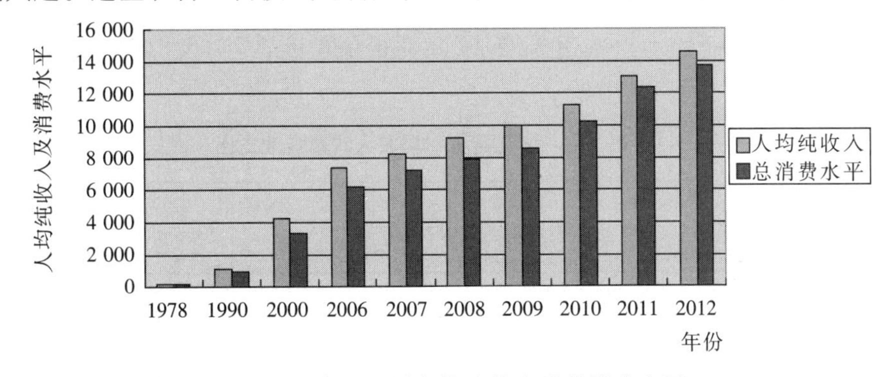

图1-1 农民民居人均纯收入及总消费水平

但是，浙江省各地区域经济发展极不平衡。浙江省25个欠发达地区主要分布在台州、温州、金华、衢州、丽水一带。特别是衢州、丽水两市及所辖县（市），以及泰顺、文成、永嘉、苍南、磐安、武义、三门、仙居、天台、淳安等县，其经济社会发展水平远远低于全省的平均水平。2010年，丽水、衢州两市的GDP总量只有1396.82亿元，仅占全省总量的5.13%，城镇居民人均可支配收入和农民人均纯收入分别只为全省平均水平的81.4%和65.5%。丽水、衢州两市的地方财政收入总和只有91.92亿元，仅占全省总量的3.52%。

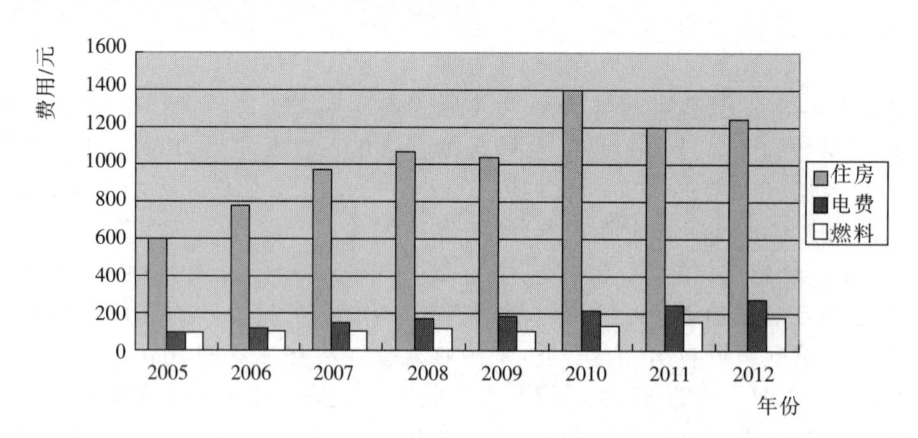

图1-2　浙江省农村居民人均居住方面的支出

钢材、水泥、砖瓦是主要的建筑材料。从表1-1可以看出,2007年是一个建设高峰期。

表1-1　浙江省农村家庭户均购买建筑材料情况

建材＼年份	2006	2007	2008	2009	2010	2011	2012
水泥/kg	624.79	787.43	629.24	590.62	639.73	489.16	492.62
钢材/kg	60.92	95.81	71.49	85.32	99.90	64.82	53.17
砖瓦/块	1050	1256	832	749	728	500	712

注　本表根据《浙江省统计年鉴2013》数据整理而成。

村民在建筑业方面的支出在逐年增加(除物价增长因素外,人均投入建筑方面的投资业在不断增加),如表1-2所示。

表1-2　浙江省农村居民人均建筑业支出　　单位:元

2005年	2006年	2007年	2008年	2009年	2010年	2011年	2012年
25	25	31	35	33	66	110	130

注　本表根据《浙江省统计年鉴2013》数据整理而成。

1.2.4　农村建设情况

浙江省是我国的经济大省,新农村建设也走在全国前列。根据2013年浙江省统计局统计数据表明,浙江省全省实际开展环境综合整治的建制村1 840个,受益农户68.8万户,全省列入计划的261个历史文化村落已全部启动建设,其中保护利用重点村44个,保护利用一般村217个,受益农户15.86万户。全省94%建制村完成了村庄整治建设,95%以上的建制村实现生活垃圾集中收集处理,79%以上农户家庭实现卫生改厕,65%以上建制村开展了生活污水治理。建制村养老服务覆盖近70%,标准化中小学校比例55%,乡镇卫生院标准化建设达标率99%。农家乐休闲旅游村(点)3211个。表1-3为浙江省农村居民家庭房屋状况。

表1-3 浙江省农村居民家庭房屋状况

项目 \ 年份	2006	2007	2008	2009	2010	2011	2012
年内新建房屋户数	114	325	78	106	73	96	72
新建房屋每平方米价值/元	594	732	878	979	1032	1352	1535
新建楼房面积/m^2	1.27	1.38	0.99	1.09	1.06	1.42	1.04
人均使用面积/m^2	55.57	57.06	58.50	59.29	58.53	60.80	61.51

注 本表根据《浙江省统计年鉴2013》数据整理而成。

从表1-4中可以看出，2010年空调器购买出现了很大的增幅，说明农村居民也越来越关注室内的热舒适性。

表1-4 浙江省农村居民平均每百户家庭空调器拥有量 单位：台

2005年	2006年	2007年	2008年	2009年	2010年	2011年	2012年
36.00	42.60	54.00	61.30	69.60	78.60	94.40	99.90

注 本表根据《浙江省统计年鉴2013》数据整理而成。

1.2.5 结论

浙江省是我国的经济强省，同时也是同一纬度气候最恶劣的地区。经济、生活水平的发展，使农民对生活提出更高的品质要求；农村传统经济向多元化文化方向发展也对传统农屋提出新的性能要求。浙江农村正在兴起新一轮的建设高峰，墙体材料是农民建房中的大宗商品，同时也是决定建筑质量和性能的重要方面。由此可见，在农村推广新型墙体材料的应用对改善农民的居住环境和建筑性能至关重要。

1.3 浙江农村建筑现状调查

1.3.1 浙江农村建筑现状调查及分析

课题组在2009—2010年间走访了浙江省9个地区的农村，并对其中24个行政村（120多个自然村）的建筑情况进行了重点调查。本次调查，根据地理环境、生产方式、城乡关系、经济发展情况等，将不同地区的建筑划分为四种类型的自然村落（丘陵山地型、平原水乡型、海滨型、城郊型）及农村社区型村落（表1-5）。采用面对面交流询问的方式，共收集调查问卷3000余份。

表1-5 按照地理特点分类

类型		调查的村庄	户数/户
自然村落	丘陵山地型	临安锦城街道石桥村、永嘉陡门村、武义西联乡内河洋村、缙云县大洋镇前村	819
	平原水乡型	余姚回龙村、绍兴鉴湖村、湖州菱湖镇、嘉兴建林村、义乌阜头村、金华砖塘村	859
	海滨型	宁波柴桥镇河头村、高亭镇(大岱一村、双合小岱)、嵊泗列岛东海渔村	409
	城郊型	萧山临浦镇蒲二村、绍兴安昌镇安华村、义乌和溪村、金东区塘雅镇塘雅一村、舟山岱东镇北峰社区、缙云县官店村	587
农村社区		苍南东跳村、安吉山川村、义乌塔下洲村	55

(1)建筑形式。浙江农村建筑由于地理环境、建造时间不同,形式丰富多样。对于新建的社区,地理环境则因素相对弱化。从层数上来说,有低层住宅、多层住宅、小高层住宅和高层住宅。低层农房是指1~3层的农房,主要包括一家一户独立式农房、两户联立式农房和多户联排式农房。低层农房最具自然亲和性,通常有庭院,户间干扰少,居住氛围宜人,是一种深受农户喜欢的建筑形式。但是,土地利用率低、资源集约化较差。多层住宅是4~6层(或顶层跃1层)的农房,由于空房率较高,除生活以外,同时兼有租赁、经营、生产功能。这种农房形式多见于义乌、温州等经济较为发达地区。小高层农房一般是指9~11层的集合式公寓,安装有电梯,舒适性较好,有单元式、外廊式和点式等类型。这种类型的农房是浙江新农村旧房拆迁改造中,能有效提高土地使用效率的一种方式。村民的土地通常已经被征用,经济收入依靠房屋租赁或从事其他非农业活动,生活方式已经逐渐城市化。高层住宅是指12层以上的农房,土地利用率高,有较大的室外公共空间和公共服务设施。这种农房形式已经是完全城市化的一种建筑模式,对于习惯于"面朝黄土背朝天"的农民来说,生活方式发生了巨大变化。

自然型村落的建筑形式与建造年代和所处地理位置有关。2000年之前的建筑形式相对比较单一,并且地域差异不是很明显。在20世纪80年代之前建造的建筑,多为1~2层,每层层高约为2.6~3m;二层相对较矮,层高约1.8m(屋檐)。20世纪80—90年代的建筑多为外廊式建筑,层数2~3层,每层层高3~3.2m(屋檐);二层层高2.7~2.9m(屋檐)。2000年之后的建筑,外廊式逐渐向内廊式转变,形式也更加丰富。随着农村传统农业向多元化方向发展,农村建筑形式与新的生活生产方式密切相关。金华地区的农房底层层高较大,一方面是由于传统的风俗习惯;另一方面是由于农村手工业加工和经营的需要。

(2)建筑使用功能。从建筑的使用功能来看,目前农村建筑依然以居住为主。城郊型农村受城镇经济影响,从事生产和商业经营性质的比例相对较高。近年来,随着乡村观光旅游的兴起,在一些风景优美、环境宜人的特色村落,休闲旅游、农家乐、渔家乐相对较多。村民将自己的农房改造为饭店、旅馆等。

(3)建筑材料的使用情况。在丘陵山地型和海滨型自然村落中,以石材为主要传统建筑材料;在平原水乡型自然村落中,夯土则更为常见。从调研情况看,浙江大部分农村建筑依然以烧结普通砖为主，为减少砖的使用量，空斗墙比例较高。浙江农村使用较多的新型墙体材料是烧结多孔砖（包括烧结黏土多孔砖和非黏土多孔砖），其次是混凝土砖（砌块），加气混凝土砌块、复合板材、石膏板材等装修材料使用较少。新型墙体材料的使用具有明显的地区差异性。舟山群岛、湖州等地区新型墙体材料（烧结多孔砖）使用较多，村民的认知度也相对较高。从调查中来看，城郊距离和经济发展情况对是否选择新型墙体材料没有必然联系。根据浙江省自身资源存量、政府相关政策及科研机构的研究，烧结页岩砖、混凝土制品、煤渣混凝土小型空心砌块、蒸压粉煤灰砖和蒸压加气混凝土砌块等新型墙体材料将取代烧结黏土实心砖。从外墙装饰来看，面砖在农村的使用比例较高。在金华、丽水等地，有相当比例的农房外墙没有做任何装饰。

（4）墙体构造形式及热工性能。浙江农村建筑材料种类和建造方式具有较为明显的地域性和时代特征。夯土墙和石墙是浙江农村20世纪90年代之前常见的墙体类型，也是我国具有悠久历史的传统墙体形式。夯土墙常见于浙江盆地和丘陵地区，条石或毛石墙体则常见于浙江山区和海岛。这两种墙体热惰性指标较高，特别是夯土墙体，在夏季具有较好的隔热性能和热稳定性。夯土墙和石墙采用当地材料，以人力为主进行建造，在当前已经较少使用。实心黏土砖在浙江农村依然是最为常见的墙体材料。在农村建筑的不同使用部位，有不同砌筑方式。浙江农村常见砖墙形式有用于实心砖墙（一丁三顺为常见砌筑方式）、半砖墙（全顺方式砌筑）、空斗墙（全空斗、一眠一斗、一眠三斗、一眠五斗等）。实心砖墙用于承重部位，半砖墙和空斗墙用于非承部位。空斗墙以一眠三斗最为常见，常见于浙江金华、杭嘉湖平原。如表1-6所示的全空斗墙是温州地区砖墙的传统砌筑方式。不同砌筑方式的砖墙热工性能差异较大，特别是空斗墙的热惰性指标很小，热稳定性较差。2000年以后，混凝土制品开始在农村出现，主要为单排两孔普通混凝土空心砌块和混凝土普通砖。普通混凝土空心砌块尺寸规格较大，砌筑速度快，主要用于非承重部位。混凝土普通砖尺寸规格同实心黏土砖，同样具有类似的砌筑方式。由于普通混凝土空心砌块和混凝土普通砖砌筑的墙体容易干缩开裂，且运输搬运过程中破损率高，在农村住宅中使用比例较低。烧结多孔砖能够减少资源耗费，相对于实心黏土砖墙砌筑简单，墙体热工性能优异。但是，由于价格和观念等方面的原因，烧结多孔砖在杭嘉湖、舟山等地的农村推广较好，其他地区使用较少。

（5）热桥比例。历史村落尚存在数量较多木结构、砖（石、土）木结构建筑，普通农村传统结构的建筑比例已经很少。农村已经建成的建筑中，砖混结构比例最多。近年来，框架结构的农村建筑比例增大。农村建筑热桥比例差异较大，热桥比例与建筑层数、建筑结构形式、建造年代和建造方式有关。建造于20世纪80—90年代的砖（石、土）混结构的农房（层数为1~3层）热桥比例相对较低，约为10%~15%左右。2000年以后建造的建筑热桥比例差异较大。

（6）建筑物理环境。随着村民视野不断开阔和思想观念的转变，对生活质量的要求也越来越高。新建建筑的内部功能不断完善。但是，室内舒适性情况并没有很大的改善，甚至比传统建筑更差。从空调的使用情况来看，山区农村建筑中空调使用率较低；平原水乡型农村和近郊型农村安装空调的比例较高。另外，从事农家乐经营的农村空调安装比例也较高。在杭嘉湖平原、金华地区的村民认为夏季比较炎热的比例较大；在山区、海滨认为夏季比较炎热的相对较少。冬季则大部分村民表示并不是十分寒冷。大部分村民反映建筑会出现不同程度的泛潮，其中杭嘉湖平原比例较高。在声环境方面，村民对建筑隔声性能满意度较低。

（7）村民对国家政策和墙体材料使用的认知度。舟山、湖州、绍兴地区的农村对国家墙体材料政策的认知度较高，其他地区则相对较低。对政策略有听说的村民所占比例较大，表示对政策较为了解的，主要是从事建筑行业的村民。在新型墙体材料中，村民对烧结多孔砖认知度较高；其次是混凝土砖、加气混凝土砌块；对石膏板、复合板等装修材料了解度相对较低。在调查中发现，对材料的认知度和是否选用没有必然联系。宁波、舟山地区的村民明确表示愿意使用新型材料的比例较高，绝大部分村民表示对采用新型墙体材料持有怀疑态度。对新型材料并非仅最注重价格，村民表示兼顾性能和价格的比例较高。绝大多数村民表示愿意对建筑节能进行投资。

1.3.2 存在的主要问题

（1）村民意识方面。浙江的“禁黏”“禁实”政策主要在城市推行，很多新型建筑材料在城市也已有广泛的应用。但在浙江广大农村，除浙北部分农村外，农村建房仍然以实心黏土砖为主。在村民的观念意识方面的调查中发现村民思想观念陈旧，主要表现在以下几个方面：①村民观念陈旧，对新材料持怀疑、慎用态度。在调查中发现，大部分村民都知道烧结多孔砖、蒸压加气混凝土砌块等新型墙体材料（仅仅局限于看到过或听说过这种材料，但对具体性能和使用不了解），但真正愿意使用新型墙体材料的村民仅为30%左右，有些地方更低。大部分村民认为实心黏土砖坚固耐用、价格低廉，砌筑的墙体更加牢固。②建房追求高、大、气派，不注重室内环境的舒适性。改革开放以后，浙江农村经济快速提高，村民收入也逐渐提升。房屋成为村民展示经济实力和身份地位的象征。村民投入大量资金建造房屋，有些甚至倾其一生积蓄。村民用半砖墙、空斗墙的形式来减少砖的用量、节约成本，却不遗余力地建造更高的楼层和更多空余的房间。最终导致室内环境的恶劣和极高的空房率。③环境保护意识十分薄弱，甚至表现出漠不关心的态度。当问及是否担心使用实心黏土砖会破坏大量耕地、耗费能源、污染环境时，村民认为：这与他个人没有关系，别人在用，自己也可以用；既然有人生产，就会有人使用。

（2）价格因素。墙体材料是村民建房最主要的大宗商品之一，价格是制约村民选用新型建筑材料的另一个重要原因。从调查来看，以砖为例，当砖的价格为0.3~0.5元/块时，村民普遍能够接受；当砖的价格为1元/块时，该比例大大降低；当砖的价格超过1.5元/块时，几乎没有村民表示愿意接受。目前市场上实心黏土砖的价格为0.3~0.4元/块，烧结多孔砖的价格为0.5元/块左右。以砌筑1平方米的墙体为例，采用一眠三斗方式砌筑的空斗墙需要88块砖，砖的总价为26.4元（每块砖按0.3元/块计算）；采用烧结多孔砖砌筑的墙体需要80块砖（每块砖按0.4元/块计算），砖的总价为40元。

（3）新型墙体材料使用方面的问题。新型墙体材料在农村建房中出现水土不服，除了观念、价格等方面的因素以外，还存在使用方面的问题：①价格虽低，但质量差。一些新型材料，如混凝土多孔砖早在2010年之前就已经在浙江农村进行推广（混凝土普通砖、普通混凝土小型空心砌块则更早），虽然价格低，但实际上使用并不多。以混凝土普通砖为例，混凝土普通砖的价格0.28元/块，略低于实心黏土砖的价格。但混凝土普通砖在运输和搬运过程中破损率大，更重要的原因是混凝土砖吸水吸湿性能差，容易干燥收缩，墙体对房间调温调湿性能差，容易返潮（俗语“吐水”）。②一些新型墙体材料不适用于农村建筑的特殊部位。例如，农村在墙上钉挂农具的习惯，而空心率较大的墙体材料不适宜钻孔、定钉，也不利于空调机的安装。又如，耐火砖价格高；混凝土砖（砌块）、灰砂砖、粉煤灰砖不耐高温，不能用于砌筑灶台；烧结多孔砖或烧结砌块尺寸较大，不方便砌筑灶台。

（4）施工人员的专业技能和素质方面。目前，农村建房以自行设计、乡村施工队组织施工为主。包工头往往即是设计师，又是建造者。包工头虽然较普通村民对新材料和新技术更为内行，但通常没有接受过系统的专业教育，技术水平和对新材料的认识有限，主要依赖于言传身教及经验积累，不敢轻易采用新型建筑材料及建造技术，从而限制了新材料的应用和推广。广大施工人员多是农村“放下锄头，拿起砖头”的村民，施工操作不规范容易导致材料破损或施工质量差。

（5）农村建筑的特殊性。建筑是为了满足人们生产生活需要而创造的人工环境。农村建筑按照使用功能，可以分为公共建筑、居住建筑和农用建筑。公共建筑如乡村学校、各类农村办公用房、开展农家乐、观光园所需要的各类公共设施等。农村居住建筑往往以家庭为单位，集居住生活和部分生产活动于一体的实用性住宅，它不同于仅作为居住生活的城市住宅。农用建筑是为了满足现代工厂化农业养殖、种植、储藏、农业废弃物资源化利用而建造，如各类禽畜建筑、温室建筑、农业仓储建筑、农业副食品加工建筑等。

农村建筑90%以上为居住使用，农房不同于城市住宅，村民的行为习惯和生活方式不同于城市居民，建筑空间组织、平面布局、墙体材料及技术不能完全套用城镇模式。另一方面，城市建筑中的一些工程技术手册，对于农村建筑而言，技术过于先进，投入较大，不适用于农村建筑的营建。

（6）农村建筑物理环境差，热舒适性差。相对于城市建筑，农村建筑普遍物理环境较差，室内热舒适性差。浙江地区农村建筑一般没有隔热降温措施，夏季室内温度普遍在30℃以上。采用空斗墙、半砖墙的隔声性能较差，室内声环境也不理想。

（7）缺少对农村建筑节能方面的研究和推广。随着村民生活水平的不断提升，农村建筑中使用空调的比例逐步提高，空调使用率越来越高。另一方面，随着乡村旅游的兴起，农家乐、渔家乐、乡村旅舍等农村建筑的建筑能耗不断提高，农村建筑节能工作已经成为当前村镇建设的重要内容。我国工程建设协会在2012年发布了《农村单体居住建筑节能设计标准》（CECS 332:2012）。2013年国家又颁布了《农村居住建筑节能设计标准》（GB/T 50824—2013），并于2013年5月1日起实施。但浙江省目前没有专门针对农村建筑节能方面的技术手册或规范。

浙江农村常见墙体材料、建造方式和热工性能如表1-6所示。

表1-6　浙江农村常见墙体材料、建造方式和热工性能

墙体名称	墙体类型	墙体材料	建造方式	热工性能	
				传热系数/[W/(m²·K)]	热惰性指标
夯土墙	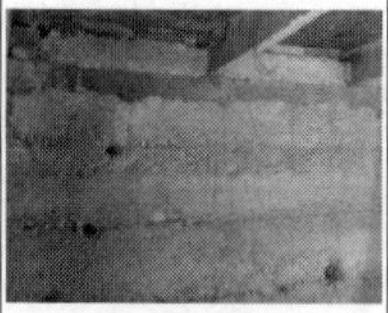 承重墙 厚度300mm	砂石:黏土:石灰=7:2:1	 人力或机械方式夯筑	2.76	3.55
石墙	 承重墙 厚度300mm	 条石或毛石	 人力或机械方式砌筑	4.17	2.19
实心砖墙1	承重墙 厚度240mm	 实心黏土砖 240mm×115mm×53mm	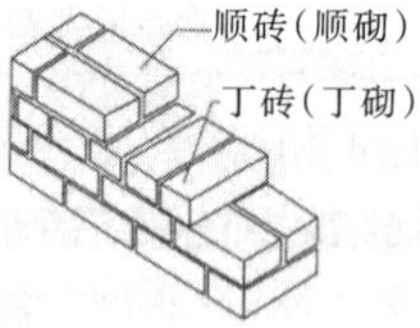 顺砖(顺砌) 丁砖(丁砌) 砌筑方式:一丁三顺 1m²墙体123块砖	2.22	3.15
实心砖墙2	 非承重墙 厚度120mm	 实心黏土砖 240mm×115mm×53mm	全顺砌法  砌筑方式:全顺砌筑 1m²墙体68块砖	3.37	1.51
空斗墙1	 非承重墙 厚度240mm	 大轮砖 240mm×80mm×40mm 实心砖 240mm×115mm×53mm	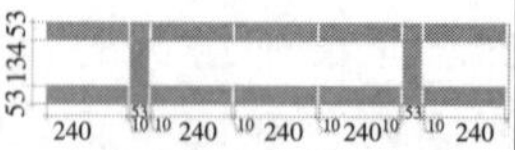 砌筑方式:全空斗 1m²墙体73块砖	2.15	1.50

续表

墙体名称	墙体类型	墙体材料	建造方式	热工性能	
				传热系数/[W/(m²·K)]	热惰性指标
空斗墙2	非承重墙 厚度240mm	 实心黏土砖 240mm×115mm×53mm	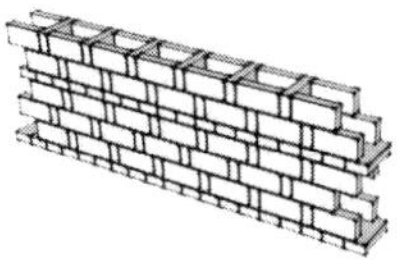 砌筑方式:一眠三斗 1m²墙体88块砖	2.16	2.97
普通混凝土小型空心砌块墙体	 非承重墙 厚度190mm	 普通混凝土空心砌块 390mm×190mm×190mm	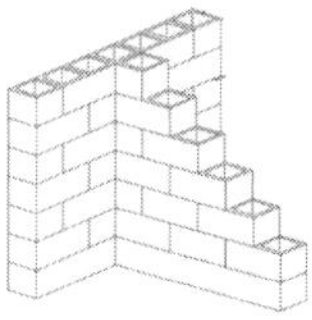 砌筑方式:全顺 1m²墙体13块砌块	2.66	1.65
混凝土砖墙1	 承重墙 厚度240mm	 混凝土砖 240mm×115mm×53mm	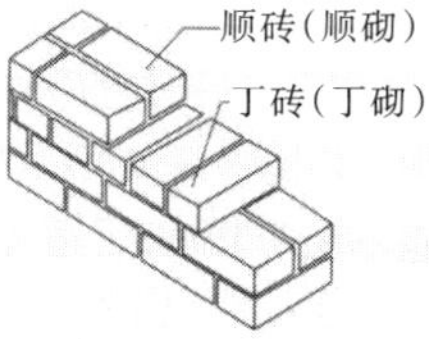 砌筑方式:一丁三顺 1m²墙体123块砖	2.67	3.2
混凝土砖空斗墙	 非承重墙 厚度240mm	 混凝土砖 240mm×115mm×53mm	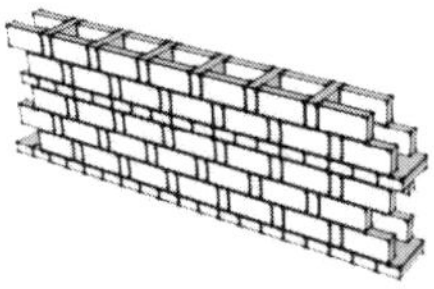 砌筑方式:一眠三斗 1m²墙体88块砖	2.36	0.64
烧结多孔砖墙1	 承重墙 厚度240mm	 烧结多孔砖(圆形孔) 240mm×115mm×90mm	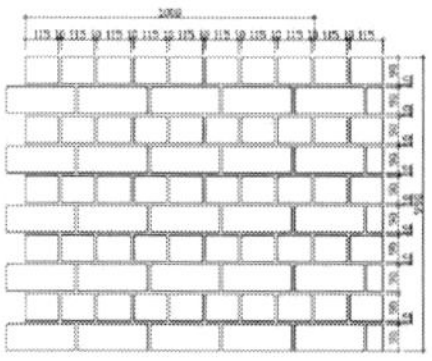 砌筑方式:一丁一顺 1m²墙体80块砖	1.75	3.28
烧结多孔砖墙2	 承重墙 厚度240mm	 烧结多孔砖(矩形孔) 240mm×115mm×90mm	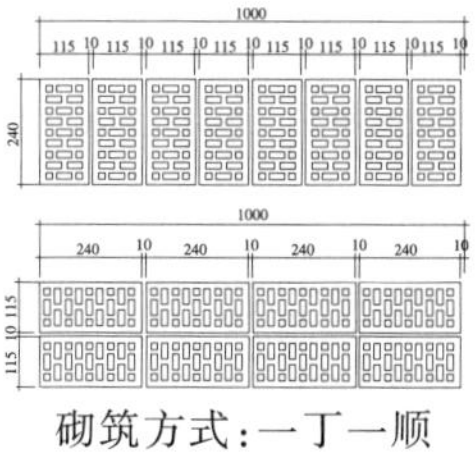 砌筑方式:一丁一顺 1m²墙体80块砖	1.68	2.54

浙江农村的不同时期农村建筑概况如表1-7所示。

表1-7　不同时期农村建筑概况

年　代	20世纪80年代之前	20世纪80—90年代		2000年以后
建筑形式				
建筑层数/层	1~2	2~3		2~3 4~6 ≥10
结构形式	土、石、木	20世纪80年代	20世纪90年代	砖混、框架（含半框架）、框架或者框剪
		夯土、砖混	砖混	
建筑材料	土、石、木	土、石、混凝土	砖、混凝土	砖、混凝土

不同建筑的热桥比例如表1-8所示。

表1-8　不同建筑的热桥比例

层　数	结构形式	热桥比例
1~3层	砖（石）混（20世纪80—90年代，自建）	10%~15%
2~3层	砖混/框架（2000年之后，自建）	15%~25%
4~6层	砖混（2000年之后，自建）	15%~20%
	部分框架（2000年之后，自建）	20%~30%
6层	框架（2000年之后，设计）	30%~40%
10层以上	框架/框剪结构（设计）	60%~75%

1.3.3　解决措施及建议

（1）加强新型墙体材料和建筑节能宣传，转变村民落后陈旧的观念。通过各种媒介宣传、样板房示范等形式，由点到面宣传、推广“节地、节水、节能、节材”型绿色生态农居及新型建筑材料，开阔村民视野，改变以往建房就要建高楼大厦的旧观念，提倡多形式的农村住房建设建造方案。按照村镇规划需要重新拆迁的，统一进行设计建造；不适宜拆迁的，根据房屋及家庭的具体情况对既有建筑进行更新改造。

（2）浙江各地区农村经济发展不平衡，要因地制宜地推行墙体改革。浙江经济发展不平衡，经济发达地区，严禁黏土砖生产，鼓励采用新型材料；在偏远、经济欠发达的山区，鼓励使用当地材料或传统材料进行建造。另外，积极的政府财政补贴也是促进新型墙体材料应用的重要举措。

（3）开发和推广适合农村建筑的墙体材料。墙体生产企业、科研机构应针对农村建筑的特殊性、村民的生活生产习惯等，开发和推广适合农村的新型墙体材料。

（4）完善具体新材料的技术应用手册和图集。国家已陆续出台了一些农村住宅建设规范和新材料、新技术应用手册图集等。通过构建专业化、标准化的农村住宅建筑标准体系，指导农居设计和施工，并逐渐建立农村住宅设计建造审批制度。

（5）引入专业建筑师和工程师指导农村住宅设计。从外而言，农房是农村风貌的重要载体；从村民使用上来说，农房质量和性能关系到居住的安全性和舒适性。应该鼓励由粗制滥造型向更加精细化合理化方向发展。在规划、设计中充分考虑村民的生产生活需要，尊重当地风俗，改变村民不良的居住习惯，借鉴农村住宅的成功经验，引入先进的设计理念，应用新型建筑材料，设计功能合理、舒适健康、低成本的绿色生态农居。

（6）对农村施工人员进行专业培训。农村施工队是农村住宅建设的主力军，培养专业的农村施工人员，定期开展新材料、新技术的技能培训，对推广新型墙体材料、提高农村住房质量起到重要作用。2011年，浙江省平阳县墙体革节能办以开展新型墙体材料应用技术讲座的形式给全县300多名能带领5名以上劳动的个体工匠做了关于混凝土多孔砖的应用技术培训。

浙江新农村新型墙体材料在推广应用中所遇到的阻力是受众多复杂因素制约的结果。需要村民、设计和建造者、材料生产企业、市场、政府等多方面循序渐进、通力合作推进。

第2章 墙体节能相关知识及政策

2.1 建筑气候分区与室内外热环境设计参数

2.1.1 建筑气候分区

气候是影响不同地区建筑形式和建筑能耗的重要因素。根据我国的气候特点，可以把我国划分为五个建筑气候区：严寒地区、寒冷地区、夏热冬冷地区、夏热冬暖地区和温和地区。不同的热工设计区域，遵循不同的热工设计要求（表2-1、表2-2）。

不同的气候条件对建筑提出了不同的要求，南方炎热地区重在建筑通风、遮阳和隔热，以防止室内过热；北方寒冷地区建筑设计重点是保温。浙江省属于夏热冬冷地区，建筑设计要求“必须满足夏季防热要求，适当兼顾冬季保温”。浙江地区夏季气候炎热，农村建筑应以夏季防热为主。近年来，随着人们生活水平不断提升，空调使用也越来越多，从建筑节能的角度出发，农村建筑应同时兼顾保温性能的改善。

表2-1 农村居住建筑热工设计分区

热工分区名称	分区指标		各区辖行政区范围
	主要指标	辅助指标	
严寒地区	最冷月平均气温不大于-10℃	日平均温度不高于5℃的天数不小于145d	黑龙江、吉林；辽宁、青海、内蒙古、新疆大部分地区；甘肃北部；山西、河北、北京北部的部分地区
寒冷地区	最冷月平均气温-10~0℃	日平均温度不高于5℃的天数90~145d	天津、山东、宁夏；北京、河北、山西、陕西大部；辽宁南部、甘肃中东部以及河南、安徽、江苏北部的部分地区
夏热冬冷地区	最冷月平均气温0~10℃；最热月平均气温25~30℃	日平均温度不高于5℃的天数0~90d，日平均气温不小于25℃的天数40~110d	上海、浙江、江西、湖北、湖南；江苏、安徽、四川大部；陕西、河南南部；贵州东部；福建、广东、广西北部和甘肃南部的部分地区
夏热冬暖地区	最冷月平均气温不小于10℃；最热月平均气温25~29℃	日平均温度不低于25℃的天数100~200d	海南、台湾；福建南部；广东、广西大部以及云南西部
温和地区	最冷月平均气温0~13℃；最热月平均气温18~25℃	日平均温度0~5℃的天数0~90d	云南大部、贵州、四川西南部；西藏南部一小部分地区

注 本表摘自《农村单体居住建筑节能设计标准》（CECS 332:2012）。

表2-2 建筑热工设计分区的不同设计要求

分区名称	建筑设计要求
严寒地区	必须充分满足冬季保温要求，一般可不考虑夏季防热
寒冷地区	应满足冬季保温要求，部分地区兼顾夏季防热

续表

分区名称	建筑设计要求
夏热冬冷地区	必须满足夏季防热要求，适当兼顾冬季保温
夏热冬暖地区	必须充分满足夏季防热要求，一般可不考虑冬季保温
温和地区	部分地区应考虑冬季保温，一般可不考虑夏季防热

注　本表根据《民用建筑热工设计规范》(GB 50176—93)整理而成。

2.1.2　室内外热环境设计参数

1. 室内热环境设计参数

室内热环境指标是根据农村地区农民的经济水平、生活习惯、对室内环境期望值以及能源合理利用等方面来确定的，既要与经济水平、生活模式相适应又不能给当地能源带来压力。通过大量调查和测试，夏热冬冷地区农村冬季室内平均温度一般为4~5℃，一些农居甚至低于0℃。绝大多数农民对室内热环境并不满意，超过一半的人认为冬季过冷。在无任何取暖措施条件下，室内温度提高至8℃，则能满足该地区农民心理预期和日常生活需要。浙江农村地区普遍环境较好，绿化较多，夏季室内满意度较高，大部分人认为，室内温度不高于30℃即能获得较舒适的室内环境。事实证明，通过围护结构改善和合理的行为模式，基本上能够达到这一目标。《农村建筑节能设计标准》在大量调查和实验的基础上，提出了夏热冬冷地区农村居住建筑的卧室、起居室等主要功能房间，节能计算的室内热环境参数，规定“在无任何供暖和空气调节措施下，冬季室内计算温度应取8℃，夏季室内计算温度取30℃。”

自然通风是保证室内热舒适和室内卫生的重要措施。由于浙江农村还普遍存在燃烧木柴、秸秆等生物质能源的习惯，为保证室内空气质量，同时又不能严重影响冬季室内热环境。在夏季，自然通风是农村建筑降温防热的重要措施。《农村建筑节能设计标准》提出“冬季房间计算换气次数应取$1h^{-1}$，夏季房间计算换气次数应取$5h^{-1}$。”

2. 室外热环境设计参数

浙江农村室外热环境参数根据《民用建筑供暖通风与空气调节设计规范》(GB 50736—2012)附表中提供的杭州、温州、金华、衢州、宁波、嘉兴、绍兴、舟山、台州、丽水的气象数据作为浙江农村室外热环境参数。主要内容包括各地区的地理纬度位置、夏季空气调节室外计算温度、夏季空气调节室外计算温度日平均气温、冬季通风室外计算温度、冬季空气调节室外计算温度、极端最高气温、极端最低气温、大气透明度、6~18点太阳辐射强度、6~18点太阳辐射平均值、6~18点太阳辐射总量，具体内容如表2-3所示。

表2-3　浙江不同地区室外热环境参数

地　区		杭州	温州	金华	衢州	宁波(鄞州)
地理位置	北纬	30°14′	28°02′	29°07′	28°58′	29°52′
	东经	120°10′	120°39′	119°39′	118°52′	121°34′
夏季空气调节室外计算温度/℃	最高温度	35.6	33.8	36.2	35.8	35.1
	平均温度	31.6	29.9	32.1	31.5	30.6

续表

地区		杭州	温州	金华	衢州	宁波(鄞州)
夏季通风室外计算温度/℃		32.3	31.5	33.1	32.9	31.9
冬季通风室外计算温度/℃		4.3	8	5.2	5.4	4.9
冬季空气调节室外计算温度/℃		−2.4	1.4	−1.7	−1.1	−1.5
极端气温/℃	最高气温	39.9	39.6	40.5	40	39.5
	最低气温	−8.6	−3.9	−9.6	−10	−8.5
大气透明度		5	4	4	4	4
不同时刻的太阳辐射强度	6	41	38.6	39.8	39.8	42
	7	83	80.6	81.8	81.8	79
	8	116	112.8	114.4	114.4	109
	9	148	144	146	146	138
	10	165	161	163	163	154
	11	176	173.2	174.6	174.6	166
	12	177	173.8	175.4	175.4	166
	13	372	375.2	373.6	373.6	377
	14	535	541.4	538.2	538.2	550
	15	640	651.6	645.8	645.8	669
	16	636	655.2	645.6	645.6	690
	17	536	559.2	547.6	547.6	608
	18	292	300	296	296	366
	平均值	163	165	164	164	171
	总量	3916	3965.6	3940.8	3940.8	4115

地区		嘉兴(平湖)	绍兴(嵊州)	舟山(定海)	台州(玉环)	丽水
地理位置	北纬	30°37′	29°36′	30°02′	28°05′	28°27′
	东经	121°05′	120°49′	122°06′	121°16′	119°55′
夏季空气调节室外计算温度/℃	最高温度	33.5	35.8	32.2	30.3	36.8
	平均温度	30.7	31.1	28.9	28.4	31.5
夏季通风室外计算温度/℃		30.7	32.5	30	28.9	34
冬季通风室外计算温度/℃		3.9	4.5	5.8	7.2	6.6
冬季空气调节室外计算温度/℃		−2.6	−2.6	−0.5	0.1	−0.7
极端气温/℃	最高气温	38.4	40.3	38.6	34.7	41.3
	最低气温	−10.6	−9.6	−5.5	−4.6	−7.5
大气透明度		5	4	4	4	4

续表

地 区		嘉兴(平湖)	绍兴(嵊州)	舟山(定海)	台州(玉环)	丽水
不同时刻的太阳辐射强度	6	41.6	40.4	42	38.6	39.2
	7	83.2	82.4	79	80.6	81.2
	8	116.1	115.2	109	112.8	113.6
	9	147.9	147	138	144	145
	10	165	164	154	161	162
	11	175.6	175.3	166	173.2	173.9
	12	177.1	176.2	166	173.8	174.6
	13	371.4	372.8	377	375.2	374.4
	14	534.9	536.6	550	541.4	539.8
	15	639.6	642.9	669	651.6	648.7
	16	636.2	640.8	690	655.2	650.4
	17	537.3	541.8	608	559.2	553.4
	18	295.9	294	366	300	298
	平均值	163.2	163.5	171	165	164.5
	总量	3921	3928.4	4115	3965.6	3953.2

注 本表根据《民用建筑供暖通风与空气调节设计规范》(GB 50736—2012)整理而成。

夏季空调室外计算逐时温度可以按照下列公式计算:

$$t_{sh}=t_{wp}+\beta\Delta t_r \tag{2-1}$$

$$\Delta t_r=\frac{t_{wg}-t_{wp}}{0.52} \tag{2-2}$$

式中 t_{sh}——室外计算逐时温度,℃;

t_{wp}——夏季空调室外计算日平均温度,℃;

Δt_r——夏季室外计算平均日较差,℃;

β——室外温度逐时变化系数,室外温度逐时变化系数如表2-4所示;

t_{wg}——夏季空调室外计算干球温度,℃。

表2-4 室外温度逐时变化系数

时刻	1	2	3	4	5	6
β	-0.35	-0.38	-0.42	-0.45	-0.47	-0.41
时刻	7	8	9	10	11	12
β	-0.28	-0.12	0.03	0.16	0.29	0.40
时刻	13	14	15	16	17	18
β	0.48	0.52	0.51	0.43	0.39	0.28
时刻	19	20	21	22	23	24
β	0.14	0.00	-0.10	-0.07	-0.23	-0.26

根据式(2-1)和式(2-2)的分析,浙江不同地区的室外计算逐时温度如表2-5所示。

表2-5 浙江不同地区的室外计算逐时温度

地 区		杭州	温州	金华	衢州	宁波（鄞州）	嘉兴（平湖）	绍兴（嵊州）	舟山（定海）	台州（玉环）	丽水
夏季空调室外计算干球温度	t_{wg}	35.6	33.8	36.2	35.8	35.1	33.5	35.8	32.2	30.3	36.8
夏季室外计算日平均温度	t_{wp}	31.6	29.9	32.1	31.5	30.6	30.7	31.1	28.9	28.4	31.5
夏季室外计算平均日较差	Δt_r	7.69	7.50	7.88	8.27	8.65	5.38	9.04	6.35	3.65	10.19
时刻	室外温度逐时变化系数β	室外计算逐时温度 t_{sh}									
1	-0.35	28.91	27.28	29.34	28.61	27.57	28.82	27.94	26.68	27.12	27.93
2	-0.38	28.68	27.05	29.10	28.36	27.31	28.65	27.67	26.49	27.01	27.63
3	-0.42	28.37	26.75	28.79	28.03	26.97	28.44	27.30	26.23	26.87	27.22
4	-0.45	28.14	26.53	28.55	27.78	26.71	28.28	27.03	26.04	26.76	26.91
5	-0.47	27.98	26.38	28.39	27.61	26.53	28.17	26.85	25.92	26.68	26.71
6	-0.41	28.45	26.83	28.87	28.11	27.05	28.49	27.39	26.30	26.90	27.32
7	-0.28	29.45	27.80	29.89	29.18	28.18	29.19	28.57	27.12	27.38	28.65
8	-0.12	30.68	29.00	31.15	30.51	29.56	30.05	30.02	28.14	27.96	30.28
9	0.03	31.83	30.13	32.34	31.75	30.86	30.86	31.37	29.09	28.51	31.81
10	0.16	32.83	31.10	33.36	32.82	31.98	31.56	32.55	29.92	28.98	33.13
11	0.29	33.83	32.08	34.39	33.90	33.11	32.26	33.72	30.74	29.46	34.46
12	0.4	34.68	32.90	35.25	34.81	34.06	32.85	34.72	31.44	29.86	35.58
13	0.48	35.29	33.50	35.88	35.47	34.75	33.28	35.44	31.95	30.15	36.39
14	0.52	35.60	33.80	36.20	35.80	35.10	33.50	35.80	32.20	30.30	36.80
15	0.51	35.52	33.73	36.12	35.72	35.01	33.45	35.71	32.14	30.26	36.70
16	0.43	34.91	33.13	35.49	35.06	34.32	33.02	34.99	31.63	29.97	35.88
17	0.39	34.60	32.83	35.18	34.73	33.98	32.80	34.63	31.38	29.83	35.48
18	0.28	33.75	32.00	34.31	33.82	33.02	32.21	33.63	30.68	29.42	34.35
19	0.14	32.68	30.95	33.20	32.66	31.81	31.45	32.37	29.79	28.91	32.93
20	0	31.60	29.90	32.10	31.50	30.60	30.70	31.10	28.90	28.40	31.50
21	-0.1	30.83	29.15	31.31	30.67	29.73	30.16	30.20	28.27	28.03	30.48
22	-0.07	31.06	29.38	31.55	30.92	29.99	30.32	30.47	28.46	28.14	30.79
23	-0.23	29.83	28.18	30.29	29.60	28.61	29.46	29.02	27.44	27.56	29.16
24	-0.26	29.60	27.95	30.05	29.35	28.35	29.30	28.75	27.25	27.45	28.85

2.2 墙体节能基础知识

2.2.1 基本概念

（1）导热系数λ。材料两侧存在温差时，热量从高温一侧向低温一侧传递的能力，用符号“λ”表示，单位为W/(m·K)。导热系数是某一材料的固有属性，导热系数越小，绝热性能越好。材料导热系数的大小与材质、孔隙率、孔隙特征、温度、湿度、热流方向有关。一般而言，金属材料大于非金属材料，无机材料大于有机材料。材料密度越大，导热系数也越大。如建筑钢材、钢筋混凝土、聚氨酯硬泡沫塑料的导热系数分别为58.2W/(m·K)、1.74W/(m·K)、0.033W/(m·K)。工程中通常把λ不大于0.23W/(m·K)的材料称为绝热材料。当材料受潮或结冰时，导热系数会急剧增大，因为干燥的空气导热系数很小，只有0.029W/(m·K)，而水和冰的导热系数分别为0.58W/(m·K)和2.20W/(m·K)。

（2）蓄热系数S。材料的蓄热系数是指材料在热作用下蓄存或放出热量的能力，用符号“S”表示，单位为W/(m^2·K)。材料的蓄热系数越大，说明材料储存热量的能力越大，材料内表面温度波动越小，升温降温也就越慢。在选择建筑围护结构的材料时，可通过材料蓄热系数的大小来调节温度波动的幅度，使围护结构具有良好的热工性能。一般来说，密度越大的材料，蓄热系数也越大。比如，刚才前面提到的夯土建筑冬暖夏凉，夯土的蓄热系数约为12.99W/(m^2·K)，密度约2000kg/m^3。建筑钢材的密度为7850kg/m^3，其蓄热系数高达126.1W/(m^2·K)。

（3）热阻R。热阻表示热量经过材料层时所受的阻力，用符号“R”表示，单位为(m^2·K)/W。热阻越大，说明材料的绝热性能越好，热量越不容易通过。热阻与材料的导热系数成正比、与厚度成反比。垂直于热流方向由多层匀质材料（包括封闭的空气间层）做成的墙体，如有内、外粉刷的砖墙等可视为多层匀质材料层，其总热阻为各层热阻（包含室内外空气层热阻之和）。

在墙体砌筑方式中，常有内部材料层由两种以上材料组合而成的情况，如各种形式的空斗墙等。这种构造层在垂直于热流方向已非匀质材料，内部也不是单向传热。在计算热阻时，平行于热流方向沿着组合材料层中不同材料的界面，则由各部分按照面积加权平均求得。

封闭干燥的空气层是非常好的保温隔热材料，其性能较固态的绝热材料更好。研究表明，常温下一般建筑材料的空气间层的三种传热方式中，辐射换热约占70%，对流和导热共占30%。因此，不能简单套用均质材料或复合材料的计算公式进行计算。表2-6为《民用建筑热工设计规范》（GB 50176—93）（以下简称《规范》）中列出的空气间层热阻值。

表2-6　空气间层热阻值 R_{ag}　　单位：(m²·K)/W

位置、热流状况及材料特性		冬季状况							夏季状况						
		间层厚度/cm							间层厚度/cm						
		0.5	1	2	3	4	5	6以上	0.5	1	2	3	4	5	6以上
一般空气间层热流向下（水平、倾斜）		0.10	0.14	0.17	0.18	0.19	0.20	0.20	0.09	0.12	0.15	0.15	0.16	0.16	0.15
热流向上（水平、倾斜）		0.10	0.14	0.15	0.16	0.17	0.17	0.17	0.09	0.11	0.13	0.13	0.13	0.13	0.13
垂直空气间层		0.10	0.14	0.16	0.17	0.18	0.18	0.18	0.09	0.12	0.14	0.14	0.15	0.15	0.15
单面铝箔空气间层	热流向下（水平、倾斜）	0.16	0.28	0.43	0.51	0.57	0.60	0.64	0.15	0.25	0.37	0.44	0.48	0.52	0.54
	热流向上（水平、倾斜）	0.16	0.26	0.35	0.40	0.42	0.42	0.43	0.14	0.20	0.28	0.29	0.30	0.30	0.28
垂直空气间层		0.16	0.26	0.39	0.44	0.44	0.49	0.50	0.13	0.22	0.31	0.34	0.36	0.37	0.37

2.2.2　墙体保温

1. 墙体保温指标

（1）传热系数 K。热量经过围护结构传递，其传递热量的多少与快慢主要取决于材料的传热系数。传热系数有别于前面提到的导热系数。导热系数表示单一材料的热工性能，建筑构件的热工性能则用传热系数 K 表示，墙体两侧空气温差为1℃或1K时，单位时间内通过单位面积的传热量用 K 表示，单位为W/(m²·K)。传热系数和传热阻互为倒数。传热阻表示热量从墙体的一侧空间传向另一侧空间所受到的总阻力大小。传热阻越大，则通过墙体的热量越少；传热系数越小，则通过墙体的热量越少。传热系数越小，墙体保温隔热性能越好。

（2）平均传热系数。在建筑墙体中，除了主体部位外，还有一些用钢筋混凝土或钢材或其他金属材料制作的梁、板、柱等。这些部位与墙体的主体部位而言，传热系数小，热量容易通过。在建筑中，把这些构件称为热桥（图2-1）。热桥对整个墙体的热工影响很大。一方面，钢筋混凝土或金属材料的导热系数较大，例如，钢筋混凝土的导热系数为1.74W/(m·K)，钢材的导热系数更是高达58.4W/(m·K)，而普通黏土砖的导热系数为0.81W/(m·K)，一些新型节能墙体材料的导热系数则更小。另一方面，热桥部位在墙体中占有一定比例，这个比例根据建筑结构形式不同而不同；但随着近年来，农村建筑窗墙面积比的不断增加，热桥占墙面面积（不包含门窗）的比例也越来越大。因此，在评价墙体节能效果时，热桥占有举足轻重的作用，需要综合考虑热桥的作用。外墙平均传热系数就是指建筑墙体中，热桥与墙体的面积加权平均。

外墙平均传热系数有两种解释，一种是以单位房间墙面（由房间轴线和层高所围合而成），热桥梁、板、柱等面积与主体墙面（不包括门窗）的传热系数的面积加权平均。对于建筑而言，仅个单元墙面的平均传热系数不具有代表性。另一种是将同一朝向的热桥与墙面的传热系数进行面积加权平均。

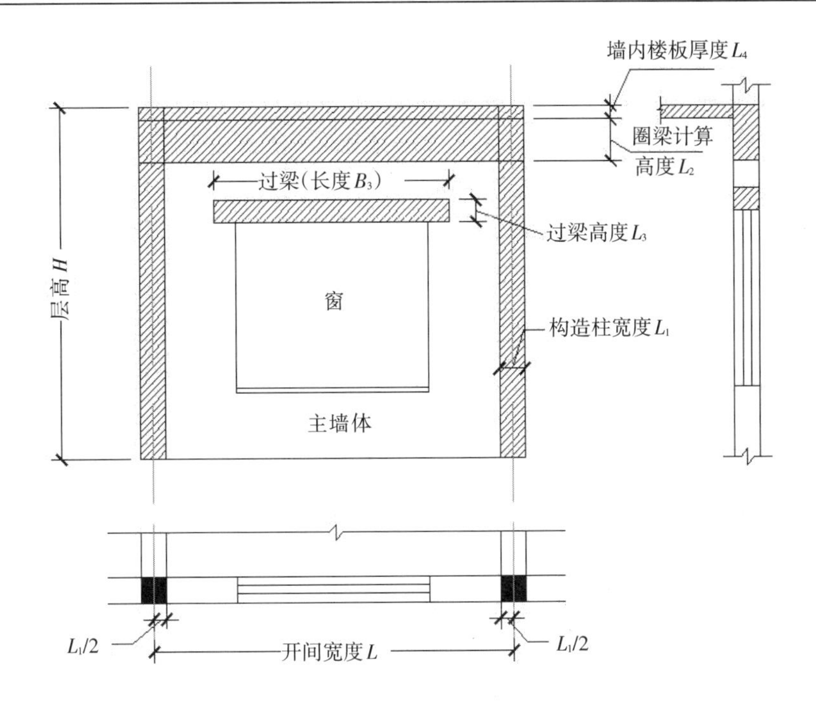

图2-1　热桥示意图

以砖混结构农房为例，某一计算单元的外墙平均传热系数K_m的计算方法如式2-3所示。

$$K_m=\frac{K_P\cdot F_P+K_{B_1}\cdot F_{b_1}+K_{B_2}\cdot F_{b_2}+K_{B_3}\cdot F_{b_3}+K_{B_4}\cdot F_{b_4}}{F_P+F_{b_1}+F_{b_2}+F_{b_3}+F_{b_4}} \tag{2-3}$$

式中　K_m——外墙平均传热系数，W/(m²·K)；

K_P——外墙主体部位的传热系数，W/(m²·K)；

K_{B_1}——钢筋混凝土柱（构造柱）部位的传热系数，W/(m²·K)；

F_{b_1}——钢筋混凝土柱（构造柱）部位的面积，m²；

K_{B_2}——钢筋混凝土梁（圈梁）部位的传热系数，W/(m²·K)；

F_{b_2}——钢筋混凝土梁（圈梁）部位的面积，m²；

K_{B_3}——钢筋混凝土过梁部位的传热系数，W/(m²·K)；

F_{b_3}——钢筋混凝土过梁部位的面积，m²；

K_{B_4}——钢筋混凝土楼板部位的传热系数，W/(m²·K)；

F_{b_4}——钢筋混凝土楼板部位的面积，m²。

（3）体型系数。体型系数是指建筑物与室外大气接触的外表面积与其所包围的体积的比值。外表面积中，包括与室外空气接触的架空楼板的面积，但不包括地面、不采暖楼梯间隔墙、户门、女儿墙、屋面层的楼梯间与设备用房等的墙体。体型系数对建筑能耗影响很大。体型系数越大，说明建筑的外表面积越大，围护结构的热损失越大。体型系数与建筑的层数、体量、形状等因素有关，直接影响建筑造型、平面布局、采光通风。体型系数小，将会限制建筑师的创造性，建筑造型呆板、平面布局困难，甚至影响建筑的使用功能。

（4）窗墙面积比。窗墙面积比简称窗墙比，狭义的窗墙比是指窗户洞口面积与房间立面单元面积（即房间层高与开间定位线围成的面积）的比值。广义的窗墙面积比是指某一朝向的窗户洞口面积与墙面面积的比值。朝向主要指东、南、西、北向。在《夏热冬冷地区居住建筑节能设计标准》（JGJ 134—2010）中，"东、西向"代表从东或西偏北30°（含30°）至偏南60°（含60°）的范围；"南向"代表从南偏东30°至偏西30°的范围。另外，窗户洞口面积还包括幕墙、阳台门、户门等中的透明部分。

普通窗户相对于建筑墙体而言，属于围护结构中的薄弱构件。通常，窗户的传热系数较大，在冬季热量容易通过门窗散失；在夏季，炎热的太阳辐射容易通过透明玻璃进入室内。因此，窗墙面积比越大，建筑采暖空调能耗也越大。近年来，农村建筑的窗墙面积比有越来越大的趋势，这得益于墙体材料轻质化和结构形式多样化的结果，同时也是村民追求通透明亮的居住环境的结果。越来越大的窗墙面积比，使得墙体部分的热桥比例增大，从而使得整个墙体的热工性能下降。因此，从建筑节能的角度而言，合理控制窗墙面积比是很有必要的。

2. 墙体保温构造

（1）外保温。外保温是指保温层位于墙体结构层外侧的保温方式[图2-2(a)]。外保温能防止热桥内表面结露；保护墙体的主体结构，提高墙体的耐久性，便于维修。但保温层容易受雨水侵蚀；安全性能差，面层容易开裂或剥落。

（2）内保温。内保温是指保温层位于墙体内侧的保温方式[图2-2(b)]。内保温安全性好，对保温材料和外墙饰面材料要求较低。但无法解决梁、柱等热桥部位的保温，易发生结露；占用室内面积；不利于节能改造及室内装修；墙体不能受到保温层保护。严寒地区室内外温差大，采用内保温方式容易发生结露现象。夏热冬冷地区室内外温差相对较小，对于居住建筑一般不会发生结露问题。张三明、王美燕在《墙体内保温体系冷桥部位结露分析》中分别研究了胶粉聚苯颗粒保温砂浆、石膏板岩棉和高强水泥珍珠岩板这3种墙体内保温体系冷桥部位在夏热冬冷的杭州地区整个典型气象年采暖期间结露情况，结果表明冷桥部位一般会发生结露现象，但是由于墙体具有一定的自调功能，结露形成的冷凝水会蒸发，不至于经过累积而导致保温层受潮、发霉。

（3）自保温。外墙自保温是用导热系数较小的材料砌筑外墙，如轻质空心砌块墙、加气混凝土砌块墙等。自保温结构保温与承重相结合，既能承重又能保温。但是，由于热桥存在，保温效果往往较难满足，梁、柱等部位需要特殊处理。

（4）复合保温[图2-2(c)]。复合保温是指保温层位于结构层中间的一种保温方式，包括夹心保温和构件复合保温构造。当单一墙形式的保温无法满足时，可采用复合保温的形式。夹心保温是在多孔或空心墙体材料中填充保温材料，这也是自保温的一种方式。构件复合保温构造是利用构造方式在中间设置保温材料。复合保温跟自保温具有类似的特点。另外，复合保温中的内保温层容易受潮、发霉，不利于维修。因此，要注意在施工、使用过程中不发生结露。

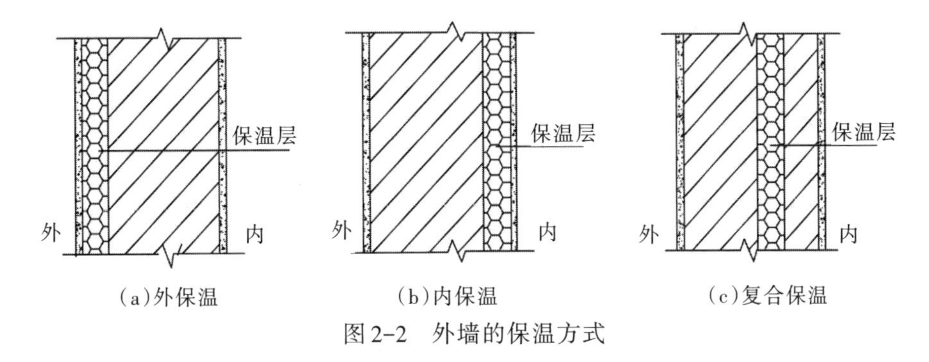

(a)外保温　(b)内保温　(c)复合保温

图2-2　外墙的保温方式

2.2.3　墙体隔热

1. 墙体隔热指标

(1)热惰性指标*D*。热惰性指标表示围护结构在热作用下抵抗温度波动的能力,用符号"*D*"表示。热惰性指标为热阻和蓄热系数的乘积,属于无量纲。同导热系数与传热系数的关系一样,蓄热系数表示某种材料对热量存储和释放的能力,热惰性指标则表示由材料所组成的构件抵抗温度作用的能力。构件的热惰性指标与各层材料的厚度和蓄热系数有关,材料越厚、蓄热系数越大,构件的热惰性指标也就越大。建筑围护构件的热惰性指标越大,内表面温度越低,这样在炎热的夏季,室内就不会有烘烤感。

处于自然气候条件下的建筑物,必然受到大气层各种气候因素的影响,而气候因素的变化接近于周期性变化。夏季日出日没,昼夜交替,室外温度可视为呈周期性变化。热惰性指标*D*表示围护结构在谐波热作用下反抗温度波动的能力。*D*值越小,墙体内表面温度波动越大,散热越快。

多层均质材料墙体的热惰性指标为各分层材料热惰性指标之和。若其中有封闭空气间层,因间层中空气的材料蓄热系数甚小,接近于零,间层的热惰性指标可以忽略不计。如果墙体中间某层由两种以上材料组成时,则应先求得该层的平均导热系数和平均蓄热系数,以其平均热阻求取该层热惰性指标。

(2)外墙内表面最高温度。夏季,对建筑防热而言最不利的情况是晴天,太阳辐射强度很大。白天,在强烈阳光照射下,围护结构外表面的温度远远高于室内空气温度,热量从围护结构外表面向室内传递。夜间,围护结构外表面温度迅速降低,由于受向天空长波辐射的影响,外表面温度甚至可低于室外空气温度。对于多数无空调的建筑而言,在夜间,热量从室内向室外传递。基于室外热作用的特点,夏季围护结构的传热应以24h为周期的周期性不稳定传热计算。

2. 墙体隔热措施

(1)外墙采用浅色饰面。浅色饰面,如浅色涂料、面砖和粉刷等,太阳辐射吸收系数小,热反射率大。采用浅色饰面的外墙,在夏季可以反射较多的太阳辐射热,从而减少室内得热,降低墙体的表面温度。

(2)设置隔热层。通过设置隔热层的方式隔绝热量,其工作原理同建筑保温。不同之处在于,建筑保温是为了防止冬季室内热量散佚到室外,而夏季则要隔绝室外热量进入室内。

(3)控制合适的窗墙面积比,并做好窗户遮阳。

(4)东西向外墙采用花格构件或攀爬植物遮阳。利用天然植物进行遮阳,既可以改善生态环境,又能取得遮阳的实效。在外墙种植可以沿墙体攀爬的爬山虎、常春藤,或者沿架攀爬的葡萄、紫藤等植物,夏季可以利用植物的蒸腾和遮阴作用起到遮阳的效果;冬季植物叶子掉落,不会影响冬季的太阳照射。这种做法遮阳效果明显,盛夏季节外墙外表面温度可降低4~5℃,室内气温和外墙内表面温度也会有所下降。

2.3 墙体节能规范要求

2.3.1 美国关于墙体节能的相关标准规定

根据《1992年能源政策法》的要求,美国能源部规定,将《ASHRAE 90.1—1989》作为三层以上住宅和《MEC1992》(《IECC》的前身)作为三层及三层以下住宅的州级建筑节能标准的依据。几十年来,经过一系列的结构调整和修编,《ASHRAE90.1》和《IECC》这两部标准是目前在美国最为广泛接受的建筑节能设计标准。

LEED-NC中参考美国供热制冷空调工程师学会编写的《ASHRAE90.1-2010》。现行美国标准根据HDD18和CDD10划分为8个大气候区,再根据大气候区内的识读划分为17个小气候区(表2-7)。

表2-7 热工气候分区

分 区	气候分区特征	热工性能指标
1	极热-湿(1A),极热-干(1B)	5000<CDD10℃
2	热-湿(2A),热-干(2B)	3500<CDD10℃≤5000
3A和3B	温-湿(3A),温-干(3B)	3500<CDD10℃≤5000 HDD18℃≤3000
4A和4B	过渡-湿(4A),过渡-干(4B)	CDD10℃≤2500 HDD18℃≤3000
3C	热-海洋性	HDD18℃≤2000
4C	过渡-海洋性	2000<HDD18℃≤3000
5(A,B,C)	寒冷-湿(5A),寒冷-干(5B),寒冷-海洋性(5C)	3000<HDD18℃≤4000
6(A,B)	寒冷-湿(6A),寒冷-干(6B)	4000<HDD18℃≤5000
7	严寒	5000<HDD18℃≤7000
8	亚北极地区	7000<HDD18℃

1.《国际节能规范》(IECC)

《IECC》主要适用于三层及三层以下的居住建筑。由国际标准理事会(ICC)编制和发布,被美国的多个州和政府采纳。表2-8是美国居住建筑节能设计标准中墙体的性能要求。

表2-8　美国居住建筑节能设计标准中墙体的性能要求

墙体热工性能分区		1区	2区	3区	4区	5区	6区	7区和8区
实体墙	最大传热系数 U	1.12	0.94	0.80	0.80	0.47	0.34	0.32
	隔热层最小热阻 R	0.53/0.70	0.70/1.06	0.88/1.41	0.88/1.76	2.29/2.64	2.64/3.35	3.35/3.70
骨架墙体	最大传热系数 U	0.47	0.47	0.47	0.47	0.32	0.32	0.32
	隔热层最小热阻 R（木骨架）	2.29	2.29	2.29	2.29	3.52或2.29+0.88	3.52或2.29+0.88	3.7
	隔热层最小热阻 R（金属骨架）	2.29+0.88或2.64+0.70或3.7+0.53或1.76				2.29+1.58或3.35+1.58或4.40+1.23		2.29+1.76或3.35+1.58或4.40+1.41
地下室墙体	最大传热系数 U	2.04	2.04	0.52	0.34	0.34	0.28	0.28
	隔热层最小热阻 R	0	0	0.88+2.29	1.76+2.29	1.76+2.29	2.64+3.35	2.64+3.35
爬壁	最大传热系数 U	2.71	2.71	0.77	0.37	0.37	0.37	0.37
	隔热层最小热阻 R	0	0	0.88+2.29	1.76+2.29	1.76+2.29	1.76+2.29	1.76+2.29

注　上表根据《International Energy Conservation Code》中关于居住建筑部分墙体的热工性能要求整理而成。

2.《ASHRAE 90.1—2010》

《ASHRAE 90.1—2010》由美国供热制冷空调工程师学会组织和编写，适用于公共建筑和三层以上住宅，不适用于独立式住宅、地上三层或三层以下的多户住宅、可移动房屋和装配式房屋，不适用电力或其他化石能源的建筑，规范中对8个气候分区居住建筑的地面以上墙体和地面以下墙体的最大传热系数进行了规定（表2-9）。

表2-9　美国居住建筑墙体最大传热系数　　单位：W/(m^2·K)

墙体热工性能 \ 分区		1区	2区	3区	4区	5区	6区	7区	8区
地面以上墙体	实体墙	0.857	0.701	0.592	0.513	0.453	0.404	0.404	0.273
	金属建筑墙体	0.533	0.533	0.410	0.286	0.286	0.286	0.248	0.220
	钢架结构墙体	0.705	0.365	0.365	0.365	0.315	0.277	0.240	0.212
	木架结构和其他墙体	0.504	0.504	0.365	0.365	0.291	0.291	0.291	0.182
地面以下墙体		6.473	6.473	6.473	0.522	0.522	0.358	0.358	0.358

注　本表根据《ASHRAE 90.1—2013》整理而成。

在该规范中，根据建筑的不同类型分为实体墙、金属建筑、钢架结构、木结构和其他形式。实体墙是指用热容不超过143kJ/(m^2·K)，材料密度不超过1 920kg/m^3的材料建筑而成。浙江省所处的纬度位置相当于美国3区。

2.3.2　日本关于墙体节能的相关标准规定

二次石油危机以后，许多国家开始关注能源问题，并相继制定了法律。日本在1979

年颁布了《关于能源合理化使用的法律》(简称《节能法》),并于1992年和1999年先后进行了两次修订。1980年开始制定建筑节能标准。随着能源消耗量的增加和全球范围的温暖化问题的凸显,1997年12月,在京都召开的"气候变动框架条约第3次缔约国会议(COP3)"中,以日本为首的发达国家的温室效应气体的排放量的削减目标加进协议并被采纳。日本建筑能耗(含采暖和施工能耗)占社会总能耗的35%~40%,其中住宅能耗约占50%,在这样的背景下,日本在1999年3月制定并开始实施新的住宅节能标准。

日本的居住建筑节能标准有2种:①由经济贸易产业省和建设省于1980年颁布的《居住建筑节能设计标准》,分别于1993年、1999年和2009年进行了修订;②由建设省于1980年颁布的"设计、施工及维持保全指南"(简称"指南")。节能设计标准规定住宅全体的省能源性能基准值。"指南"规定具体的外墙,窗户等围护结构的标准规定。任何按照设计的话,被认为其住宅的省能源性能基准满足。2013年日本将居住建筑和公共建筑三部标准合为《建筑节能标准2013》,并计划于2020年强制实施。

日本全国共分为47个管辖区,包括1都、1道、2府和43县,统称都、道、府、县,与我国的省及直辖市的行政区划等级类似。除北海道外,都、府、县以下分为两个系统:一个是城市系统,分为市、町(街)、丁目(段)、番地(号)。另一个是农村系统,包括郡(地区)、町(镇)和村。在旧标准中,日本将地域划分为6个不同地区;在新规范中,则划分为8个不同地区。日本住宅分为独立式和公寓式,公寓式住宅泛指所有单元式住宅;而独立式住宅则是称为"一户建"的日本最传统的二三层的独立和式建筑。在日本,住宅主要由制造业企业而不是施工队来建造的。日本的建筑气候分区,根据HDD18划分为8个地区。日本气候区域划分如表2-10。

表2-10 日本气候区域划分

住宅的省能源标准	住宅业主的判断基准	采暖度日数HDD18	代表性区域
Ⅰ	Ⅰa	HDD18≥4500	北海道
	Ⅰb	3500≤HDD18<4500	
Ⅱ	Ⅱ	3000≤HDD18<3500	青森县、岩手县、秋田县
Ⅲ	Ⅲ	2500≤HDD18<3000	宫城县、山形县、富岛县
Ⅳ	Ⅳa	2000≤HDD18<2500	除Ⅰ、Ⅱ、Ⅲ、Ⅴ、Ⅵ以外的其他地区
	Ⅳb	1500≤HDD18<2000	
Ⅴ	Ⅴ	500≤HDD18<1500	宫崎县、鹿儿岛县
Ⅵ	Ⅵ	HDD18<500	冲绳县

对于住宅热工性能的划分有两种方法。一种是按照房屋主体传热系数(表2-11)来确定。即根据钢筋水泥结构的住宅中除热桥部分的热传导率(传热系数)来确定。其他类型的住宅中,相对热桥部位较低的热传导率(传热系数)。按照住宅的类型、隔热材料的施工方法、所在区域不同来确定其具体数值。另一种是根据隔热材料的热阻

（表2-12）来确定，主要包括木结构住宅、木框架住宅、木结构\木框架及钢架结构住宅。钢筋水泥等构造的住宅中同时运用内部隔热施工法和外部隔热施工法的情况下，可以根据“内部隔热施工法”的基准值来判定外侧隔热材料隔热性和内侧隔热材料隔热性的合计值。木质框架构造的住宅中同时运用填充式隔热施工法和外张隔热施工法的情况下，可以根据“填充式隔热施工法”的基准值来判定外张部分隔热材料隔热性和填充部分隔热材料的隔热性的合计值。

表2-11　主体部位传热系数

住宅类型	隔热材料施工方法	不同地区划分下的传热系数的基准值/[W/(m²·K)]			
		1区和2区	3区	4区、5区、6区和7区	8区
钢筋水泥等构造的住宅	内部隔热施工	0.39	0.49	0.75	—
	外部隔热施工	0.49	0.58	0.86	—
其他住宅	—	0.35	0.53	0.53	—

表2-12　隔热材料的热阻值

住宅类型	隔热材料施工方法	不同地区划分下的传热系数的基准值/[W/(m²·K)]			
		1区和2区	3区	4区、5区、6区和7区	8区
钢筋水泥等构造的住宅	内断热法	2.3	1.8	1.1	—
	外断热法	1.8	1.5	0.9	—
木结构住宅	填充断热法	3.3	2.2	2.2	—
木框架住宅	填充断热法	3.6	2.3	2.3	—
木结构、木框架或钢架结构住宅	外张隔热施工法或内张隔热施工法	2.9	1.7	1.7	—

钢结构住宅如果采用除外张隔热施工法和内张隔热施工法之外的方法，墙壁上隔热材料的隔热性按地域、外包装材料（在钢架以及横梁靠近室外一侧，与钢架和横梁直接连接的表面材料）的隔热性，有无贯穿钢架以外的墙壁，隔热层的金属墙胎材料，以及隔热材料施工场所等条件区分，不小于表2-13所示的基准值。

表2-13　钢结构住宅

地域	外包装材料隔热性	有无贯穿一般部位隔热层的金属材料	隔热材料隔热性基准值/[(m²·K)/W]		
			隔热材料施工场所划分		
			钢架柱、钢架、横梁部分	一般部分	穿过一般部隔热层的金属部分
1区、2区	≥0.56	无	1.91	2.12	
		有	1.91	3.57	0.72
	≥0.15 <0.56	无	1.91	2.43	
		有	1.91	3.57	1.08
	<0.15	无	1.91	3.00	
		有	1.91	3.57	1.43

续表

地　域	外包装材料隔热性	有无贯穿一般部位隔热层的金属材料	隔热材料隔热性基准值/[(m²·K)/W]		
			隔热材料施工场所划分		
			钢架柱、钢架、横梁部分	一般部分	穿过一般部隔热层的金属部分
3区	≥0.56	无	0.63	1.08	
		有	0.63	2.22	0.33
	≥0.15 <0.56	无	0.85	1.47	
		有	0.85	2.22	0.50
	<0.15	无	1.27	1.72	
		有	1.27	2.22	0.72
4区、5区、6区、7区、8区	≥0.56	无	0.08	1.08	
		有	0.08	2.22	0.33
	≥0.15 <0.56	无	0.31	1.47	
		有	0.31	2.22	0.50
	<0.15	无	0.63	1.72	
		有	0.63	2.22	0.72

钢筋水泥等构造的住宅中地板、间壁等贯穿隔热层的部分，在其两面应增强隔热性。根据隔热材料的施工方法以及地域划分要求，不小于表2-14所示的隔热性基准值。横梁等贯穿墙壁或地板的情况；从墙壁或地板到柱子、横梁等突出一端长度小于900mm的情况作为无相应的柱子和横梁等处理。

表2-14　热　桥　构　造

隔热材料施工方法		地域划分			
		1区和2区	3区和4区	5区、6区和7区	8区
内部隔热施工法	隔热性增强范围/mm	900	600	450	—
	增强后隔热性基准值/[W/(m²·K)]	0.6	0.6	0.6	—
外部隔热施工方法	隔热性增强范围/mm	450	300	200	—
	增强后隔热性基准值/[W/(m²·K)]	0.6	0.6	0.6	—

从地理纬度看，日本的7区、8区（相当于九州的宫崎县、鹿儿岛县和冲绳县），从墙体的热工性能要求对比可见，日本对墙体的热工性能要求远高于我国。但日本8区对建筑围护结构热工性能不做要求。

2.3.3　我国关于墙体节能的相关标准规定

1. 农村居住建筑节能设计标准

目前我国农村地区人口近8亿，占全国总人数的60%。农村地区房屋建筑面积约278亿m²，其中90%以上为居住建筑，约占全国房屋建筑面积的65%。我国农村居住建筑建设一直属于农民的个人行为，农村居住建筑的标准不完善，设计、建造施工水平低。近年来，随着我国农村经济的发展和农民生活水平的提高，农村的生活用能急剧增加，农村能源商品化倾向特征明显。且农村建筑室内环境较差，南方地区墙体普遍没有采取保温隔热措施。《农村居住建筑节能设计标准》（GB/T 50824—2013）是由中国工程建设协会颁布的行业标准《农村单体居住建筑节能设计标准》（CECS 332:2012）的基础上进一步完善的。前者属于国家标准，后者属于协会标准，前者级别更高于后者。该标准的制定，主要是为解决农民居住的分散独立式、集中分户独立式（包括双拼式和联排式）低层建筑，不包括多层单元式住宅。该标准根据全国各地的气候条件，针对严寒和寒冷地区以保温为主、夏热冬冷地区和夏热冬暖地区农村建筑围护结构以防热为主，分别做了规定；另外，还提出了太阳房的设计要点：

（1）严寒和寒冷地区。严寒和寒冷地区建筑节能设计以建筑保温为主，围护结构设计应采用保温性能好的围护构造。墙体适合采用外保温、自保温、复合保温墙体的构造形式。在窗过梁、外墙与屋面、外墙与地面部位，外门窗洞口等容易形成“热桥”的地方，采用额外的保温措施或其他阻断热桥的构造形式；在容易出现结露的部位（如烟道、通风道等），需要进行防结露的保温处理。从节约土地资源和环境保护的角度出发，不应使用黏土砖，而应采用烧结非黏土多孔砖、烧结非黏土空心砖、普通混凝土小型空心砌块、加气混凝土砌块等新型墙体材料。规范中规定了严寒和寒冷地区农村居住建筑围护结构传热系数限制（表2-15）。由于严寒和寒冷地区夏季比较凉爽，农房室内热舒适普遍较好，因此对围护结构的热惰性指标不做要求。

表2-15　严寒和寒冷地区农村居住建筑围护结构传热系数限制

建筑气候区	围护结构部位的传热系数 K/[W/(m²·K)]					
	外墙	屋面	吊顶	外窗		外门
				南向	其他朝向	
严寒地区	0.50	0.40	—	2.2	2.0	2.0
		—	0.45			
寒冷地区	0.65	0.50	—	2.8	2.5	2.5

注　本表摘自《农村居住建筑节能设计标准》（GB/T 50824—2013）。

在该标准中，还规定了严寒和寒冷地区农村居住建筑的窗墙面积比（表2-16）。由于北方地区冬季气候严寒，外窗面积不宜过大；南向适宜采用大窗，在冬季可以获得更多阳光；北向适宜采用小窗，避免热量散失和冷风渗透的影响。该地区应采用传热系数小、气密性良好的外门窗，不适宜采用大面积的落地窗和凸窗。考虑到房间的自然通风，外窗可开启的面积不应小于外窗面积的25%。

表2-16　严寒地区和寒冷地区农村居住建筑的窗墙面积比限值

朝　向	窗墙面积比	
	严寒地区	寒冷地区
北	不大于0.25	不大于0.30
东、西	不大于0.30	不大于0.35
南	不大于0.40	不大于0.45

注　本表摘自《农村居住建筑节能设计标准》（GB/T 50824—2013）。

(2)夏热冬冷地区和夏热冬暖地区。夏热冬冷地区和夏热冬暖地区以夏季防热为主,围护结构适宜采用隔热性能好的重质围护结构。墙体可以根据当地的资源状况、施工条件、经济水平等采用不同的外墙外保温、内保温、自保温、复合保温等构造,优先选用自保温。墙体材料可以选择240mm厚烧结非黏土多孔砖(空心砖)、加气混凝土等节能型砌体材料。外墙应采用浅色饰面、外反射、外遮阳及垂直绿化等外隔热措施。自然通风也是防止夏季室内过热的重要措施,因此,在设置遮阳和绿化过程中,应避免对窗口通风产生不利影响。另外,外窗的可开启面积不应小于外窗面积的30%。该标准中对夏热冬冷地区围护结构传热系数、热惰性指标及遮阳系数等规定了限值(表2-17)。

表2-17　夏热冬冷和夏热冬暖地区农村居住建筑围护结构热工性能限值

建筑气候区	围护结构部位的传热系数 K/[W/(m²·K)]				
	外墙	屋面	户门	外窗	
				卧室、起居室	厨房、卫生间、储藏室
夏热冬冷地区	$K\leqslant1.8$, $D\geqslant2.5$ $K\leqslant1.5$, $D<2.5$	$K\leqslant1.0$, $D\geqslant2.5$ $K\leqslant0.8$, $D<2.5$	$K\leqslant3.0$	$K\leqslant3.2$	$K\leqslant4.7$
夏热冬暖地区	$K\leqslant2.0$, $D\geqslant2.5$ $K\leqslant1.2$, $D<2.5$	$K\leqslant1.0$, $D\geqslant2.5$ $K\leqslant0.8$, $D<2.5$	—	$K\leqslant4.0$ $SC\leqslant0.5$	—

2. 夏热冬冷地区居住建筑节能设计标准

在新农村建设过程中,为了节约土地也出现了高层住宅。浙江地区农村居住建筑除了分散独立式、集中分户独立式(包括双拼式和联排式)低层建筑,在农村拆迁改造过程中,为节约土地出现了多层单元式住宅甚至高层住宅。

《夏热冬冷地区居住建筑节能设计标准》(GB 134—2010)中将住宅根据建筑层数和体型系数的不同,分为三种情况:1~3层多为别墅、排屋,体型系数不大于0.55;4~11层多为板式结构楼,体型系数不大于0.40;12层以上多为高层塔楼,体型系数不大于0.35。这三种类型住宅对墙体热工性能的要求具体如表2-18所示。

表2-18　夏热冬冷地区居住建筑墙体热工性能要求

体型系数 传热系数 K	外墙(包括非透明幕墙)		分户墙、楼梯间隔墙、外走廊隔墙
	热惰性指标 $D\leqslant2.5$	热惰性指标 $D>2.5$	
≤0.40	1.0	1.5	2.0
> 0.40	0.8	1.0	2.0

注　本表根据《夏热冬冷地区居住建筑节能设计标准》(GB 134—2010)整理而成。

3. 严寒和寒冷地区居住建筑节能设计标准

我国严寒和寒冷地区面积占全国的70%,建筑面积占50%左右,是我国最早开始实行建筑节能的地区。在现行标准(JGJ 26—2010)之前有两个已经废止的标准(JGJ 26—86)和(JGJ 26—95)。新标准的主要内容包括子气候分区和室内热环境参数、建筑与围护结构热工性能、热源、采暖空调系统和通风等。在原有基础上,大大提高了围护结构热工性能要求。节能目标也由原来的30%(86版)和50%(95版),提高到65%(2010版)。与旧标准相比,新标准的各部分的计算方法更加精确具体、操作性更强。

严寒地区和寒冷地区地域辽阔，在面积上相当于欧洲几个国家，气候差异比较大。在86版和95版中没有明确划分子区。86版的标准中，仅根据采暖期度日数的不同，对楼梯间、门窗、地面等提出不同的设计要求。95版根据采暖期室外平均温度（每隔1度）将不同地区的采暖居住建筑细分为15类代表性城市，并提出了不同的围护结构热工限值。在新版规范中，参考了欧洲和北美大部分国家的建筑节能规范，依据不同的采暖度日数（HDD18）和空调度日数（CDD26），将严寒地区和寒冷地区细分为5个气候子区（表2-19）。严寒地区划分为A、B、C，其中B区和C区划分更加细致，这主要考虑到严寒地区建筑采暖能耗大，需要严格控制；另一方面，B区和C区的城市比A区更多。

表2-19　严寒和寒冷地区居住建筑节能设计气候子区

气候子区		分区依据	气候特点
严寒地区（Ⅰ区）	严寒（A）区	6000≤HDD18	冬季异常寒冷，夏季凉爽
	严寒（B）区	5000≤HDD18<6000	冬季非常寒冷，夏季凉爽
	严寒（C）区	3800≤HDD18<5000	冬季很寒冷，夏季凉爽
寒冷地区（Ⅱ区）	寒冷（A）区	2000≤HDD18<3800，CDD26≤90	冬季寒冷，夏季凉爽
	寒冷（B）区	2000≤HDD18<3800，CDD26>90	冬季寒冷，夏季较热

（1）体型系数。在前两个版本的规范中，体型系数限值为0.3。在当时该地区以平房及低层建筑为主。随着社会经济的发展，该地区的采暖居住建筑中多层和高层建筑越来越多，建筑类型更加丰富。因此，在新版规范中体型系数根据居住建筑的类型和层数分为四类：1~3层多为别墅、托儿所、幼儿园、疗养院等；4~8层多为大量建造的住宅，其中以6层板式住宅楼最为常见；9~13层多为高层板楼；14层以上为高层塔楼。一般而言，低层建筑体型系数较大，高层建筑体型系数较小。规范根据建筑层数不同，分别设置了不同的体型系数及围护结构热工性能限值（表2-20）。

表2-20　严寒和寒冷地区居住建筑墙体热工性能要求　　单位：W/（m^2·K）

部　位	不同气候子区墙体最大传热系数限值			
	严寒（A）区	严寒（B）区	严寒（C）区	寒冷地区
外墙	0.25/0.40/0.50	0.30/0.45/0.55	0.35/0.50/0.60	0.45/0.60/0.70
隔墙[a]	1.20	1.20	1.50	1.50
地下室外墙[b]	1.80/1.50/1.20	1.50/1.20/0.91	1.20/0.91/0.61	0.91/0.61/—

注　1. a隔墙为分隔采暖与非采暖空间的室内墙体。
2. b包括与土壤相接触的墙体。地下室外墙的热工性能指标为热阻，单位为（m^2·K）/W。
3. 表中××/××/××分别表示建筑层数≤3层、4～8层和≥9层时墙体的热工性能。
4. 本表根据《严寒和寒冷地区居住建筑节能设计标准》(JGJ 26—2010)整理而成

（2）平均传热系数和线传热系数。在旧版本中，围护结构的平均传热系数根据各部分传热系数的面积加权平均求得。新版规范中对围护结构平均传热系数的计算更加精确，主要体现在两个方面。首先，考虑到太阳辐射对围护结构传热的影响，采用了传热系数的修正系数，对屋顶、各向墙体的传热系数进行修正。修正系数根据气候属区、所在城市（210个）及围护结构部位进行取值。屋顶的修正系数范围为0.8~1.01；外墙的修正系数范围为0.71~0.98。

其次，引入了热桥线传热系数。在建筑外围护结构中，墙角、窗间墙、凸窗、阳台、屋顶、楼板、地板等处形成结构性热桥，考虑热桥对墙体、屋面传热的影响，用线传热系数ψ来描述。线传热系数ψ是基于二维稳定传热原理进行计算。多层均质围护结构主体部位只在与壁面垂直的方向上存在温度变化，复合一维稳态传热。但是热桥部位存在明显的二维传热。二维传热的计算方法相对于一维传热更加复杂，但计算结果更加精确，用线传热系数ψ得到的外墙平均传热系数可以减少10%的保温材料。然而，建筑中热桥类型很多。在规范中总结了5种典型结构性热桥：外墙－内墙、外墙－屋顶、外墙角、外墙－楼板、外墙－窗框，并给出了热桥线传热系数的具体计算方法。为方便计算，新规范提供了二维稳态传热计算软件（PDTA），规范中还提出了常见的一般建筑外墙外保温墙体平均传热系数的简化计算方法。

4. *夏热冬暖地区居住建筑节能设计标准*

夏热冬暖地区位于中国南部，北纬27°以南，东经97°以东，包括海南省的全部，广东和广西的大部分地区，福建和云南的部分地区以及香港、澳门与台湾。该地区是中国改革开放的最前沿，以珠江三角洲地区为代表的沿海一带中心城市及周边地区发展最为迅速。改革开放后，这一地区的经济快速发展，人们生活水平不断提高。该地区为显著的亚热带湿润季风气候，夏季漫长炎热，冬季寒冷时间很短；太阳辐射强烈，雨量充沛。

《夏热冬暖地区居住建筑节能设计标准》（JGJ 75—2012）主要内容包括建筑节能设计计算指标、建筑和建筑热工节能设计、建筑节能设计的综合评价、空调采暖和通风节能设计等几部分内容。该标准的前身为《夏热冬暖地区居住建筑节能设计标准》（JGJ 75—2003）。2003标准是继夏热冬冷地区居住建筑节能标准实施以后又一建筑节能设计标准。夏热冬暖地区按照1月份的平均气温分为南北两区。北区的建筑节能设计主要考虑夏季空调兼顾冬季采暖；南区的建筑节能设计应考虑夏季空调，可不考虑冬季采暖。可见，夏热冬暖地区居住建筑节能的关键是采取合理的墙体隔热措施。具体包括采用反射隔热外饰面，用含水多孔材料做面层的外墙面以及东、西外墙体采用花格构件或植物遮阳，各项措施的隔热作用以当量热阻附加值的形式对墙体的主体传热系数进行补充（表2-21）。

表2-21　夏热冬暖地区外墙传热系数限值及隔热措施的当量附加热阻

<table>
<tr><th colspan="2">采取节能措施的外墙</th><th>外墙传热系数/[W/(m²·K)]</th><th>当量热阻附加值/[(m²·K)/W]</th></tr>
<tr><td rowspan="2">反射隔热外饰面</td><td>$0.4 \leq \rho < 0.6$</td><td rowspan="4">$2.0 < K \leq 2.5$，$D \geq 3.0$；
$1.5 < K \leq 2.0$，$D \geq 2.8$；
$0.7 < K \leq 1.5$，$D \geq 2.5$；
$K \leq 0.7$</td><td>0.15</td></tr>
<tr><td>$\rho < 0.4$</td><td>0.20</td></tr>
<tr><td colspan="2">用含水多孔材料做面层的外墙面</td><td>0.35</td></tr>
<tr><td colspan="2">东、西外墙体遮阳构造</td><td>0.30</td></tr>
</table>

注　1. 表中ρ为修正后的屋面或外墙外表面的太阳辐射吸收系数。
2. 本表根据《夏热冬暖地区居住建筑节能设计标准》（JGJ 75—2012）整理而成。

2.3.4 浙江省关于墙体节能的相关标准规定

浙江省在《夏热冬冷地区居住建筑节能设计标准》(JGJ 134-2001)颁布后，杭州地区率先结合自身情况颁布了《夏热冬冷地区居住建筑节能设计标准杭州实施细则》(CJS03—2002)。2003年12月颁布《浙江省居住建筑节能设计标准》(DB 33/1015—2003)，并于2004年1月1日开始实行，要求全省新建建筑达到50%的节能设计要求。2009年9月，浙江省城乡和住房建设厅发布了《关于进一步加强浙江省民用建筑节能设计技术管理的通知》(建设发〔2009〕218号文)，对DB 33/1015—2003进行了调整和补充。2015年5月13日发布了《浙江省居住建筑节能设计标准》(DB 33/1015—2015)，于2015年11月1日实施。

浙江省属于夏热冬冷地区，全年供暖度日数HDD18为1183.4～1901.6℃·d，空调度日数CDD26为30.5～268.2℃·d。但由于地形复杂，各地气候差异较大，各地空调和供暖时间不同，将浙江省分为北区和南区两个气候区。北区包括杭州、宁波、绍兴、嘉兴、金华、湖州、衢州、舟山；南区包括温州、台州、丽水。北区的建筑节能设计不仅要考虑夏季防热，还要考虑冬季保温；南区建筑节能设计应着重考虑夏季防热，兼顾冬季保温。浙江地区墙体隔热措施适宜采用浅色饰面或建筑热反射隔热涂料，东西外墙采用花格构件、植物遮阳、垂直绿化等遮阳形式；墙体保温则宜优先采用自保温墙体，或采用自保温、外保温、内保温和复合保温等形式。规范对不同体形系数下的墙体规定了传热系数限值表2-22。当东、西向墙体采取遮阳构造时，墙体增加0.3(m^2·K)/W当量热阻附加值。

该版本相比2003版本，在设计分区和节能设计要求上更加细化。当采用规定性指标法进行节能设计时，墙体热工性能要求较之前更加严格；当采用对比评定法进节能设计时，墙体热工性能适当放宽，既避免了"木桶效应"中的"短木格"，又可增加设计的灵活性。

表2-22 浙江省居住建筑外墙传热系数限值 单位：W/(m^2·K)

<table>
<tr><th colspan="3" rowspan="2">部 位</th><th colspan="3">"规定性指标法"须满足的限值</th><th colspan="2">"对比评定法"须满足的限值</th></tr>
<tr><th>热惰性指标 $D\le 2.5$</th><th>热惰性指标 $2.5<D\le 3.0$</th><th>热惰性指标 $D>3.0$</th><th>热惰性指标 $D\le 3.0$</th><th>热惰性指标 $D>3.0$</th></tr>
<tr><td rowspan="4">外墙</td><td rowspan="2">体形系数 ≤0.40</td><td>北区</td><td>1.0</td><td>1.2</td><td>1.5</td><td>1.5</td><td>1.8</td></tr>
<tr><td>南区</td><td>1.2</td><td>1.5</td><td>1.8</td><td>1.8</td><td>2.0</td></tr>
<tr><td rowspan="2">体形系数 >0.40</td><td>北区</td><td>0.8</td><td>1.0</td><td>1.2</td><td>1.2</td><td>1.5</td></tr>
<tr><td>南区</td><td>1.0</td><td>1.2</td><td>1.5</td><td>1.5</td><td>1.8</td></tr>
<tr><td colspan="3">分户墙和隔墙</td><td colspan="3">2.0</td><td>—</td><td>—</td></tr>
</table>

注 1. 表中隔墙是指封闭楼梯间或防烟楼梯间、前室或合用前室和封闭外走廊的隔墙。
2. 本表根据《浙江省居住建筑节能设计标准》(DB 33/1015—2015)整理而成。

第3章　浙江常见新型墙体材料

新型墙体材料是以保护耕地、改善环境、节约能源为目的的。新型墙体材料有别于传统砖石材料，主要利用页岩、水泥、砂、工业废料（粉煤灰、煤矸石等）、淤泥、建筑垃圾，经过压制、烧结、蒸压、蒸养等工艺制作而成的墙体材料。按照尺寸规格不同可以分为砖、砌块和板材三种类型（表3-1），包括混凝土多孔砖及空心砖、黏土含量不超过20%的烧结多孔砖及空心砖、烧结保温砖及保温砌块、加气混凝土砌块、各类复合砖砌块以及功能化轻质墙板等。

近年来，浙江“禁黏”“禁实”在城市取得了显著成效，墙体产品类型也越来越丰富。但农村墙体材料相对单一，农村墙体改革还处于起步阶段。目前，浙江省绝大部分地区的农村建房依然以黏土砖为主，大量毁坏土地、消耗能源、破坏生态、污染环境。城镇化的发展和新农村建设的稳步推进，为新型墙体材料在农村的推广使用提供了广阔的发展前景。

表3-1　新型墙体材料的分类

类型	产品分类	特　征	适用范围
砖	烧结多孔砖（非黏土）	孔洞率28%以上，孔小而数量多，黏土含量不超过20%	承重墙、外围护墙、内隔墙、分户墙
	烧结空心砖（非黏土）	孔洞率在40%以上，孔大而数量少，黏土含量不超过20%	外围护墙、内隔墙、分户墙
	烧结保温砖	孔洞率25%，黏土含量不超过20%，保温隔热性能好	承重墙、外围护墙、内隔墙、分户墙
	承重混凝土多孔砖	孔洞率25%~35%，孔小而数量多	承重墙、隔墙、分户墙
	非承重混凝土空心砖	孔洞率25%以上的非承重砖	外围护墙、内隔墙、分户墙
	蒸压灰砂砖	实心砖，以砂、石灰石为主要原料，蒸压养护而成	承重墙、外围护墙、内隔墙、分户墙
	蒸压灰砂多孔砖	孔洞率不小于25%~35%	防潮层以上的承重墙、外围护墙、内隔墙、分户墙
	蒸压粉煤灰砖	实心砖，利用工业废料蒸压养护而成	承重墙、外围护墙、内隔墙、分户墙
	蒸压粉煤灰多孔砖	孔洞率不小于25%~35%	防潮层以上的承重墙、外围护墙、内隔墙、分户墙
砌块	烧结多孔砌块（非黏土）	孔洞率在33%以上，热工性能同烧结多孔砖	承重墙、外围护墙、内隔墙、分户墙
	烧结空心砌块（非黏土）	孔洞率在33%以上，热工性能同烧结空心砖	外围护墙、内隔墙、分户墙
	烧结保温砌块（非黏土）	性能同烧结保温砖	外围护墙、内隔墙、分户墙
	蒸压加气混凝土砌块	实心砌块，轻质高强、保温隔热性好、施工方便	承重墙、外围护墙、内隔墙、分户墙

续表

类型	产品分类	特征	适用范围
砌块	陶粒增强加气混凝土	实心砌块，加入陶粒，质轻高强、保温隔热性好、施工方便	承重墙、外围护墙、内隔墙、分户墙
	普通混凝土小型空心砌块	空心率不小于25%	承重墙、外围护墙、内隔墙、分户墙
	轻集料混凝土小型空心砌块	轻集料，空心率为25%~50%	承重墙、外围护墙、内隔墙、分户墙
	填充型混凝土复合砌块	排孔内填充保温材料	承重墙、外围护墙、内隔墙、分户墙
	石膏砌块	实心或空心，轻质高强、保温隔热性好、施工方便	非承重内隔墙
板材	石膏空心条板	空心，轻质高强、防火、保温隔热性好、施工方便	内隔墙
	蒸压加气混凝土板	轻质高强、防火、保温隔热性好、施工方便	外围护墙、内隔墙、防火墙、楼板、屋面板
	混凝土轻质条板	轻质高强、防火、保温隔热性好、施工方便	外围护墙、内隔墙、防火墙
	建筑用轻质隔墙条板	轻质高强、防火、保温隔热性好、施工方便	内隔墙
	纤维水泥夹芯复合墙板	复合板材，轻质高强、防火、保温隔热性好、施工方便	外墙、内隔墙
	建筑用金属面绝热夹心板	复合板材，轻质高强、保温隔热性好、施工方便	外围护墙、屋面
	石膏板	薄板	隔墙、室内吊顶
	纤维增强硅酸钙板	薄板	隔墙、吊顶、衬板
	纤维水泥平板	薄板	隔墙、吊顶、衬板
	木塑复合板	利用废弃料为原料生产，防水、保温性能好，并可再生利用	墙板、屋面板、地板、门窗等

3.1 砖

砖是一种砌筑用的人造块材料，是农村建设中最为常见的墙体材料。砖的外形多呈六面体形状，也有各种异形的，长度不超过365mm，宽度不超过240mm，高度不超过115mm。按照生产工艺和原材料不同，可以分为非黏土烧结砖、混凝土砖以及蒸压砖。根据孔洞率不同，分为实心砖、多孔砖、空心砖。多孔砖的孔洞率在25%以上，空心砖的空洞率在40%以上。

3.1.1 非黏土烧结砖

早期的砖以黏土为主要原料烧制而成。由于用黏土烧制砖会破坏土地资源，在我国已经禁止使用；以页岩、煤矸石、粉煤灰等地方性材料或工业废料烧制的砖取而代之。近年来，又出现了利用河道淤泥、建筑废料、尾矿等烧制的砖。非黏土烧结砖是指黏土含量不超过20%的烧结页岩砖、烧结粉煤灰砖和烧结煤矸石砖等。

烧结页岩砖的主要原材料是页岩。页岩是古代岩石经过风化、分解成黏土后经过冲刷、搬运、沉积，再经过上万年的成岩作用固结而成的岩石。页岩在浙江有广泛的分布，在钱塘江流域、瓯江流域及剡溪流域的新昌嵊州、奉化、宁海等地有大面积的页岩裸露，金衢盆地也是浙江省页岩资源较为集中的地区。页岩的制砖性能比黏土好，收缩率低、烧成速度快。并且，用页岩制砖，外观尺寸偏差小、强度高、吸水率低、抗冻性和耐久性更好、水分低，在搬运过程中损毁率更低。同时，用页岩烧制砖块，不会毁田占地。烧结粉煤灰砖是一种轻质高强，同时具有良好保温隔热性能的新型墙体材料。粉煤灰是火力发电厂等燃煤粉炉排出的废料，其化学组成与黏土类似。由于粉煤灰没有黏结性，需要加入黏结材料（如黏土、煤矸石等）。目前，国内比较常见的烧结粉煤灰砖中粉煤灰的参量为50%~60%，黏土的掺量不超过50%。

1. 非黏土烧结多孔砖

非黏土烧结多孔砖是以页岩、煤矸石、粉煤灰、淤泥、固体废弃物为主要原料，经过焙烧而成的主要用于建筑承重部位的砖。其中，黏土含量不超过20%。按主要原料不同，分为页岩多孔砖（Y）、煤矸石多孔砖（M）、粉煤灰多孔砖（F）和固体废弃物多孔砖（G）。烧结多孔砖的外形为直角六面体，在与砂浆的接合面上设置有不小于2mm的粉刷槽和砌筑砂浆槽，以增加与砂浆的黏结力。孔洞率大于28%，孔小而数量多。其中，用于承重墙体的烧结多孔砖的孔洞率不超过35%。

（1）尺寸规格。非黏土烧结多孔砖的外形为直角六面体，其长、宽、高的尺寸符合下列要求：290mm、240mm、190mm、180mm、140mm、115mm、90mm，其他尺寸规格根据供需双方协商，尺寸偏差应满足表3-2的要求。目前，浙江省最常见的烧结多孔砖的尺寸规格为240mm×115mm×90mm，此外还有200mm×200mm×90mm、190mm×190mm×90mm等模数砖。

表3-2 尺寸允许偏差

尺寸/mm	样本平均偏差/mm	样本极差/mm
200~300	±2.5	≤8.0
100~200	±2.0	≤7.0
<100	±1.5	≤6.0

注 本表根据《烧结多孔砖和烧结多孔砌块》（GB 13544—2011）整理而成。

（2）孔型及孔洞排列。在已经被废止的《烧结多孔砖》（GB 13544—2000）中，烧结多孔砖有包括矩形孔、矩形条孔、圆形孔、长方形孔、菱形孔等多种孔型（表3-3）。研究表明，孔型与砖的导热系数密切相关，矩形孔的平均导热系数最小为0.24W/（m·K），其次是菱形孔0.42W/（m·K）、方形孔0.47W/（m·K），圆形孔平均导热系数最大为0.49W/（m·K）。优等品和一等品的烧结多孔砖的孔型为矩形孔和矩形条孔，圆形孔只能为合格品。

在新实施的《烧结多孔砖和烧结多孔砌块》(GB 13544—2011)中减少了多孔砖的孔形,仅保留了保温性能更好的矩形孔和矩形条孔(表3-4)。孔洞排列要求所有孔宽相等、孔采用单向或双向交错排列;孔洞排列上下、左右应对称,分布均匀,手抓孔的长度方向尺寸必须平行于砖的条面。尺寸规格较大的砖还应设置尺寸为(30~40)mm×(75~85)mm的手抓孔。近年来,浙江生产的烧结多孔砖的尺寸规格、孔型特征如图3-1所示。

表3-3 圆形孔多孔砖孔型特征

圆孔直径/mm,≤	非圆形孔内且圆直径/mm,≤	手抓孔/(mm×mm)
22	15	(30~40)×(75~85)

注 本表摘自《烧结多孔砖》(GB 13544—2000)。

表3-4 非黏土烧结多孔砖孔型特征

孔 型	孔洞尺寸/mm		最小外壁厚/mm	最小肋厚/mm	孔洞率/%
	孔宽度尺寸	孔长度尺寸			
矩形条孔或矩形孔	不大于13	不大于40	不小于12	不小于5	不小于28

注 本表根据《烧结多孔砖和烧结多孔砌块》(GB 13544—2011)整理而成。

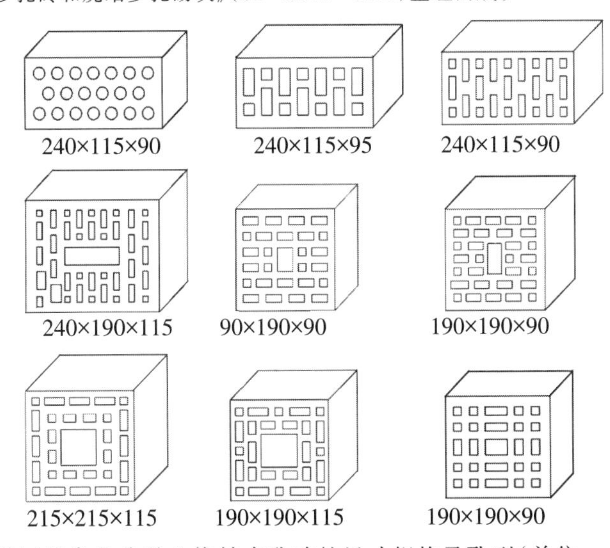

图3-1 浙江省常见非黏土烧结多孔砖的尺寸规格及孔型(单位:mm×mm×mm)

(3)外观质量。非黏土烧结多孔砖的外观质量要符合表3-5的性能要求。

表3-5 非黏土烧结多孔砖的外观质量

项 目		指 标
完整面		不得少于一条面和一顶面
缺棱掉角的三个破坏尺寸/mm		不得同时大于30
裂纹长度	大面(有空面)上深入孔壁15mm以上宽度方向及其延伸到条面的长度/mm,≤	80
	大面(有空面)上深入孔壁15mm以上长度方向及其延伸到顶面的长度/mm,≤	100
	条顶面上的水平裂纹/mm,≤	100

续表

项　目	指　标
杂质在砖或砌块面上造成的凸出高度/mm，≤	5
注：凡有下列缺陷之一者，不能称为完整面：①缺损在条面或顶面上造成的破坏面尺寸同时大于20mm×30mm；②条面或顶面上裂纹宽度大于1mm，其长度超过70mm；③压陷、焦花、黏底在条面或顶面上的凹陷或凸出超过2mm，区域最大投影尺寸同时大于20mm×30mm	

注　本表摘自《烧结多孔砖和烧结多孔砌块》(GB 13544—2011)。

（4）强度等级和密度等级。非黏土烧结多孔砖根据干表观密度分为1000kg/m³、1100kg/m³、1200kg/m³、1300kg/m³四个密度等级。烧结多孔砖根据抗压强度分为MU30、MU25、MU20、MU15、MU10五个强度等级。烧结多孔砖在城市中已经有几十年成功的使用经验，并且也有大量的实验证明烧结多孔砖能够达到实心砖的强度，甚至有更优于实心砖的抗震性能。烧结多孔砖作为6层及以下建筑的承重墙，在力学性能上完全能够满足要求。MU10以上烧结多孔砖可用于承重墙；用于承重墙的外墙及潮湿环境的内墙，强度等级要达到MU15以上。砖混结构外承重墙的最低强度等级为MU15。

（5）主要技术指标。非黏土多孔砖的抗压强度、泛霜、石灰爆裂、抗风化性能、放射性等影响建筑正常使用和人体健康的主要技术指标如表3-6所示。浙江省属于非严重风化区，烧结多孔砖的抗风化性能满足5h沸煮吸水率和饱和系数要求时可不做冻融试验，否则需进行冻融循环试验。要求15次冻融循环试验后，每块砖不允许出现裂纹、分层、掉皮、缺棱掉角等冻坏现象。

表3-6　烧结多孔砖的主要技术性能

<table>
<tr><td colspan="3">项　目</td><td colspan="60">技术指标</td></tr>
<tr><td colspan="3">密度等级</td><td colspan="15">1000</td><td colspan="15">1100</td><td colspan="15">1200</td><td colspan="15">1300</td></tr>
<tr><td colspan="3">干表观密度/(kg/m³)</td><td colspan="15">900~1000</td><td colspan="15">1000~1100</td><td colspan="15">1100~1200</td><td colspan="15">1200~1300</td></tr>
<tr><td colspan="3">强度等级</td><td colspan="12">Mu30</td><td colspan="12">Mu25</td><td colspan="12">Mu20</td><td colspan="12">Mu15</td><td colspan="12">Mu10</td></tr>
<tr><td rowspan="2">抗压强度/MPa</td><td colspan="2">平均值</td><td colspan="12">30</td><td colspan="12">25</td><td colspan="12">20</td><td colspan="12">15</td><td colspan="12">10</td></tr>
<tr><td colspan="2">标准值</td><td colspan="12">22</td><td colspan="12">18</td><td colspan="12">14</td><td colspan="12">10</td><td colspan="12">6.5</td></tr>
<tr><td colspan="3">泛霜</td><td colspan="60">每块砖不允许出现严重泛霜的情况</td></tr>
<tr><td colspan="3">石灰爆裂</td><td colspan="60">①破坏尺寸大于2mm且小于或等于15mm的石灰爆裂区不得多于15处；其中，大于10mm的不得多于7处；②不允许出现15mm以上的石灰爆裂区</td></tr>
<tr><td rowspan="6">抗风化性能</td><td colspan="2">类别</td><td colspan="20">粉煤灰砖</td><td colspan="20">页岩砖</td><td colspan="20">煤矸石砖</td></tr>
<tr><td rowspan="2">5h沸煮吸水率/%</td><td>平均值</td><td colspan="20">30</td><td colspan="20">18</td><td colspan="20">21</td></tr>
<tr><td>单块最大值</td><td colspan="20">32</td><td colspan="20">20</td><td colspan="20">23</td></tr>
<tr><td rowspan="2">饱和系数</td><td>平均值</td><td colspan="20">0.88</td><td colspan="40">0.78</td></tr>
<tr><td>单块最大值</td><td colspan="20">0.90</td><td colspan="40">0.80</td></tr>
<tr><td colspan="2">冻融循环</td><td colspan="60">15次冻融循环试验后，每块砖不允许出现裂纹、分层、掉皮、缺棱掉角等冻坏现象（当5h沸煮吸水率和饱和系数满足要求时可不做）</td></tr>
<tr><td colspan="3">欠火砖、酥砖</td><td colspan="60">不允许</td></tr>
</table>

续表

项目		技术指标
放射性	内照射指数 I_{Ra}	≤1.0
	外照射指数 I_r	≤1.3

注 本表摘自《烧结多孔砖和烧结多孔砌块》(GB 13544—2011)。

(6)热工性能。KP1型烧结多孔砖经过多年使用,已经具有统一的热工性能参数(表3-7)。但规范当中没有给出矩形孔烧结的热工性能。通过对浙江省10个厂家不同类型的烧结多孔砖的热工性能检测统计,尺寸规格为240mm×115mm×90mm的烧结多孔砖(图3-1)密度1000~1300kg/m³,孔洞率约为30%(28%~33%),导热系数约0.45W/(m·K)。尺寸规格为190mm×190mm×90mm的烧结多孔砖密度约为1100~1250kg/m³,孔洞率约为33%(31%~35%),导热系数约0.45W/(m·K)。烧结页岩多孔砖和烧结粉煤灰多孔砖的性能差异不大,主要差异为密度和孔洞率。

表3-7 常见烧结多孔砖性能

尺寸规格(长×宽×高)/(mm×mm×mm)	孔洞率/%	密度/(kg/m³)	导热系数λ/[W/(m·K)]	蓄热系数S/[W/(m²·K)]	λ和S的修正系数
240×115×90(圆孔)	25	1 400	0.58	7.92	1.0
240×115×90(矩形孔)	30	1 200	0.45	6.46	1.0
190×190×90(矩形孔)	33	1 200	0.36	5.78	1.0

(7)企业产品性能。部分企业生产的非黏土烧结多孔砖如表3-8所示。

表3-8 部分企业生产的非黏土烧结多孔砖

产品名称	尺寸规格(长×宽×高)/(mm×mm×mm)	密度/(kg/m³)	孔洞率/%	导热系数/[W/(m·K)]	厂家名称
烧结页岩多孔砖	240×115×90	1200~1300	30.8	0.45	临安同鑫建材有限公司
烧结页岩多孔砖	240×190×90	1200~1300	39	0.41	
烧结页岩多孔砖	190×190×90	1200~1300	32	0.36	
烧结页岩多孔砖	190×190×115	1144	31.4	0.36	广德牛头山新型建材有限公司
烧结煤矸石多孔砖	240×115×90	1086	30.6	0.44	
非黏土烧结多孔砖	240×115×90	1293	29.6	0.51	安吉华宇建材有限公司
烧结煤矸石多孔砖	240×115×90	1090	30.6	0.45	
烧结煤矸石多孔砖	190×190×90	1170	31.1	0.36	
烧结煤矸石多孔砖	240×115×90	1090	30.6	0.45	安吉双龙新型墙体材料有限公司
烧结煤矸石多孔砖	240×115×90	1092	30.6	0.45	长兴建宇新型墙体材料有限公司
烧结煤矸石多孔砖	240×190×115	1181	34	0.37	
烧结煤矸石多孔砖	190×190×90	1212	33.8	0.36	
烧结煤矸石多孔砖	240×115×90	1217	30	0.45	浙江长广时代新型墙材有限公司

2. 非黏土烧结空心砖

非黏土烧结空心砖是以页岩、煤矸石、粉煤灰、淤泥(江、河、湖等)、建筑渣土及其他固体废弃物为主要原料(黏土含量不超过20%),经过焙烧而成的砖。空心砖孔洞率在40%以上,主要用于建筑非承重部位。按主要原料不同,分为页岩空心砖和空心砌块(Y)、煤矸石空心砖和空心砌块(M)、粉煤灰空心砖和空心砌块(F)、淤泥空心砖和空心砌块(U)、建筑渣土空心砖和空心砌块(Z)以及其他固体废弃物空心砖和空心砌块(G)。

(1)尺寸规格。非黏土烧结空心砖的外形为直角六面体,主要尺寸规格和尺寸允许偏差如表3-9和表3-10所示,其他尺寸规格由供需双方协商确定。用于混水墙中的烧结空心砖和空心砌块,为了增加与砂浆的黏结力,在大面和条面上均匀分布不小于2mm的粉刷槽。浙江省主要烧结空心砖的尺寸规格为240mm×115mm×90mm、200mm×200mm×115mm、240mm×240mm×115mm。

表3-9　非黏土烧结空心砖的尺寸规格　　单位:mm

名　称	尺寸规格
长度	390、290、240、190、180(175)、140
宽度	190、180(175)、140、115
高度	180(175)、140、115、90

注　本表摘自《烧结空心砖和空心砌块》(GB/T 13545—2014)。

表3-10　尺寸允许偏差

尺寸/mm	样本平均偏差/mm	样本极差/mm
大于300	±3.0	不大于7.0
大于200~300	±2.5	不大于6.0
100~200	±2.0	不大于5.0
小于100	±1.7	不大于4.0

注　本表摘自《烧结空心砖和空心砌块》(GB/T 13545—2014)。

(2)孔型和孔洞排列。非黏土烧结空心砖的孔洞排列及其结构形式与其保温性能和强度有关。孔洞率越大,孔排数越多,保温性能越好。孔型有序交叉排列的空心砖和砌块的保温性能较对称排列的空心砖和空心砌块的保温性能好。增加空心砖和空心砌块宽度方向的空洞排数及改变孔洞排列方式,其强度会降低。空心砖和空心砌块的外壁内侧宜设置排列有序的宽度或直径不大于10mm的圆形或矩形孔。孔洞排列及其结构、烧结空心砖和空心砌块的孔洞排列分别如表3-11和图3-2所示。

表3-11　孔洞排列及其结构

孔洞排列	孔洞排数/排,≥		孔洞率/%,≥	孔　型
	宽度方向	高度方向		
有序或交错排列	4(宽度不小于200mm),3(宽度小于200mm)	2	40	矩形孔

注　本表摘自《烧结空心砖和空心砌块》(GB/T 13545—2014)。

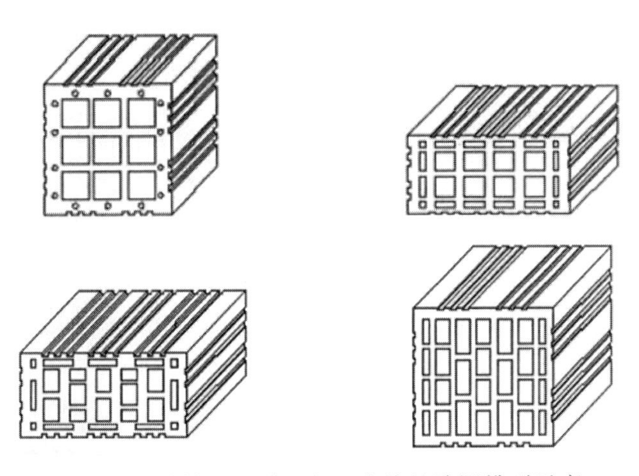

图3-2 烧结空心砖和空心砌块的孔洞排列示意

(3)外观质量。非黏土烧结空心砖的外观质量如表3-12所示。

表3-12 非黏土烧结空心砖的外观质量

项 目		指 标
弯曲/mm,≤		4
缺棱掉角的三个破坏尺寸/mm		不得同时大于30
垂直度差/mm,≤		4
未贯穿裂纹长度/mm,≤	大面上宽度方向及其延伸到条面的长度	100
	大面上长度方向或条面上水平面方向的长度	120
贯穿裂纹长度/mm,≤	大面上宽度方向及其延伸到条面的长度	40
	壁、肋沿长度方向、宽度方向及其水平方向的长度	40
肋、壁内残缺长度/mm,≤		40
完整面/mm		不少于一条面和一顶面

注:凡有下列缺陷之一者,不能称为完整面:①缺损在条面或顶面上造成的破坏面尺寸同时大于20mm×30mm;②大面、条面上裂纹宽度大于1mm,其长度超过70mm;③压陷、焦花、粘底在条面或顶面上的凹陷或凸出超过2mm,区域最大投影尺寸同时大于20mm×30mm

注 本表摘自《烧结空心砖和空心砌块》(GB/T 13545—2014)。

(4)密度等级和强度等级。非黏土烧结空心砖根据体积密度分为800kg/m³、900kg/m³、1000kg/m³和1100kg/m³四个等级。根据抗压强度分为MU10、MU7.5、MU5、MU3.5四个强度等级。非黏土烧结空心砖孔洞率大、承重力低,主要用于填充墙、隔墙等非承重部位。强度低于MU5的烧结空心砖不能用于外墙和潮湿环境中的内墙。

(5)主要技术指标。非黏土烧结空心砖的密度、强度、泛霜、石灰爆裂、抗风化性能、放射性等影响使用和人体健康的主要技术指标如表3-13所示。浙江省属于非严重风化区,空心砖的抗风化性能5h煮沸吸水率和饱和系数时可不做冻融试验,否则需进行冻融循环试验。冻融循环试验要求15次冻融循环试验后,每块砖不允许出现裂纹、分层、掉皮、缺棱掉角等冻坏现象。

表3-13　非黏土烧结空心砖的主要技术性能

<table>
<tr><td colspan="3">项　目</td><td colspan="6">技术指标</td></tr>
<tr><td colspan="3">密度等级</td><td>800</td><td colspan="2">900</td><td colspan="2">1000</td><td>1100</td></tr>
<tr><td colspan="3">干表观密度/(kg/m³)</td><td>≤800</td><td colspan="2">801~900</td><td colspan="2">901~1000</td><td>1001~1100</td></tr>
<tr><td colspan="3">强度等级</td><td>MU3.5</td><td colspan="2">MU5.0</td><td colspan="2">MU7.5</td><td>MU10.0</td></tr>
<tr><td rowspan="3">抗压强度/MPa</td><td colspan="2">抗压强度平均值，≥</td><td>3.5</td><td colspan="2">5</td><td colspan="2">7.5</td><td>10</td></tr>
<tr><td>变异系数δ≤0.21</td><td>强度标准值，≥</td><td>2.5</td><td colspan="2">3.5</td><td colspan="2">5</td><td>7</td></tr>
<tr><td>变异系数δ>0.21</td><td>单块最小抗压强度值，≥</td><td>2.8</td><td colspan="2">4</td><td colspan="2">5.8</td><td>8</td></tr>
<tr><td colspan="3">泛霜</td><td colspan="6">每块砖不允许出现严重泛霜</td></tr>
<tr><td colspan="3">石灰爆裂</td><td colspan="6">①最大破坏尺寸大于2mm且不大于15mm的石灰爆裂区不得多于10处。其中，大于10mm的不得多于5处；
②不允许出现15mm以上的石灰爆裂区</td></tr>
<tr><td rowspan="6">抗风化性能</td><td colspan="2">类　别</td><td colspan="2">粉煤灰砖</td><td colspan="2">页岩砖</td><td colspan="2">煤矸石砖</td></tr>
<tr><td rowspan="2">5h沸煮吸水率/%</td><td>平均值</td><td colspan="2">30</td><td colspan="2">18</td><td colspan="2">21</td></tr>
<tr><td>单块最大值</td><td colspan="2">32</td><td colspan="2">20</td><td colspan="2">23</td></tr>
<tr><td rowspan="2">饱和系数</td><td>平均值</td><td colspan="2">0.88</td><td colspan="4">0.78</td></tr>
<tr><td>单块最大值</td><td colspan="2">0.90</td><td colspan="4">0.80</td></tr>
<tr><td colspan="2">冻融循环</td><td colspan="6">15次冻融循环试验后，每块砖不允许出现裂纹、分层、掉皮、缺棱掉角等冻坏现象（当5h沸煮吸水率和饱和系数满足要求时可不做）</td></tr>
<tr><td colspan="3">欠火砖、酥砖</td><td colspan="6">不允许</td></tr>
<tr><td colspan="3">放射性</td><td colspan="6">内照射指数I_{Ra}≤1.0；外照射指数I_r≤1.3</td></tr>
</table>

注　本表摘自《烧结空心砖和空心砌块》(GB/T 13545—2014)。

（6）热工性能。非黏土烧结空心砖的尺寸较空心砌块尺寸小，其热工性能与非黏土烧结空心砌块相近，见非黏土烧结空心砌块。

（7）企业产品信息。部分企业生产的非黏土烧结空心砖如表3-14所示。

表3-14　部分企业生产的非黏土烧结空心砖

产品名称	尺寸规格（长×宽×高）/（mm×mm×mm）	性能指标	厂家名称
烧结页岩空心砖	200×200×115、240×115×90、240×240×115	密度：748kg/m³；孔洞率：45.3% 导热系数：0.36W/（m·K）	临安市大唐新型墙体材料有限公司
烧结页岩空心砖	240×240×115	强度：MU5（实测值4.9MPa） 孔洞率：58%	临安同鑫建材有限公司

3. 非黏土烧结保温砖

非黏土烧结保温砖是用页岩、粉煤灰、煤矸石、淤泥等固体废弃物为主要原料（黏土含量不超过20%），或加入成孔材料焙烧而成，主要用于建筑围护结构保温隔热用的多孔薄壁砖。浙江省生产的烧结保温砖是以粉碎后的页岩为原料，掺入河道污泥、造纸污泥，经混合搅拌、匀化、真空挤出成型、余热干燥和高温烧结而成。

烧结保温砖的孔洞率在25%以上。同时，烧结保温砖由于成孔材料在内部形成大量封闭的微小空隙，保温隔热、隔声效果好，传热系数和比重较小，基本没有干缩膨胀。非黏土烧结保温砖与相同尺寸规格、孔型、孔洞率的烧结多孔砖相比，是一种质量更轻、保温隔热效果更好，并能够利用城市工业和生活污泥生产的有利于节约耕地和减少环境污染的新型墙体材料。

（1）分类。非黏土烧结保温砖按照不同的分类方法有不同类别的产品，具体如表3-15所示。

表3-15　非黏土烧结保温砖的产品分类

分类方式	类　别
按主要原料	页岩保温砖（YB）、煤矸石保温砖（MB）、粉煤灰保温砖（FB）、淤泥保温砖（YNB）以及其他固体废弃物保温砖（QGB）
按处理工艺和砌筑方式	①经精细工艺处理砌筑中采用薄灰缝，契合无灰缝的烧结保温砖（A类）； ②未经精细工艺处理的砌筑中采用普通灰缝的烧结保温砖（B类）

注　本表根据《烧结保温砖和保温砌块》（GB 26538—2011）整理而成。

（2）尺寸规格。非黏土烧结保温砖的外形为直角六面体，A类非黏土烧结保温砖的长、宽、高的尺寸符合下列要求：300mm、250mm、200mm、100mm；B类非黏土烧结保温砖的长、宽、高的尺寸符合下列要求：290mm、240mm、190mm、180（175）mm、140mm、115mm、90mm、53mm。常见尺寸规格如表3-16所示，特殊尺寸规格由供需双方协商确定，尺寸允许偏差如表3-17所示。浙江省常见非黏土烧结保温砖的尺寸规格为240mm×115mm×90mm。

表3-16　非黏土烧结保温砖的尺寸规格　　单位：mm

名　称	尺寸规格
长度	240、200、190
宽度	190、115、95
高度	115、90

表3-17　尺寸允许偏差

尺　寸	A类/mm		B类/mm	
	样本平均偏差	样本极差，≤	样本平均偏差	样本极差，≤
>300	±2.5	5.0	±3.0	7.0
200~300	±2.0	4.0	±2.5	6.0
100~200	±1.5	3.0	±2.0	5.0
<100	±1.5	2.0	±1.7	4.0

注　本表根据《烧结保温砖和保温砌块》（GB 26538—2011）整理而成。

（3）外观质量。非黏土烧结保温砖的外观质量（表3-18），除完整面没有要求，其他内容与非黏土烧结空心砖相同。

表3-18 非黏土烧结保温砖的外观质量

<table>
<tr><th colspan="2">项 目</th><th>指 标</th></tr>
<tr><td colspan="2">弯曲/mm，≤</td><td>4</td></tr>
<tr><td colspan="2">缺棱掉角的三个破坏尺寸/mm</td><td>不得同时>30</td></tr>
<tr><td colspan="2">垂直度差/mm，≤</td><td>4</td></tr>
<tr><td rowspan="2">未贯穿裂纹长度
/mm，≤</td><td>大面上宽度方向及其延伸到条面的长度</td><td>100</td></tr>
<tr><td>大面上长度方向或条面上水平面方向的长度</td><td>120</td></tr>
<tr><td rowspan="2">贯穿裂纹长度
/mm，≤</td><td>大面上宽度方向及其延伸到条面的长度</td><td>40</td></tr>
<tr><td>壁、肋沿长度方向、宽度方向及其水平方向的长度</td><td>40</td></tr>
<tr><td colspan="2">肋、壁内残缺长度/mm，≤</td><td>40</td></tr>
</table>

注 本表摘自《烧结保温砖和保温砌块》(GB 26538—2011)。

(4)密度等级和强度等级。非黏土烧结保温砖较烧结空心砖和烧结多孔砖的密度更小，按照其体积密度分为700kg/m^3、800kg/m^3、900kg/m^3、1000kg/m^3四个密度等级。烧结保温砖根据抗压强度分为MU15、MU10、MU7.5、MU5、MU3.5五个强度等级。一般情况下，砖的强度与密度成正比，密度越大，强度等级越高。强度等级为MU3.5的烧结保温砖的密度不大于800kg/m^3。密度等级800~1000kg/m^3的烧结保温砖所对应的强度等级为MU5.0~MU15。强度等级达到MU10的烧结保温砖可用于承重墙；强度等级达到MU15的砖混结构的外承重墙和潮湿环境中的内墙；强度等级达到MU5.0的烧结保温砖可用于外填充墙；MU3.5的烧结保温砖只能用于非潮湿环境中的内隔墙。

(5)主要技术指标。非黏土烧结保温砖的密度、强度、泛霜、石灰爆裂、抗风化性能、放射性等影响使用和人体健康的主要技术指标如表3-19所示。浙江省属于非严重风化区，非黏土烧结保温砖的抗风化性能符合饱和系数要求时可不做冻融试验，否则需进行冻融循环试验。

表3-19 非黏土烧结保温砖的主要技术性能

<table>
<tr><th colspan="3">项 目</th><th colspan="6">技术指标</th></tr>
<tr><td colspan="3">密度等级</td><td>700</td><td>800</td><td colspan="2">900</td><td colspan="2">1000</td></tr>
<tr><td colspan="3">干表观密度/(kg/m^3)</td><td>≤700</td><td>701~800</td><td colspan="2">801~900</td><td colspan="2">901~1000</td></tr>
<tr><td colspan="3">强度等级</td><td colspan="2">MU3.5</td><td>MU5.0</td><td>MU7.5</td><td>MU10.0</td><td>MU15.0</td></tr>
<tr><td rowspan="3">抗压强度
/MPa</td><td colspan="2">抗压强度
平均值≥</td><td colspan="2">3.5</td><td>5.0</td><td>7.5</td><td>10.0</td><td>15.0</td></tr>
<tr><td>变异系数
δ≤0.21</td><td>强度标准
值≥</td><td colspan="2">2.5</td><td>3.5</td><td>5.0</td><td>7.0</td><td>10.0</td></tr>
<tr><td>变异系数
δ>0.21</td><td>单块最小
抗压强度
值≥</td><td colspan="2">2.8</td><td>4.0</td><td>5.8</td><td>8.0</td><td>12.0</td></tr>
</table>

传热系数 K/[W/(m^2·K)]	0.4	0.5	0.6	0.7	0.8	0.9	1	1.35	1.5	2
单层试样 K 值范围	0.31~0.40	0.41~0.50	0.51~0.60	0.61~0.7	0.71~0.8	0.81~0.9	0.91~1	1.01~1.35	1.36~1.5	1.51~2

续表

<table>
<tr><td colspan="3">项　目</td><td colspan="3">技术指标</td></tr>
<tr><td colspan="3">泛霜</td><td colspan="3">每块砖不允许出现中等泛霜</td></tr>
<tr><td colspan="3">石灰爆裂</td><td colspan="3">①最大破坏尺寸大于2mm且不大于10mm的石灰爆裂区，每组不得多于15处；
②不允许出现10mm以上的石灰爆裂区</td></tr>
<tr><td colspan="3">吸水率/%</td><td colspan="3">≤20（页岩保温砖、煤矸石保温砖）
≤24（粉煤灰保温砖、淤泥保温砖、其他废弃物保温砖）</td></tr>
<tr><td rowspan="3">抗风化性能</td><td colspan="2">类别</td><td>粉煤灰保温砖</td><td>页岩保温砖</td><td>煤矸石保温砖</td></tr>
<tr><td rowspan="2">饱和系数</td><td>平均值</td><td>0.88</td><td colspan="2">0.78</td></tr>
<tr><td>单块最大值</td><td>0.90</td><td colspan="2">0.80</td></tr>
<tr><td rowspan="2">抗冻性</td><td colspan="2">质量损失率/%，≤</td><td colspan="3">5</td></tr>
<tr><td colspan="2">冻融循环</td><td colspan="3">①不允许出现裂纹、分层、掉皮、缺棱掉角等冻坏现象（当饱和系数满足要求时可不做）；
②冻后裂纹长度满足表3-18中“外观质量的要求”</td></tr>
<tr><td colspan="3">欠火砖、酥砖</td><td colspan="3">不允许</td></tr>
<tr><td colspan="3">放射性</td><td colspan="3">内照射指数$I_{Ra}\le1.0$；外照射指数$I_r\le1.3$</td></tr>
</table>

注　本表摘自《烧结保温砖和保温砌块》（GB 26538—2011）。

（6）热工性能。非黏土烧结保温砖的传热系数分为0.40~2.0W/（m²·K）十个等级。浙江常见非黏土烧结保温砖的热工性能如表3-20所示。

表3-20　非黏土烧结保温砖的热工性能

尺寸规格（长×宽×高）/（mm×mm×mm）	孔洞率	密度/（kg/m³）	导热系数λ/[W/（m·K）]	蓄热系数S/[W/（m²·K）]	λ和S的修正系数
240×115×90（矩形孔）	35%以上	1 000	0.40	6.09	1.0

（7）企业产品性能。部分企业生产的非黏土烧结保温砖如表3-21所示。

表3-21　部分企业生产的非黏土烧结保温砖

产品名称	尺寸规格（长×宽×高）/（mm×mm×mm）	密度/（kg/m³）	孔洞率/%	导热系数/[W/（m·K）]	厂家名称
页岩烧结保温砖	240×115×90	934	38.2	0.349	富阳新亿建材有限公司
烧结保温砖	240×115×90	998	38.8	0.382	海盐达贝尔新型建材有限公司
烧结保温砖	200×95×90	936	28	0.322	平湖市广轮新型建材有限公司
烧结保温砖	240×115×90	895	33.2	0.394	嘉兴市友联新型墙体有限公司

3.1.2　混凝土砖

混凝土砖是烧结黏土砖被禁用后出现的代替黏土砖的新型墙体材料之一。混凝土砖是以水泥、砂、石为主要原料，根据需要加入掺合料、外加剂等，加水搅拌、成型、养护而成的一种混凝土半盲孔砖或实心砖。根据孔洞率不同，分为混凝土多孔砖和混凝土空心砖。根据是否承重，分为承重砖和非承重砖。

1. 承重混凝土多孔砖

混凝土多孔砖是以水泥为胶凝材料，以砂、石为主要集料，加水搅拌、成型、养护而成的多排孔砖。承重混凝土多孔砖的孔洞率不小于25%，且不大于35%。

（1）尺寸规格。混凝土多孔砖的外形为直角六面体，主要尺寸规格为240mm×115mm×90mm，其他尺寸规格有240mm×190mm×90mm、190mm×190mm×90mm等，特殊尺寸规格可根据供需双方确定。砌筑时与主规格砖配合使用的配砖，如半砖（120mm×115mm×90mm）、七分头（180mm×115mm×90mm）。浙江省常见混凝土多孔砖的尺寸规格、孔型等如表3-22所示，混凝土多孔砖的规格尺寸和块型如表3-23所示。

表3-22　混凝土多孔砖的尺寸规格及尺寸偏差

项　目	主要尺寸/mm	标准值
长度	360、290、240、190、140	-1~+2
宽度	240、190、115、90	-1~+2
高度	115、90	±2

注　本表摘自《承重混凝土多孔砖》(GB 25779—2010)。

表3-23　混凝土多孔砖的规格尺寸和块型

规格尺寸/(mm×mm×mm)	块型	密度/(kg/m³)	备注
240×115×90		1450	主规格尺寸 用于各种240墙体
240×240×90		1050	240墙体填充墙
120×115×90		1450	主规格的配套砖（半砖）
180×115×90		1530	主规格的配套砖 （七分砖）
240×115×53		2200	240混凝土实心砖， ±0.000以下240墙体/填充墙用斜砖
190×190×90		1250	190墙体填充墙
190×90×90		1570	190墙体填充墙 配套砖
190×90×53		2200	190混凝土实心砖， ±0.000以下190墙体/填充墙用斜砖

(2)外观质量。混凝土多孔砖的外观质量要满足表3-24的要求。为增强装饰效果，用于清水墙中的装饰砖可制成本色、一色或多色，装饰面可具有砂面、光面、压花等装饰性图案。

表3-24 混凝土多孔砖的外观质量

项 目		技术指标
弯曲/mm，≤		1
缺棱掉角/mm	个数/个，≤	2
	三个方向投影尺寸的最大值，≤	15
裂纹延伸的投影尺寸累计/mm，≤		20

注 本表摘自《承重混凝土多孔砖》(GB 25779—2010)。

(3)强度等级。承重混凝土多孔砖的强度等级根据抗压强度分为MU25、MU20、MU15三个强度等级。强度达到MU15的混凝土多孔砖可用于承重墙，但用作外承重墙和潮湿环境中的内承重墙时强度等级要达到MU20。

混凝土多孔砖的干燥收缩率限制为0.045%，是烧结黏土砖的4.5倍，容易引起墙体开裂。混凝土砖的龄期达到28天之前，自身收缩较大，因此必须确保混凝土砖的出厂期28天，以防止或减轻墙体收缩干裂。混凝土砖的饱和吸水率低，吸水速度迟缓，砌筑时不宜浇水。为保证强度，混凝土多孔砖外壁厚度不小于18mm，最小肋厚不小于15mm。

(4)主要技术指标。承重混凝土多孔砖的强度、最大吸水率、干燥收缩率和相对含水率、抗冻性、放射性等影响建筑性能和人体安全的技术指标如表3-25所示。浙江省年平均湿度在75%以上，属于潮湿地区，混凝土多孔砖的相对含水率应小于40%。

表3-25 承重混凝土多孔砖的主要技术指标

项 目		技术性能指标		
孔洞率及孔洞排列	孔洞率/%	25~35		
	孔洞	①开孔方向与砌筑后墙体承受压方向一致； ②任一孔洞，在砖长方向的最大值应不大于砖长的1/6，在砖宽方向的最大值不应大于砖宽度的4/15； ③铺浆面宜为盲孔或半盲孔		
强度等级		MU15	MU20	MU25
强度等级/MPa	平均值，≥	15	20	25
	单块最小值，≥	12	16	20
最大吸水率/%，≤		12		
线性干燥收缩率/%，≤		0.045		
相对含水率/%，≤		40		
碳化系数，≥		0.85		
软化系数，≥		0.85		
抗冻性/%		单块质量损失率≤5；单块抗压强度损失率≤25		
放射性		内照射指数I_{Ra}≤1.0；外照射指数I_{r}≤1.3		

注 本表根据《承重混凝土多孔砖》(GB 25779—2010)整理而成。

(5)热工性能。国内较早就已经对混凝土多孔砖的热工性能进行过实测研究。上海市建筑科学研究院和浙江大学对几种常用混凝土多孔砖的热工性能进行了实测(表3-26)。《混凝土砖建筑技术规范》(CECS 257:2009)中推荐的不同厚度混凝土多孔砖墙的热工性能如表3-27所示。浙江省建筑节能标准推荐的混凝土多孔砖的热工性能参数为混凝土多孔砖(密度1 450kg/m³)的导热系数为0.738W/(m·K)、蓄热系数7.25W/(m²·K)、修正系数为1.0。

表3-26 混凝土多孔砖的热工性能

尺寸规格/mm	传热系数K/[W/(m²·K)]	热阻R_0/[(m²·K)/W]	热惰性指标D_b	当量导热系数/[W/(m·K)]	蓄热系数/[W/(m²·K)]
240×115×90	1.92	0.37	2.85	0.748	7.35
190×190×90	1.99	0.35	2.16	0.63	5.55
190×90×90	2.22	0.30	2.4	0.36	6.93

注 墙体两面各粉刷20mm混合砂浆。

表3-27 混凝土砖墙体的热阻、热惰性指标

墙体厚度δ/mm	热阻R_0/[(m²·K)/W]	热惰性指标D_b	空气声计权隔声量/dB
120(多孔砖)	0.20	1.7	42
240(多孔砖)	0.34	3.0	50
370(多孔砖)	0.46	3.9	—
240实心砖或预灌多孔砖	0.22	3.2	—

注 1. R_0为墙体两面各抹灰20mm,不含内表面换热阻和外表面换热阻。
2. 本表摘自《混凝土砖建筑技术规范》(CECS 257:2009)。

(6)隔声性能。240厚混凝土多孔砖墙,两面粉刷20mm水泥砂浆时,空气声计权隔声量为50dB;120厚混凝土多孔砖墙,两面粉刷20mm水泥砂浆时,空气声计权隔声量为42dB。对隔声性能要求较高的墙体,需要采取相关措施,提高隔声性能。

(7)燃烧性能和耐火极限。混凝土多孔砖属于非燃烧体。用混凝土多孔砖砌筑的墙体(两侧不包括粉刷)的耐火极限如表3-28所示。有防火要求的混凝土多孔砖墙体的厚度不小于190mm;防火要求较高时,要采取有效的防火措施。

表3-28 混凝土砖墙体的燃烧性能和耐火极限

墙体厚度/mm	耐火极限/h	燃烧性能	墙体厚度/mm	耐火极限/h	燃烧性能
120(多孔砖)	1.3	非燃烧体	240(多孔砖)	2.5	非燃烧体
190(多孔砖)	2.0	非燃烧体	240实心砖或顶灌孔多孔砖	3.0	非燃烧体

注 1. 墙体两面无粉刷。
2. 表摘自《混凝土砖建筑技术规范》(CECS 257:2009)。

(8)企业产品性能。部分企业生产的混凝土多孔砖产品性能如表3-29所示。

表3-29 部分企业生产的混凝土多孔砖产品性能

产品名称	尺寸规格（长×宽×高）/（mm×mm×mm）	性能指标	厂家名称
混凝土多孔砖	240×115×90	强度等级：MU15；孔洞率：32% 孔洞排列：两排十孔；干燥收缩：0.04% 相对含水率：25%；放射性：I_{Ra}=0.2，I_r=0.5	桐庐永东建材有限公司
混凝土实心砖	240×115×53	强度等级：MU25；密度等级：2 231kg/m³ A级干燥收缩：0.039%；最大吸水率：7% 相对含水率：28%；放射性：I_{Ra}=0.2，I_r=0.5	
混凝土多孔砖	240×115×90	强度等级：MU10；孔洞率：32% 孔洞排列：两排十孔；干燥收缩率：0.04% 相对含水率：32%；放射性：I_{Ra}=0.7，I_r=0.4	浙江方远建材有限公司
混凝土多孔砖	240×240×90	强度等级：MU10 孔洞率：32% 孔洞排列：五排孔二十孔	

2. 非承重混凝土空心砖

非承重混凝土空心砖是用水泥、集料为主要原料，掺入外加剂及其他掺和料，经配料、搅拌、成型、养护制成的空心率不小于25%的非承重砖。相对混凝土多孔砖，混凝土空心砖质量更轻、保温隔热更好。

（1）尺寸规格。非承重混凝土空心砖的外形为直角六面体，主要尺寸规格如表3-30所示，常用尺寸为240mm×240mm×90mm，其他尺寸规格可根据供需双方确定。

表3-30 混凝土空心砖的尺寸规格及尺寸偏差

项 目	主要尺寸/mm	标准值
长度	360、290、240、190、140	-1~+2
宽度	240、190、115、90	-1~+2
高度	115、90	±2

注 本表根据《非承重混凝土空心砖》(GB/T 24492—2009)整理而成。

（2）外观质量。非承重混凝土空心砖的外观质量要满足表3-31的要求。混凝土空心砖用于填充墙和隔断墙等非承重墙体，为保证强度，混凝土多孔砖外壁厚度不小于15mm，最小肋厚不小于10mm。

表3-31 非承重混凝土空心砖的外观质量

项 目	允许范围
弯曲/mm，≤	2
缺棱掉角	个数不大于2个；三个方向投影尺寸均不得大于所在棱边长度的1/10
裂纹长度/mm，≤	25

注 本表根据《非承重混凝土空心砖》(GB/T 24492—2009)整理而成。

（3）密度等级和强度等级。非承重混凝土空心砖按表观密度不同，分为600kg/m³、700kg/m³、800kg/m³、900kg/m³、1000kg/m³、1100kg/m³、1200kg/m³、1400kg/m³八个密度等级。按

照抗压强度不同，分为MU10、MU7.5、MU5三个强度等级，可用于外填充墙和内隔墙。

(4)主要技术指标。非承重混凝土空心砖的强度、最大吸水率、线性干燥收缩率、相对含水率、抗冻性、碳化系数、软化系数和放射性等影响建筑性能和人体安全的技术指标如表3-32所示。浙江省年平均湿度在75%以上，属于潮湿地区。非承重混凝土空心砖的相对含水率应小于40%。

表3-32　非承重混凝土空心砖的主要技术指标

项目	技术性能指标							
孔洞率/%，≥	25							
密度等级/(kg/m³)	600	700	800	900	1000	1100	1200	1400
表观密度范围	≤600	610~700	710~800	810~900	910~1000	1010~1100	1110~1200	1210~1400
强度等级	MU5			MU7.5			MU10	
强度等级/MPa 平均值	5			7.5			10	
强度等级/MPa 单块最小值	4			6			8	
最大吸水率/%，≤	12							
线性干燥收缩率/%，≤	0.065							
相对含水率/%，≤	40							
碳化系数，≥	0.80							
软化系数，≥	0.75							
抗冻性/%	单块质量损失率不大于5；单块抗压强度损失率不大于25							
放射性	内照射指数I_{Ra}≤1.0；外照射指数I_r≤1.3							

注　本表根据《非承重混凝土空心砖》(GB/T 24492—2009)整理而成。

3.1.3　蒸压砖

蒸压砖是利用粉煤灰、煤渣、煤矸石、尾矿渣、化工渣或者天然砂、海涂泥等(以上原料的一种或数种)作为主要原料，不经高温煅烧而制造的一种新型墙体材料称之为免烧砖。蒸压砖利用废弃材料生产，不须烧结，是一种节约能源、保护耕地和环境，符合我国墙体改革的新型墙体材料。

1. 蒸压灰砂砖

蒸压灰砂砖是以石灰和砂为主要原料，掺入颜料和外加剂，经胚料制备、压制成型、蒸压养护而成的实心砖。蒸压灰砂砖是一种性能优良、节能型新型建筑材料，在有砂、石灰石资源的地方都可以大力发展。根据所掺入的颜料不同，有彩色和本色之分。根据尺寸偏差、外观质量、强度和抗冻性等，分为优等品(A)、一等品(B)和合格品(C)。灰砂砖可用于多层建筑的承重墙体，但不得用于长期受热200℃以上、受急冷急热和有酸性介质侵蚀的部位。

(1)尺寸规格。蒸压灰砂砖的主要尺寸规格为240mm×115mm×53mm，其他尺寸规格由供需双方协商，蒸压灰砂砖的尺寸规格及尺寸偏差如表3-33所示。

表3-33 蒸压灰砂砖的尺寸规格及尺寸偏差 单位:mm

项 目	主要尺寸	尺寸允许偏差		
		优等品(A)	一等品(B)	合格品(C)
长度	240	±2	±2	±3
宽度	115	±2	±2	±3
高度	53	±1	±2	±3

注 本表根据《蒸压灰砂砖》(GB 11945—1999)整理而成。

(2)外观质量。蒸压灰砂砖的外观质量如表3-34所示。除本色灰砂砖外,有色灰砂砖的颜色应基本一致,没有明显色差。

表3-34 蒸压灰砂砖的外观质量

项 目		指 标		
		优等品	一等品	合格品
缺棱掉角	个数/个,≤	1	1	2
	最大尺寸/mm,≤	10	15	20
	最小尺寸/mm,≤	5	10	10
对应高度差/mm,≤		1	2	3
裂纹	条数/条,≤	1	1	2
	大面上宽度方向及其延伸到条面的长度/mm,≤	20	50	70
	大面上长度方向及其延伸到顶面上的长度或条、顶面水平裂纹的长度/mm,≤	30	70	100

注 本表根据《蒸压灰砂砖》(GB 11945—1999)整理而成。

(3)强度等级。蒸压灰砂砖的强度等级分为MU10、MU15、MU20、MU25四个等级。其中,优等品的强度等级不低于MU15。MU10的蒸压灰砂砖仅可用于防潮层以上部位;MU15及以上强度的灰砂砖可用于基础及其他部位。强度等级达到MU15的蒸压灰砂砖可用于承重墙;强度等级达到MU20的蒸压灰砂砖可用于外承重墙和潮湿环境中的内墙。

蒸压灰砂砖的强度等级能够达到烧结黏土砖的强度等级,可替代黏土实心砖。但蒸压灰砂砖表面平整光滑,与普通砂浆黏结力差,导致抗剪强度低,应采用能够提高抗剪强度的专用砂浆砌筑。

(4)主要技术指标。蒸压灰砂砖的主要技术指标如表3-35所示。

表3-35 蒸压灰砂砖的主要技术指标

项 目		技术指标			
强度等级		MU25	MU20	MU15	MU10
抗压强度/MPa	平均值,≥	25	20	15	10
	单块值,≥	20	16	12	8
抗折强度/MPa	平均值,≥	5	4	3.3	2.5
	单块值,≥	4	3.2	2.6	2
抗冻性	冻后抗压强度平均值/MPa,≥	20	16	12	8
	单块砖的干质量损失/%,≤	2	2	2	2

注 本表根据《蒸压灰砂砖》(GB 11945—1999)整理而成。

(5)热工性能。蒸压灰砂砖的密度约为1300~1400kg/m³,导热系数为0.44~0.64W/(m·K)。《民用建筑热工设计规范》中规定蒸压灰砂砖砌体的热工性能如表3-36所示。

表3-36 蒸压灰砂砖砌体的热工性能

名称	干密度/(kg/m³)	导热系数/[W/(m·K)]	蓄热系数/[W/(m²·K)]	蒸汽渗透系数/[g/(m·h·Pa)]	比热容/[J/(kg·K)]	修正系数 α
蒸压灰砂砖砌体	1900	1.100	12.72	0.0001050	1.05	1.0

2. 蒸压灰砂多孔砖

蒸压灰砂多孔砖是以石灰和砂为主要原料,掺入颜料和外加剂,经胚料制备、压制成型、高压蒸气养护而成的,用于防潮层以上承重部位,孔洞率不小于25%的多孔砖。蒸压灰砂多孔砖不得用于受热200℃以上、受急冷急热和有酸性介质侵蚀的部位。根据允许偏差和外观质量,将蒸压灰砂多孔砖分为优等品(A)和一等品(B)两个质量等级。

(1)尺寸规格。蒸压灰砂多孔砖的主要尺寸规格为240mm×115mm×90mm、240mm×115mm×115mm,其他尺寸规格可由供需双方协商,蒸压灰砂多孔砖的尺寸规格及尺寸偏差如表3-37所示。

表3-37 蒸压灰砂多孔砖的尺寸规格及尺寸偏差

项目	主要尺寸/mm	优等品(A)		一等品(B)	
		样本平均偏差	样本极差,≤	样本平均偏差	样本极差,≤
长度	240	±2	4	±2.5	6
宽度	115	±1.5	3	±2.0	5
高度	115、90	±1.5	2	±1.5	4

注 本表根据《蒸压灰砂多孔砖》(JC/T 637—2009)整理而成。

(2)外观质量。蒸压灰砂多孔砖的外观质量如表3-38所示。除本色灰砂砖外,有色灰砂砖的颜色应基本一致,没有明显色差。蒸压灰砂多孔砖的孔型为圆形或其他形状,孔洞垂直于大面。

表3-38 蒸压灰砂多孔砖的外观质量

项目		指标	
		优等品(A)	一等品(B)
缺棱掉角	最大尺寸/mm,≤	10	15
	大于以上尺寸的缺棱掉角个数/个,≤	0	1
裂纹长度	大面宽度方向及其延伸到条面的长度/mm,≤	20	50
	大面长度方向及其延伸到顶面或条面长度方向及其延伸到顶面的水平裂纹长度/mm,≤	30	70
	大于以上尺寸的裂纹条数/条,≤	0	1

注 本表根据《蒸压灰砂多孔砖》(JC/T 637—2009)整理而成。

(3)强度等级。蒸压灰砂多孔砖的强度等级分为MU15、MU20、MU25、MU30四个等级。蒸压灰砂多孔砖主要用于防潮层以上承重部位。

(4)主要技术指标。蒸压灰砂多孔砖的主要技术指标如表3-39所示。

表3-39　蒸压灰砂多孔砖的主要技术指标

项目		技术性能指标			
孔洞率及孔洞排列	孔型	圆孔或其他孔型			
	孔洞率/%，≥	25			
	孔洞排列	①孔洞排列上下左右对称，分布均匀； ②圆孔直径不大于22mm，非圆孔内切圆直径不大于15mm，孔洞外壁厚度不小于10mm，肋厚度不小于7mm			
强度等级		MU15	MU20	MU25	MU30
抗压强度/MPa	平均值，≥	15	20	25	30
	单块最小值，≥	12	16	20	24
抗冻性	冻后抗压强度平均值/MPa，≥	12	16	20	24
	单块干质量损失率/%，≤	2			
	冻融循环次数/次	25			
干燥收缩率/%，≤		0.05			
相对含水率/%，≤		40			
碳化系数，≥		0.85			
软化系数，≥		0.85			
放射性		内照射指数I_{Ra}≤1.0；外照射指数I_r≤1.3			

注　本表根据《蒸压灰砂多孔砖》(JC/T 637—2009)整理而成。

3. 蒸压粉煤灰砖

蒸压粉煤灰砖是在20世纪60年代发展起来的一种新型墙体材料。蒸压粉煤灰砖是以粉煤灰、生石灰、水泥为主要原料，掺入适量石膏、外加剂、颜料和其他掺和料，经胚料制备、成型、蒸压养护而成的实心砖。蒸压粉煤灰砖可利用工业废料生产，节约土地资源、保护耕地。同时，具有强度高、抗冻性好、质量轻、环保无辐射等特点。可用于建筑的基础和墙体，但不适宜用于长期受热、温度高于200℃、受急冷急热或有酸性介质侵蚀的部位。

(1)尺寸规格。蒸压粉煤灰砖的外形为直角六面体，主要尺寸为240mm×115mm×53mm，其他尺寸规格可由供需双方协商，蒸压粉煤灰砖的尺寸规格及尺寸偏差如表3-40所示。

表3-40　蒸压粉煤灰砖的尺寸规格及尺寸偏差

项目	主要尺寸/mm	尺寸允许偏差/mm
长度L	240	+2~-1
宽度B	115	±2
高度H	53	+2~-1

注　本表根据《蒸压粉煤灰砖》(JC/T 239—2014)(报批稿)整理而成。

(2)外观质量。蒸压粉煤灰砖的大面上设有沟槽，以增加砂浆的黏结力，其他外观质量如表3-41所示。

表3-41 蒸压粉煤灰砖的外观质量

项　目	指　标
缺棱掉角	个数不大于2个；三个方向投影尺寸最大值不大于15mm
裂纹长度	裂纹延伸的投影尺寸累积不大于20

注　本表根据《蒸压粉煤灰砖》(JC/T 239—2014)(报批稿)整理而成。

(3)强度等级。蒸压粉煤灰砖根据抗压强度和抗折强度分为MU10、MU15、MU20、MU25、MU30五个强度等级。其中，M15及以上强度等级的蒸压粉煤灰砖可用于承重墙体；地面以下或防潮层以下砌体、潮湿房间的墙体应采用MU20及以上强度的蒸压粉煤灰砖。承重砖的折压比不低于0.25。

(4)主要技术指标。蒸压粉煤灰砖的抗冻性、干燥收缩、吸水率、放射性等影响建筑性能和人体安全的技术指标如表3-42所示。

表3-42 蒸压粉煤灰砖的主要技术指标

项　目		技术性能指标				
强度等级		MU30	MU25	MU20	MU15	MU10
抗压强度/MPa	平均值	30	25	20	15	10
	单块最小值	24	20	16	12	8
抗折强度/MPa	平均值	6.2	5	4	3.3	2.5
	单块最小值	5	4	3.2	2.6	2
抗冻性		抗压强度损失率不大于25%；质量损失率不大于5%				
线性干燥收缩值/(mm/m)		0.5				
吸水率/%，≤		20				
碳化系数，≥		0.85				
放射性		内照射指数I_{Ra}≤1.0；外照射指数I_r≤1.0				

注　本表根据《蒸压粉煤灰砖》(JC/T 239—2014)(报批稿)整理而成。

(5)热工性能。两面没有抹灰的240mm蒸压粉煤灰实心砖墙体的传热系数为2.10W/(m^2·K)。导热系数为0.75W/(m·K)、蓄热系数为11.25W/(m^2·K)。蒸压粉煤灰砖的物理性能如表3-43所示。

表3-43 蒸压粉煤灰砖的物理性能

墙体厚度/mm	热阻R_b/[(m^2·K)/W]	热惰性指标D_b	空气声计权隔声量/dB	耐火极限/h	燃烧性能
120	0.16	1.8	42	1.5	非燃烧体
240	0.32	3.6	52	3.0	非燃烧体

注　1. 热阻为两侧各抹20mm水泥砂浆，不含内表面换热阻和外表面换热阻。
2. 隔声性能为两侧有20mm水泥砂浆粉刷。
3. 耐火极限和燃烧性能为两侧没有粉刷。
4. 该表根据《蒸压粉煤灰砖建筑技术规范》(附条文说明)(CECS 256—2009)整理而成。

（6）隔声性能。双面抹灰（每面各20mm）的蒸压粉煤灰砖的空气声隔声量如表3-43所示：120mm厚实心砖墙的空气声隔声量为42dB；240mm厚实心砖墙的空气声隔声量为52dB。

（7）防火性能。蒸压粉煤灰砖属于非燃烧体，120mm厚墙体（两面无抹灰）的耐火极限为1.5h，240mm厚墙体（两面无抹灰）的耐火极限为3h。

（8）企业产品性能。部分企业生产的蒸压粉煤灰砖产品性能如表3-44所示。

表3-44 部分企业生产的蒸压粉煤灰砖产品性能

产品名称	尺寸规格（长×宽×高）/（mm×mm×mm）	性能指标	厂家名称
蒸压粉煤灰砖	240×115×53 190×90×53 180×115×53	密度≤1 850kg/m³ 强度等级：MU10、MU20 干燥收缩率：0.04mm/m；吸水率：20%	舟山弘业环保材料有限公司

4. 蒸压粉煤灰多孔砖

蒸压粉煤灰多孔砖是以粉煤灰、生石灰（或电石渣）为主要原料，掺入适量石膏等外加剂和其他掺和料，经胚料制备、压制成型、高压蒸汽养护而成的。蒸压粉煤灰多孔砖的孔洞率不小于25%且不大于35%。蒸压粉煤灰多孔砖可用于承重部位，但不适宜用于长期受热、温度高于200℃、受急冷急热或有酸性介质侵蚀的部位。

（1）尺寸规格。蒸压粉煤灰多孔砖的外形为直角六面体，主要尺寸为240mm×115mm×90mm、240mm×190mm×90mm、190mm×190mm×90mm等，其他尺寸规格可由供需双方协商，蒸压粉煤灰多孔砖的尺寸规格及尺寸偏差如表3-45所示。如果施工中采用薄灰缝，相关尺寸可做适当调整。

表3-45 蒸压粉煤灰多孔砖的尺寸规格及尺寸偏差

项　目	主要尺寸/mm	尺寸偏差/mm
长度 L	360、330、290、240、190、140	-1~+2
宽度 B	240、190、115、90	-1~+2
高度 H	115、90	±2

注 本表根据《蒸压粉煤灰多孔砖》（GB 26541—2011）整理而成。

（2）外观质量。蒸压粉煤灰多孔砖的外观质量如表3-46所示。

表3-46 蒸压粉煤灰多孔砖的外观质量

项　目	技术指标
缺棱掉角	个数不大于2个；三个方向投影尺寸的最大值不大于15mm
裂纹	裂纹延伸的投影尺寸累计不大于20mm
弯曲，≤	1
层裂	不允许

注 本表根据《蒸压粉煤灰多孔砖》（GB 26541—2011）整理而成。

（3）强度等级。蒸压粉煤灰多孔砖根据抗压强度和抗折强度等级分为MU15、MU20、MU25三个强度等级。蒸压粉煤灰多孔砖主要用于防潮层以上承重部位。

（4）主要技术指标。蒸压粉煤灰多孔砖的主要技术指标如表3-47所示。

表3-47　蒸压粉煤灰多孔砖的主要技术指标

项　目		技术性能指标		
孔洞率及孔洞排列	孔型	圆孔或其他孔型		
	孔洞率/%	25~35		
	孔洞排列	①孔洞与砖墙承受压力方向一致； ②铺浆面为盲孔或半盲孔		
强度等级		MU15	MU20	MU25
抗压强度/MPa	平均值	15	20	25
	单块最小值	12	16	20
抗折强度/MPa	平均值	3.8	5	6.3
	单块最小值	3	4	5
抗冻性/%	抗压强度损失率，≤	5		
	单块干质量损失率，≤	25		
线性干燥收缩率/(mm/m)，≤		0.5		
吸水率/%，≤		20		
碳化系数，≥		0.85		
放射性		内照射指数I_{Ra}≤1.0；外照射指数I_r≤1.3		

注　本表根据《蒸压粉煤灰多孔砖》（GB 26541—2011）整理而成。

（5）热工性能。两面没有抹灰的240mm蒸压粉煤灰多孔砖墙的传热系数为1.40W/(m^2·K)，导热系数为0.41W/(m·K)、蓄热系数为6W/(m^2·K)。蒸压粉煤灰多孔砖的物理性能如表3-48所示。

表3-48　蒸压粉煤灰多孔砖的物理性能

热阻R_b/[(m^2·K)/W]	热惰性指标D_b	空气声计权隔声量/dB	耐火极限/h	燃烧性能
0.29	1.74	38	1.3	非燃烧体
0.58	3.48	50	2.5	非燃烧体

注　1. 热阻为两侧各抹20mm水泥砂浆，不含内表面换热阻和外表面换热阻。
2. 隔声性能为两侧有20mm水泥砂浆粉刷。
3. 耐火极限和燃烧性能为两侧没有粉刷。
4. 该表根据《蒸压粉煤灰砖建筑技术规范》（附条文说明）（CECS 256—2009）整理而成。

（6）燃烧性能和耐火极限。蒸压粉煤灰多孔砖属于非燃烧体，120mm厚墙体（两面无抹灰）的耐火极限为1.3h，240mm厚墙体（两面无抹灰）的耐火极限为2.5h。

（7）隔声性能。蒸压粉煤灰多孔砖的隔声性能较实心砖差。双面抹灰（每面各20mm）的蒸压粉煤灰多孔砖的空气声隔声量如表3-48所示：120mm厚实心砖墙的空气声隔声量为38dB；240mm厚实心砖墙的空气声隔声量为50dB。

（8）企业产品性能。部分企业生产的蒸压粉煤灰多孔砖产品性能如表3–49所示。

表3–49　部分企业生产的蒸压粉煤灰多孔砖产品性能

产品名称	尺寸规格（长×宽×高）/（mm×mm×mm）	性能指标	厂家名称
蒸压粉煤灰砖	240×115×53 190×90×53 180×115×53	密度不大于1 300kg/m³；强度等级：MU15、MU25；孔洞率：25%~35% 干燥收缩率不大于0.04mm/m；吸水率不大于20%	舟山弘业环保材料有限公司

3.2　砌　　块

砌块是利用混凝土、工业废料（粉煤灰、煤矸石）、地方性材料（页岩）、建筑废弃料等非黏土原料制成的尺寸规格大于砖的人造块材。砌块具有砌筑速度快、减少人工成本的特点。砌块的主要规格中的长度、宽度或高度中至少有一项大于365mm、240mm或115mm。但高度不大于长度或宽度的6倍，长度不超过高度的3倍。它可以分为小型砌块（高度大于115mm且不大于380mm）、中型砌块（高度为380~980mm）和大型砌块（高度大于980mm）。砌块根据原材料和生产工艺不同，可以分为烧结砌块、混凝土砌块和蒸压加气砌块。根据外观形状和孔洞率不同，分为实心砌块和空心砌块。

3.2.1　烧结砌块

1. 非黏土烧结多孔砌块

非黏土烧结多孔砌块是以页岩、煤矸石、粉煤灰、淤泥、固体废弃物为主要原料，经过焙烧而成，黏土含量不超过20%的砌块。非黏土烧结多孔砌块是一种介于烧结多孔砖和烧结空心砌块之间的新型墙体材料，主要用于承重部位。

非黏土烧结多孔砌块具有以下特点：①孔的尺寸小而多；②孔洞率为33%，大于烧结多孔砖的28%，小于烧结空心砖和空心砌块的40%；③烧结多孔砌块的孔洞形式、孔洞排列与烧结多孔砖相同，其物理性能上与烧结多孔砖一致；④规格尺寸是与烧结空心砌块和其他类砌块相一致的。

（1）尺寸规格。非黏土烧结多孔砌块的长度、宽度、高度尺寸规格为：490mm、440mm、390mm、340mm、290mm、240mm、190mm、180mm、140mm、115mm、90mm，其他尺寸规格根据供需双方协商，尺寸偏差应满足表3–50的要求。

表3–50　尺寸允许偏差

尺寸/mm	样本平均偏差/mm	样本极差/mm，≤
>400	±3.0	10.0
300~400	±2.5	9.0
200~300	±2.5	8.0
100~200	±2.0	7.0
<100	±1.5	6.0

注　本表摘自《烧结多孔砖和烧结多孔砌块》（GB 13544—2011）。

(2)外观质量。非黏土烧结多孔砌块的孔型与非黏土烧结多孔砖相同，采用矩形孔和矩形条孔。在条面或顶面上有深度不小于2mm的沟槽，以增加与砂浆的黏结力。孔洞排列要求所有孔宽相等、孔采用单向或双向交错排列；孔洞排列上下、左右应对称，分布均匀，手抓孔的长度方向尺寸必须平行于砖的条面。尺寸规格较大的砌块应设置尺寸为(30~40)mm×(75~85)mm的手抓孔。非黏土烧结多孔砌块的孔型结构及孔洞率如表3-51所示，外观质量如表3-52所示。

表3-51　非黏土烧结多孔砌块的孔型结构及孔洞率

孔　型	孔洞尺寸/mm，≤		最小外壁厚/mm，≥	最小肋厚/mm，≥	孔洞率/%，≥
	孔宽度尺寸	孔长度尺寸			
矩形条孔或矩形孔	13	40	12	5	33

注　本表根据《烧结多孔砖和烧结多孔砌块》(GB 13544—2011)整理而成。

表3-52　非黏土烧结多孔砌块的外观质量

项　目		指　标
完整面		不得少于一条面和一顶面
缺棱掉角的三个破坏尺寸/mm		不得同时大于30
裂纹长度	大面(有空面)上深入孔壁15mm以上宽度方向及其延伸到条面的长度/mm，≤	80
	大面(有空面)上深入孔壁15mm以上长度方向及其延伸到顶面的长度/mm，≤	100
	条顶面上的水平裂纹/mm，≤	100
杂质在砖或砌块面上造成的凸出高度/mm，≤		5

注：凡有下列缺陷之一者，不能称为完整面：①缺损在条面或顶面上造成的破坏面尺寸同时大于20mm×30mm；②条面或顶面上裂纹宽度大于1mm，其长度超过70mm；③压陷、焦花、粘底在条面或顶面上的凹陷或凸出超过2mm，区域最大投影尺寸同时大于20mm×30mm

注　本表摘自《烧结多孔砖和烧结多孔砌块》(GB 13544—2011)。

(3)密度等级和强度等级。非黏土烧结多孔砌块根据干表观密度分为900kg/m^3、1000kg/m^3、1100kg/m^3、1200kg/m^3四个密度等级。强度等级与非黏土烧结多孔砖相同，根据抗压强度分为MU30、MU25、MU20、MU15、MU10五个强度等级。烧结多孔砌块作为6层及以下建筑的承重墙。其中，MU10以上烧结多孔砌块可用于承重墙；用于承重墙的外墙及潮湿环境的内墙，强度等级要达到MU15以上。砖混结构外承重墙的最低强度等级为MU15。

(4)主要技术指标。非黏土烧结多孔砌块的抗压强度、泛霜、石灰爆裂、抗风化性能、放射性等影响使用和人体健康的主要技术指标如表3-53所示。浙江省属于非严重风化区，多孔砌块的抗风化性能若符合表3-53中规定的5h沸煮吸水率和饱和系数要求时可不做冻融试验，否则需进行冻融循环试验，要求15次冻融循环试验后，每块砖不允许出现裂纹、分层、掉皮、缺棱掉角等冻坏现象。

表3-53 烧结多孔砖的主要技术性能

<table>
<tr><td colspan="3">项 目</td><td colspan="60">技术指标</td></tr>
<tr><td colspan="3">密度等级</td><td colspan="15">900</td><td colspan="15">1000</td><td colspan="15">1100</td><td colspan="15">1200</td></tr>
<tr><td colspan="3">干表观密度/(kg/m³)</td><td colspan="15">≤900</td><td colspan="15">900~1000</td><td colspan="15">1000~1100</td><td colspan="15">1100~1200</td></tr>
<tr><td colspan="3">强度等级</td><td colspan="12">MU30</td><td colspan="12">MU25</td><td colspan="12">MU20</td><td colspan="12">MU15</td><td colspan="12">MU10</td></tr>
<tr><td colspan="2" rowspan="2">抗压强度/MPa</td><td>平均值</td><td colspan="12">30</td><td colspan="12">25</td><td colspan="12">20</td><td colspan="12">15</td><td colspan="12">10</td></tr>
<tr><td>标准值</td><td colspan="12">22</td><td colspan="12">18</td><td colspan="12">14</td><td colspan="12">10</td><td colspan="12">6.5</td></tr>
<tr><td colspan="3">泛霜</td><td colspan="60">每块砖不允许出现严重泛霜的情况</td></tr>
<tr><td colspan="3">石灰爆裂</td><td colspan="60">①破坏尺寸大于2mm且小于或等于15mm的石灰爆裂区不得多于15处；其中，大于10mm的不得多于7处；
②不允许出现15mm以上的石灰爆裂区</td></tr>
<tr><td rowspan="7">抗风化性能</td><td colspan="2">类别</td><td colspan="20">粉煤灰砖</td><td colspan="20">页岩砖</td><td colspan="20">煤矸石砖</td></tr>
<tr><td rowspan="2">5h沸煮吸水率/%</td><td>平均值</td><td colspan="20">30</td><td colspan="20">18</td><td colspan="20">21</td></tr>
<tr><td>单块最大值</td><td colspan="20">32</td><td colspan="20">20</td><td colspan="20">23</td></tr>
<tr><td rowspan="2">饱和系数</td><td>平均值</td><td colspan="20">0.88</td><td colspan="40">0.78</td></tr>
<tr><td>单块最大值</td><td colspan="20">0.90</td><td colspan="40">0.80</td></tr>
<tr><td colspan="2">冻融循环</td><td colspan="60">15次冻融循环试验后，每块砖不允许出现裂纹、分层、掉皮、缺棱掉角等冻坏现象（当5h沸煮吸水率和饱和系数满足要求时可不做）</td></tr>
<tr><td colspan="2"></td><td colspan="60"></td></tr>
<tr><td colspan="3">欠火砖、酥砖</td><td colspan="60">不允许</td></tr>
<tr><td colspan="3">放射性</td><td colspan="60">内照射指数I_{Ra}≤1.0；外照射指数I_r≤1.3</td></tr>
</table>

注 本表摘自《烧结多孔砖和烧结多孔砌块》(GB 13544—2011)。

(5)热工性能。非黏土烧结多孔砌块的原材料、烧制工艺与非黏土烧结多孔砖相同，与多孔砖具有类似物理性能，仅尺寸与烧结空心砌块和其他砌块类似。

2. 非黏土烧结空心砌块

非黏土烧结空心砌块是以页岩、煤矸石、粉煤灰、淤泥(江、河、湖等淤泥)、建筑渣土及其他固体废弃物为主要原料(黏土含量不超过20%)，经过焙烧而成的主要用于建筑非承重部位的砌块。按主要原料不同，分为页岩空心砌块(Y)、煤矸石空心砌块(M)、粉煤灰空心砌块(F)、淤泥空心砌块(U)、建筑渣土空心砌块(Z)以及其他固体废弃物空心砌块(G)。

(1)尺寸规格。非黏土烧结空心砌块的外形为直角六面体。用于混水墙中的烧结空心砖和空心砌块，为了增加与砂浆的黏结力，在大面和条面上应均匀分布不小于2mm的粉刷槽。主要尺寸规格如表3-54所示，其他尺寸规格由供需双方协商确定，尺寸允许偏差如表3-55所示。

表3-54 非黏土烧结空心砖的尺寸规格

名 称	尺寸规格/mm
长度	390、290、240、190、180(175)、140
宽度	190、180(175)、140、115
高度	180(175)、140、115、90

注 本表摘自《烧结空心砖和空心砌块》(GB/T 13545—2014)。

表3-55　非黏土烧结空心砌块的尺寸允许偏差

尺寸/mm	样本平均偏差/mm	样本极差/mm	尺寸/mm	样本平均偏差/mm	样本极差/mm
大于300	±3.0	7.0	100~200	±2.0	5.0
大于200~300	±2.5	6.0	<100	±1.7	4.0

注　本表摘自《烧结空心砖和空心砌块》(GB/T 13545—2014)。

(2)孔型和孔洞排列。非黏土烧结空心砌块的孔洞排列及其结构(表3-56)形式与其保温性能和强度有关。孔洞率越大,孔排数越多,保温性能越好。孔型有序交叉排列的空心砖和砌块的保温性能较对称排列的空心砖和空心砌块的保温性能好。增加空心砖和空心砌块宽度方向的空洞排数及改变空斗排列方式,其强度会降低。在空心砖和空心砌块的外壁内侧宜设置排列有序的宽度或直径不大于10mm的圆形或矩形孔。

表3-56　非黏土烧结空心砌块的孔洞排列及其结构

孔洞排列	孔洞排数/排		孔洞率/%,≥	孔型
	宽度方向,≥	高度方向,≥		
有序或交错排列	4(b≥200mm) 3(b<200mm)	2	40	矩形孔

注　本表摘自《烧结空心砖和空心砌块》(GB/T 13545—2014)。

烧结空心砖和空心砌块的孔洞排列如图3-3所示。

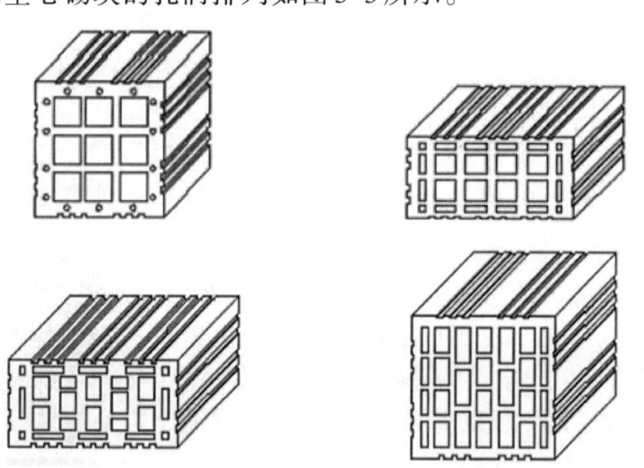

图3-3　烧结空心砖和空心砌块的孔洞排列示意图

(3)外观质量。非黏土烧结空心砖的外观质量应符合表3-57的规定。

表3-57　非黏土烧结空心砖的外观质量

项　目		指　标
弯曲/mm,≤		4
缺棱掉角的三个破坏尺寸/mm		不得同时大于30
垂直度差,≤		4
未贯穿裂纹长度/mm	大面上宽度方向及其延伸到条面的长度,≤	100
	大面上长度方向或条面上水平面方向的长度,≤	120

续表

<table>
<tr><td colspan="2">项　目</td><td>指　标</td></tr>
<tr><td rowspan="2">贯穿裂纹长度/mm</td><td>大面上宽度方向及其延伸到条面的长度，≤</td><td>40</td></tr>
<tr><td>壁、肋沿长度方向、宽度方向及其水平方向的长度，≤</td><td>40</td></tr>
<tr><td colspan="2">肋、壁内残缺长度，≤</td><td>40</td></tr>
<tr><td colspan="2">完整面</td><td>不少于一条面和一顶面</td></tr>
<tr><td colspan="3">注：凡有下列缺陷之一者，不能称为完整面：①缺损在条面或顶面上造成的破坏面尺寸同时大于20mm×30mm；②大面、条面上裂纹宽度大于1mm，其长度超过70mm；③压陷、焦花、粘底在条面或顶面上的凹陷或凸出超过2mm，区域最大投影尺寸同时大于20mm×30mm</td></tr>
</table>

注　本表摘自《烧结空心砖和空心砌块》(GB/T 13545—2014)。

(4)密度等级和强度等级。非黏土烧结空心砌块根据体积密度，分为800kg/m^3、900kg/m^3、1 000kg/m^{3}和1 100kg/m^{3}四个等级。根据抗压强度分为MU10、MU7.5、MU5、MU3.5四个强度等级。非黏土烧结空心砌块孔洞率大，承重力较低，主要用于填充墙和隔墙。空心砌块用于非潮湿环境的内隔墙时，强度要求不小于MU3.5；用作外围护墙及潮湿环境的内隔墙，强度要求不小于MU5.0。

(5)主要技术指标。非黏土烧结空心砖的密度、强度、泛霜、石灰爆裂、抗风化性能、放射性等影响使用和人体健康的主要技术指标如表3-58所示。浙江省属于非严重风化区，烧结多孔砖的抗风化性能若符合表3-58中要求时可不做冻融试验，否则需进行冻融循环试验，要求15次冻融循环试验后，每块砖不允许出现裂纹、分层、掉皮、缺棱掉角等冻坏现象。

表3-58　烧结多孔砖的主要技术性能

<table>
<tr><td colspan="3">项　目</td><td colspan="4">技术指标</td></tr>
<tr><td colspan="3">密度等级</td><td>800</td><td>900</td><td>1000</td><td>1100</td></tr>
<tr><td colspan="3">干表观密度/(kg/m^3)</td><td>≤800</td><td>801~900</td><td>901~1000</td><td>1001~1100</td></tr>
<tr><td colspan="3">强度等级</td><td>MU3.5</td><td>MU5.0</td><td>MU7.5</td><td>MU10.0</td></tr>
<tr><td rowspan="3">抗压强度/MPa</td><td colspan="2">抗压强度平均值，≥</td><td>3.5</td><td>5</td><td>7.5</td><td>10</td></tr>
<tr><td>变异系数$\delta \leq 0.21$</td><td>强度标准值，≥</td><td>2.5</td><td>3.5</td><td>5</td><td>7</td></tr>
<tr><td>变异系数$\delta > 0.21$</td><td>单块最小抗压强度值，≥</td><td>2.8</td><td>4</td><td>5.8</td><td>8</td></tr>
<tr><td colspan="3">泛霜</td><td colspan="4">每块砖不允许出现严重泛霜</td></tr>
<tr><td colspan="3">石灰爆裂</td><td colspan="4">①最大破坏尺寸大于2mm且小于或等于15mm的石灰爆裂区不得多于10处。其中，大于10mm的不得多于5处；
②不允许出现15mm以上的石灰爆裂区</td></tr>
<tr><td rowspan="6">抗风化性能</td><td colspan="2">类别</td><td>粉煤灰砖</td><td colspan="2">页岩砖</td><td>煤矸石砖</td></tr>
<tr><td rowspan="2">5h沸煮吸水率/%</td><td>平均值</td><td>30</td><td colspan="2">18</td><td>21</td></tr>
<tr><td>单块最大值</td><td>32</td><td colspan="2">20</td><td>23</td></tr>
<tr><td rowspan="2">饱和系数</td><td>平均值</td><td>0.88</td><td colspan="3">0.78</td></tr>
<tr><td>单块最大值</td><td>0.90</td><td colspan="3">0.80</td></tr>
<tr><td colspan="2">冻融循环</td><td colspan="4">15次冻融循环试验后，每块砖不允许出现裂纹、分层、掉皮、缺棱掉角等冻坏现象(当5h沸煮吸水率和饱和系数满足要求时可不做)</td></tr>
</table>

续表

项 目	技术指标
欠火砖、酥砖	不允许
放射性	内照射指数 I_{Ra}≤1.0；外照射指数 I_r≤1.3

注 本表摘自《烧结空心砖和空心砌块》(GB/T 13545—2014)。

(6)页岩烧结空心砌块。浙江具有非常丰富的页岩资源，页岩烧结空心砌块是浙江省最主要的非黏土烧结空心砌块。页岩烧结空心砌块是以页岩、工业废渣(煤矸石等)、废弃淤泥、河道淤泥等为原料焙烧而成的。目前，浙江已有以浙江特拉建材有限公司为代表的多家企业生产页岩烧结空心砌块。企业生产的页岩烧结空心砌块孔洞排数以2排孔、5排孔、7排孔为主，主要尺寸规格为290mm×240mm×190mm、290mm×240mm×90mm、290mm×190mm×190mm、290mm×190mm×90mm等，其他配砖的尺寸规格具体如表3-59所示。

表3-59 页岩烧结空心砌块的主要尺寸规格

主要砌块规格/(mm×mm×mm)	配砖规格(长×宽×高)/(mm×mm×mm)		
290×240×190	190×240×190	240×115×190	90×240×190
290×190×190	190×240×190	190×90×190	190×115×190
290×115×190	240×115×190	190×115×190	115×115×190

页岩烧结空心砌块具有高强度、孔洞率大、自重轻、保温性能好、节约砂浆、施工速度快、节约耕地资源等优点，可广泛应用于各种建筑结构体系，代替传统的黏土砖。页岩烧结空心砌块墙体的热工、隔声、防火性能如表3-60所示。

表3-60 页岩烧结空心砌块墙体热工参数

墙体厚度/mm	墙体自重/(kN/m²)	空气声计权隔声量/dB	耐火极限/h	传热系数/[W/(m²·K)]	当量导热系数/[W/(m·K)]	热惰性指标D
240	2.6	48	≥4	0.98	0.28	3.573
190	2.1	45	≥4	1.20	0.29	3.038
115	1.3	40	≥2	1.50	0.39	2.800

注 1. 表中的传热系数和热惰性指标为主砌筑的墙体热工性能参数，不包括两侧粉刷。
2. 空气声隔声量和耐火极限为墙体两侧各粉刷20mm水泥砂浆后的数值。

浙江常见烧结页岩空心砌块的尺寸规格和孔洞排列如图3-4所示。

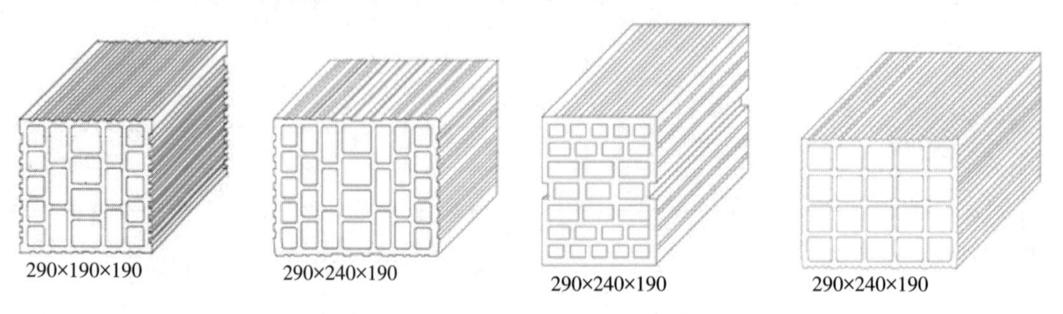

图3-4 浙江常见烧结页岩空心砌块的尺寸规格和孔洞排列

(7)企业产品性能。部分企业生产的页岩烧结空心砌块的产品性能如表3-61所示。

表3-61 部分企业生产的页岩烧结空心砌块的产品性能

产品名称	尺寸规格 (长×宽×高)/(mm×mm×mm)	性能指标	厂家名称
特拉砌块	290×240×190	密度:800~900kg/m^3;孔洞率:50%~60%;孔洞排数:7 导热系数:0.28W/(m·K);蓄热系数:4.108W/(m^2·K) 抗压强度:MU3.5~MU5.0;吸水率:9.5% 抗风化性能:0.78(饱和系数);放射性:I_{Ra}=0.2,I_r=0.5	浙江特拉建材有限公司
特拉砌块	290×190×190	密度:800~900kg/m^3;孔洞率:50%~60%;孔洞排数:5 导热系数:0.29W/(m·K);蓄热系数:4.191W/(m^2·K) 抗压强度:MU3.5~MU5.0;吸水率:9.5% 抗风化性能:0.76(饱和系数);放射性:I_{Ra}=0.2,I_r=0.5	
特拉砌块	290×115×190	密度:800~900kg/m^3;孔洞率:60%;孔洞排数:2 导热系数:0.39W/(m·K);蓄热系数:5.22W/(m^2·K) 抗压强度:MU3.5~MU5.0;吸水率:9.5% 抗风化性能:0.75(饱和系数);放射性:I_{Ra}=0.2,I_r=0.5	
页岩烧结空心砌块	290×240×190	密度:795kg/m^3 孔洞率:54% 孔洞排数:7 导热系数:0.279W/(m·K)	长兴六通建材有限公司
页岩烧结空心砌块	290×190×190	密度:894kg/m^3 孔洞率:59% 孔洞排数:5 导热系数:0.284W/(m·K)	浙江长建新型墙体材料有限公司
页岩烧结空心砌块	240×240×115	强度等级:MU5 孔洞率:58% 孔洞排数:2	临安市同鑫建材有限公司

3. 非黏土烧结保温砌块

非黏土烧结保温砌块的原材料、生产工艺、外观质量、主要技术性能指标、热工性能等与非黏土烧结保温砖类似,只是尺寸规格和孔隙率更大。A类非黏土烧结保温砌块的长、宽、高的尺寸符合下列要求:300mm、250mm、200mm、100mm;B类非黏土烧结保温砌块的长、宽、高的尺寸符合下列要求:290mm、240mm、190mm、180(175)mm、140mm、115mm、90mm、53mm。常见尺寸规格如表3-62所示,特殊尺寸规格由供需双方协商确定。

表3-62 非黏土烧结保温砖的尺寸规格

名 称	尺寸规格/mm
长度	290
宽度	240、190、115
高度	190、90

目前,浙江省已有多家企业生产非黏土烧结保温砌块。非黏土烧结保温砌块是非黏土烧结空心砖的更新产品,其保温隔热性比相同尺寸规格和孔洞率的空心砖更大。部分非黏土烧结保温砌块厂家生产的产品性能如表3-63所示。

表3-63　部分非黏土烧结保温砌块厂家生产的产品性能

产品名称	尺寸规格（长×宽×高）/（mm×mm×mm）	密度/（kg/m³）	孔洞率/%	孔洞排数	导热系数/[W/（m·K）]	厂家名称
页岩烧结保温砌块	290×190×190	884	59	5	0.287	浙江特拉建材有限公司
页岩烧结保温砌块	290×240×190	771	54	7	0.280	

3.2.2 混凝土砌块

1. 普通混凝土小型砌块

普通混凝土小型砌块以水泥、矿物掺混料、砂、石（碎石或卵石等粗骨料）为主要原料，经过搅拌、成型和养护制作而成。按照是否承重，分为承重砌块和非承重砌块。按照空心率，分为空心砌块（空心率不小于25%）和实心砌块（空心率小于25%）两种。目前，浙江省普通混凝土小型砌块以空心砌块为主。根据孔的排数，可以分为单排孔、双排孔和多排孔等。普通混凝土小型空心砌块具有强度高、自重轻、耐久性好等特点，但有容易发生收缩变形、保温隔热性较差、容易破损等缺点。

（1）尺寸规格。普通混凝土小型砌块的外形为直角六面体。主要尺寸规格和尺寸偏差如表3-64所示，其他尺寸规格根据供需双方协商确定。浙江省常见的普通混凝土小型空心砌块的尺寸规格和孔洞排列如表3-65所示。

表3-64　普通混凝土小型砌块的尺寸规格及尺寸偏差

项　目	主要尺寸/mm	尺寸偏差
长度L	390	±2
宽度B	290、240、190、140、120、90	±2
高度H	190、140、90	+3~-2

注　本表根据《普通混凝土小型砌块》（GB/T 8239—2014）整理而成。

表3-65　浙江常见的普通混凝土小型空心砌块砖的尺寸规格及孔型

孔型/（mm×mm×mm）	块　型	排孔数	用　途
390×190×190	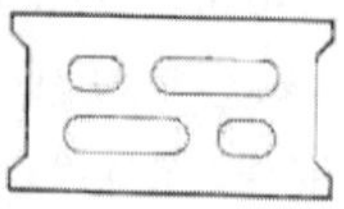	双排孔	主块，可用作承重墙
290×190×190			
190×190×190			

续表

孔型/(mm×mm×mm)	块　型	排孔数	用　途
390×190×190	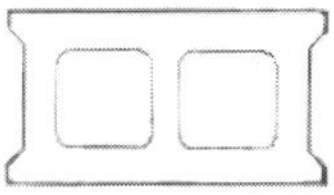	单排孔	主块,可用作承重墙
290×190×190	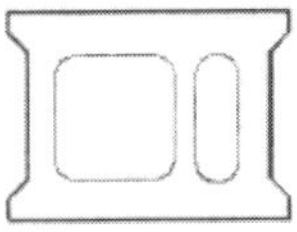		
190×190×190			
90×190×190	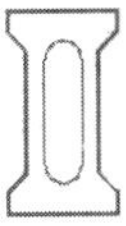	单排孔	辅助块
390×90×190		单排孔	非承重隔墙块
290×90×190	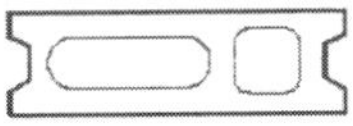		
190×90×190	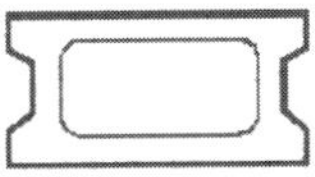		
190×90×190		开口孔190	清扫孔块

(2)外观质量。普通混凝土小型砌块的外观质量要求满足表3-66的要求。承重空心砌块的最小外壁厚度不小于30mm,最小肋厚不小于25mm。非承重空心砌块的最小外壁厚度和最小肋厚不小于20mm。

表3-66　普通混凝土小型空心砌块的外观质量

项目名称	技术指标
弯曲/mm,≤	2
缺棱掉角	个数(个)≤1个;三个方向投影的最大值≤20mm
裂纹延伸的投影尺寸统计/mm,≤	30

注　本表根据《普通混凝土小型砌块》(GB/T　8239—2014)整理而成。

(3)强度等级(表3-67)。普通混凝土小型空心砌块的抗压强度等级分为MU25.0、MU20.0、MU15.0、MU10.0、MU7.5、MU5.0。普通混凝土小型实心砌块的强度等级分为MU40.0、MU35.0、MU30.0、MU25.0、MU20.0、MU15.0、MU10.0。强度等级MU7.5及以上时,

可以作为承重墙体材料；强度等级在MU7.5以下时，为非承重砌块，只能作为框架结构中的填充墙体材料。

表3-67　砌块的强度等级

砌块种类	承重砌块强度等级/MPa	非承重砌块强度等级/MPa
空心砌块（H）	7.5、10.0、15.0、20.0、25.0	5.0、7.5、10.0
实心砌块（S）	15.0、20.0、25.0、30.0、35.0、40.0	10.0、15.0、20.0

注　本表摘自《普通混凝土小型砌块》（GB/T 8239—2014）。

（4）主要技术指标。普通混凝土小型砌块的强度、线性干燥收缩率、相对含水率、抗冻性、碳化系数、软化系数和放射性等影响建筑性能和人体安全的技术指标如表3-68所示。

表3-68　普通混凝土小型砌块的其他技术指标

项　目		技术性能指标								
强度等级		MU5.0	MU7.5	MU10	MU15	MU20	MU25	MU30	MU35	MU40
抗压强度/MPa	平均值	5	7.5	10	15	20	25	30	35	40
	单块最小值	4	6	8	12	16	20	24	28	32
线性干燥收缩率/（mm/m）		≤0.65（非承重砌块）；≤0.45（承重砌块）								
吸水率/%		≤14（非承重砌块）；≤10（承重砌块）								
碳化系数，≥		0.85								
软化系数，≥		0.85								
抗冻性		质量损失率：平均值≤5%；单块最大值≤10 强度损失率：平均值≤20%；单块最大值≤30								
放射性		内照射指数：I_{Ra}≤1.0 外照射指数I_r≤1.3（空心砌块，孔洞率不小于25%）；I_r≤1.0（实心砌块，孔洞率小于25%）								

注　本表根据《普通混凝土小型砌块》（GB/T 8239—2014）整理而成。

（5）热工性能。普通混凝土小型空心砌块的热工性能差，190mm单排孔混凝土小型空心砌块墙体的热工性能比相同厚度的黏土砖墙的热工性能还差。在宽度方向增加孔洞排数可以改善空心砌块的热工性能（表3-69）。混凝土小型空心砌块的热工性能如表3-70所示。

表3-69　普通混凝土小型空心砌块墙体的热工性能

砌块类型	厚度/mm	孔洞率/%	表观密度/（kg/m³）	R_{ma}/[（m²·K）/W]	D_{ma}
单排孔小砌块	90	30	1500	0.12	0.85
	190	40	1280	0.17	1.47
双排孔砌块	190	40	1280	0.22	1.70
三排孔小砌块	240	45	1200	0.35	2.31
单排空配筋小砌块	190	—	2400	0.11	1.88

注　1. 两侧不包括抹灰。

2. 本表摘自《混凝土小型空心砌块建筑技术规程》（JGJ/T 14—2011）。

表3-70 混凝土小型空心砌块的热物理参数

型 号	干密度ρ/(kg/m³)	导热系数λ/[W/(m·K)]	蓄热系数S/[W/(m²·K)]	修正系数α
单排孔混凝土空心砌块	900	0.860	7.48	1.0
双排孔混凝土空心砌块	1100	0.792	8.42	1.0
三排孔混凝土空心砌块	1300	0.750	7.92	1.0

注 本表摘自《浙江省居住建筑节能设计标准》(DB 33/1015—2003)。

(6)隔声性能。根据《民用建筑隔声设计规范》(GB 50118—2010)中的要求,住宅、学校、商业建筑等大量性民用建筑的分户墙和隔墙的隔声性能要求,高标准为50dB,一般要求为45dB。普通混凝土小型砌块的隔声性能与砌块的强度标号(密度)、孔的排数有关,强度越高,隔声性能越好;孔的排数越多,隔声性能也越好。190mm厚普通混凝土小型砌块(单排孔)双面各粉刷20mm的空气声计权隔声量为43~47dB。对于要求较高的墙体或部位,可以通过孔洞内填充松散材料(如矿渣、膨胀珍珠岩、膨胀蛭石等)或复合墙体的形式提高隔声性能。

(7)燃烧性能和耐火极限。混凝土小型砌块属于非燃烧体。190mm厚普通混凝土小型砌块墙体两侧各抹灰20mm时,耐火极限可达2.5h以上,可以作为耐火等级为一级、二级的住宅楼梯间墙、电梯井的墙、分户墙、承重墙的防火要求。90mm厚普通混凝土小型砌块墙体的耐火极限为1h,可以满足非承重墙、疏散走道两侧隔墙的防火要求。对防火要求高的建筑或部位,可以用混凝土或松散材料(如砂石、页岩陶粒或矿渣)灌实孔洞的方法提高耐火极限。当内部填充混凝土时,其耐火极限与钢筋混凝土相当;但孔洞内用松散材料灌实时,其耐火极限可大于4h。混凝土小型空心砌块墙体的耐火极限如表3-71所示。

表3-71 混凝土小型空心砌块墙体的耐火极限

小砌块种类	砌体厚度/mm	孔内填充情况	墙面粉刷情况	耐火极限/h
普通混凝土小砌块(非承重)	90	无	无粉刷	1
普通混凝土小砌块(承重)	190	无	无粉刷	>2
普通混凝土小砌块(承重)	190	灌芯	无粉刷	>4
普通混凝土小砌块(承重)	190	孔内填充	双面各抹10mm厚砂浆	>4

注 本表根据《混凝土小型空心砌块建筑技术规程》(JGJ/T 14—2011)和《混凝土小型空心砌块建筑技术过程》(DB33/1047—2008)整理而成。

(8)企业产品性能。部分企业生产的普通混凝土空心砌块的产品性能如表3-72所示。

表3-72 部分企业生产的普通混凝土空心砌块的产品性能

产品名称	尺寸规格(长×宽×高)/(mm×mm×mm)	性能指标	厂家名称
普通混凝土小型空心砌块	390×190×190	密度≤1 300kg/m³;强度等级:MU7.5 孔洞率:37%;相对含水率:33%	浙江方远建材有限公司
普通混凝土小型空心砌块	390×190×190	强度等级:MU5;孔洞率48% 相对含水率:36%;吸水率≤20% 放射性:I_{Ra}=0.1;I_r=0.6	桐庐永东建材有限公司

2. 轻集料混凝土小型空心砌块

轻集料混凝土小型空心砌块是用浮石、火山渣、煤渣、自然煤矸石、陶粒等轻粗骨料、轻砂(或普通砂)、水泥等为原材料制作而成的轻质小型空心砌块。轻集料混凝土小型空心砌块利用天然轻集料、人造轻集料或工业废渣轻集料生产,其干表观密度不大于1950kg/m^3,空心率为25%~50%,同时具有轻质高强、保温隔热性能好、抗震性能好的优点,是浙江省近年来快速发展的一种新型墙体材料。按砌块孔的排列数不同,分为单排孔、双排孔、三排孔、四排孔等。

(1)尺寸规格。轻集料混凝土小型空心砌块的主规格尺寸为390mm×190mm×190mm,其他尺寸可根据供需双方协商确定,尺寸规格及尺寸偏差如表3-73所示。

表3-73　轻集料混凝土小型砌块的尺寸规格及尺寸偏差

项　目	主要尺寸/mm	尺寸偏差
长度L	390	±3
宽度B	190	±3
高度H	190	±3

注　本表根据《轻集料混凝土小型砌块》(GB/T 15229—2011)整理而成。

(2)外观质量。轻集料混凝土小型空心砌块的外观质量如表3-74所示。

表3-74　轻集料混凝土小型空心砌块的外观质量

项目名称	技术指标
最小外壁厚/mm	用于承重墙体≥30;用于非承重墙体≥20
肋厚/mm	用于承重墙体≥25;用于非承重墙体≥20
缺棱掉角	个数≤2块(个);三个方向投影的最大值≤20mm
裂纹延伸的累积尺寸/mm,≤	30

注　本表根据《轻集料混凝土小型砌块》(GB/T 15229—2011)整理而成。

(3)密度等级和强度等级。轻集料混凝土小型空心砌块根据干表观密度不同,分为700kg/m^3、800kg/m^3、900kg/m^3、1000kg/m^3、1100kg/m^3、1200kg/m^3、1300kg/m^3、1400kg/m^{3}八个密度等级。按照抗压强度不同,分为MU10、MU7.5、MU5、MU3.5、MU2.5五个强度等级。强度等级MU7.5及以上的轻集料混凝土小型空心砌块,可以作为承重砌块。强度等级在MU5及以下的轻集料混凝土小型空心砌块为非承重砌块,只能作为自承重墙体材料。其中,强度等级达到MU5的轻集料混凝土小型空心砌块可以作为外填充墙和潮湿环境中的内隔墙。一般情况下,砌块密度越大,强度越高。轻集料混凝土小型空心砌块的强度与密度的对应关系如表3-75所示。

(4)主要技术指标。轻集料混凝土小型空心砌块的强度、吸水率、干燥收缩率、相对含水率、抗冻性、碳化系数、软化系数和放射性等影响建筑性能和人体安全的技术指标如表3-75所示。浙江省年平均湿度在75%以上,属于潮湿地区。混凝土小型空心砌块的相对含水率应小于35%。

表3-75　轻集料混凝土小型空心砌块的主要技术指标

项目		技术性能指标							
密度等级		700	800	900	1000	1100	1200	1300	1400
干表观密度范围/(kg/m³)		610~700	710~800	810~900	910~1000	1010~1100	1110~1200	1210~1300	1310~1400
强度等级		MU2.5		MU3.5		MU5.0		MU7.5	MU10
抗压强度/MPa	平均值	2.5		3.5		5		7.5	10
	单块最小值	2		2.8		4		6	8
干燥收缩率/(mm/m),≤		0.065							
吸水率/%,≤		18							
相对含水率/%,≤		35							
碳化系数,≥		0.8							
软化系数,≥		0.8							
抗冻性/%		质量损失率≤5;强度损失率≤25							
放射性		内照射指数 I_{Ra}≤1.0;外照射指数 I_r≤1.3							

注　本表根据《轻集料混凝土小型砌块》(GB/T 15229—2011)整理而成。

(5)陶粒混凝土小型空心砌块。陶粒混凝土小型空心砌块是以水泥为胶凝材料,以陶粒、陶砂为骨料,加入适量掺合料和外加剂,与水搅拌振动养护成型的轻质小型砌块。陶粒混凝土小型空心砌块属于轻集料混凝土小型空心砌块产品,具有轻质、保温隔热、干燥收缩率小的特点。目前,浙江省已有一批生产陶粒混凝土小型空心砌块的厂家。这些企业生产的陶粒混凝土小型空心砌块的主要尺寸规格和空心排列如表3-76所示。

表3-76　浙江企业生产的陶粒混凝土小型空心砌块的规格尺寸和孔洞排列

规格尺寸/(mm×mm×mm)	块　型	孔洞排数	使用场合
390×240×190	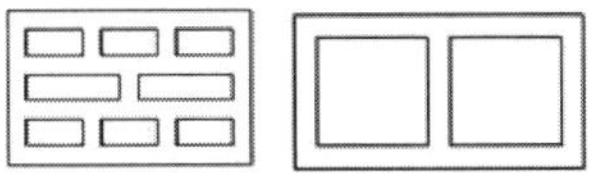	三排孔/单排孔	外墙、分户墙/内隔墙
290×240×190	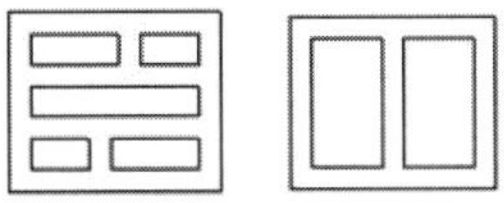	三排孔/单排孔	外墙、分户墙/内隔墙
190×240×190	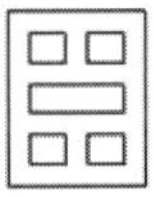	三排孔	外墙、分户墙
390×190×190	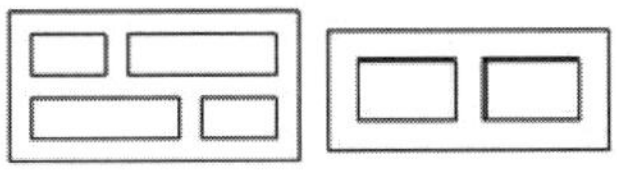	双排孔/单排孔	内隔墙
290×190×190	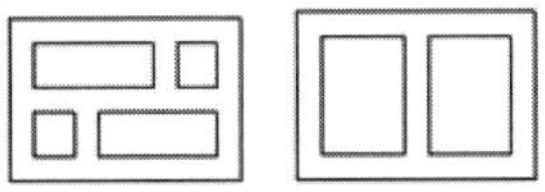	双排孔	内隔墙

续表

规格尺寸/(mm×mm×mm)	块　型	孔洞排数	使用场合
190×190×190		双排孔	内隔墙
90×190×190		双排孔	内隔墙
290×120×190 290×120×190 390×90×190 290×90×190		单排孔	内隔墙

陶粒混凝土砌块属于非燃烧材料，具有良好的保温、隔热、隔声性能。240mm厚三排孔陶粒混凝土砌块砌筑的墙体的耐火极限大于3h，空气声计权隔声量大于55dB。陶粒混凝土小型空心砌块的热物理参数如表3-77所示。

表3-77　陶粒混凝土小型空心砌块的热物理参数

型　号	干密度ρ/(kg/m^3)	导热系数λ/[W/(m·K)]	蓄热系数S/[W/(m^2·K)]	修正系数α
三排孔陶粒混凝土砌块	1 200	0.35	4.4	1.0

注　本表根据《陶粒混凝土砌块墙体建筑构造》(2010浙J60)整理而成。

(6)企业产品性能。部分厂家生产的陶粒混凝土小型空心砌块的产品性能如表3-78所示。

表3-78　部分厂家生产的陶粒混凝土小型空心砌块的产品性能

产品名称	尺寸规格(长×宽×高)/(mm×mm×mm)	性能指标	厂家名称
FY莱依特砖	240×240×90	密度等级：800级(实测775kg/m^3) 强度等级：MU5(实测6.7MPa) 孔洞率：30%；相对含水率：30%；干缩值：0.04% 传热系数：0.68W/(m^2·K)；放射性：I_{Ra}=0.4，I_r=0.5	浙江远方建材有限公司
FY莱依特砖	390×190×190	密度等级：800级(实测788kg/m^3) 强度等级：MU5(实测7MPa) 孔洞率：30%；吸水率：14%；相对含水率：31% 干缩值：0.059%；传热系数：0.79W/(m^2·K) 放射性：I_{Ra}=0.5；I_r=0.6	
陶粒混凝土小型空心砌块	290×200(90)×190 90×200×90 190×200×190 390(290)×90×190 390(190)×240×190	密度：1000~1200kg/m^3 强度等级：MU3.5~MU5 孔洞排数：1~3	宁波秦汉陶粒墙材有限公司
	390×200×190 390×240×190 290×240×190	密度：600~800kg/m^3 强度等级：MU3.5~MU5 孔洞排数：1~2	

续表

产品名称	尺寸规格（长×宽×高）/（mm×mm×mm）	性能指标	厂家名称
陶粒外墙砌块（分户墙）	390（190）×240×190 390（190）×240×190	密度≤800kg/m^3；抗压强度≥5MPa 吸水率<10%；干缩值≤0.29mm/m 孔型特征：半盲孔	温州秦汉陶粒轻墙材有限公司
陶粒隔墙砌块	390（190）×150×190 390（190）×120×190 390（190）×90×190	密度≤700kg/m^3；抗压强度≥3.5MPa 吸水率<10%；干缩值≤0.29mm/m 孔型特征：盲孔	
陶粒实心砌块	390（190）×120×190 390（190）×90×190	密度≤1100kg/m^3 抗压强度：外墙≥5MPa；内墙≥3.5MPa 吸水率<10%；干缩值≤0.29mm/m	

3. 填充型混凝土复合砌块

填充型混凝土复合砌块是指在普通混凝土空心砌块或轻集料混凝土空心砌块中的孔洞中填插保温材料制成的，具有自保温功能的混凝土小型空心砌块。填充型混凝土复合砌块是自保温混凝土复合砌块的一种产品类型。孔洞内填充的保温材料其填插材料有成型的板材类和浆料类两种。填插的板材类主要为挤塑聚苯乙烯和膨胀聚苯乙烯。填充的浆料类主要有聚苯颗粒保温砂浆、泡沫混凝土等。具体性能如表3-79所示。

表3-79 填充型混凝土复合砌块的填插材料性能

类型	材料	性能指标		
		密度/（kg/m^3）	导热系数/[W/（m·K）]	体积吸水率/%
块材	挤塑聚苯乙烯泡沫塑料（XPS）	≥20	≤0.035	≤4.0
	膨胀聚苯乙烯泡沫塑料（EPS）	≥9	≤0.050	≤5.0
浆料	聚苯颗粒保温砂浆	120~180	≤0.055	≤20.0
	泡沫混凝土	≤300	≤0.08	≤25.0

注 本表根据《自保温混凝土复合砌块》（JG/T 407—2013）整理而成。

（1）尺寸规格。填充型混凝土复合砌块的主要尺寸规格同普通混凝土小型空心砌块和轻集料混凝土小型空心砌块，其他尺寸可根据供需双方协商确定。填充型混凝土复合砌块的尺寸规格和尺寸偏差具体如表3-80所示。

表3-80 填充型混凝土砌块的尺寸规格及尺寸偏差

项目	主要尺寸/mm	尺寸允许偏差/mm
长度L	390、290	±3
宽度B	190、240、280	±3
高度H	190	±3
最小壁厚	自承重墙≥15；承重墙≥30	—
最小肋厚	自承重墙≥15；承重墙≥25	—

注 本表根据《自保温混凝土复合砌块》（JG/T 407—2013）整理而成。

(2)外观质量。填充型混凝土复合砌块为直角六面体,其外观质量应满足表3-81的要求。

表3-81 填充型混凝土复合砌块的外观质量

项 目	性能要求
弯曲/mm,≤	3
缺棱掉角个数/个,≤	2
缺棱掉角在长、宽、高三个方向投影尺寸的最大值/mm,≤	30
裂缝延伸投影的累计尺寸/mm,≤	30

注 本表根据《自保温混凝土复合砌块》(JG/T 407—2013)整理而成。

(3)密度等级、强度等级和当量导热系数等级。填充型混凝土复合砌块根据干表观密度不同,分为500kg/m³、600kg/m³、700kg/m³、800kg/m³、900kg/m³、1000kg/m³、1100kg/m³、1200kg/m³、1300kg/m³九个等级。根据抗压强度值分为MU3.5、MU5.0、MU7.5、MU10、MU15五个强度等级。填充型混凝土复合砌块用于外墙,强度等级不低于MU5.0;用于内墙,强度等级不低于MU3.5。填充型混凝土复合砌块根据当量导热系数分为EC10、EC15、EC20、EC25、EC30、EC35、EC40七个等级,相应的当量蓄热系数分为ES1、ES2、ES3、ES4、ES5、ES6、ES7七个等级。当量导热系数是指由单层复合砌块用1∶3水泥砂浆砌筑而成的,不包括两侧粉刷在内的砌体部分导热系数。当量蓄热系数由复合砌块的当量导热系数、密度、比热容推导得到。

(4)主要技术指标。轻集料混凝土小型空心砌块的强度、吸水率、干燥收缩率、相对含水率、抗冻性、碳化系数、软化系数和放射性等影响建筑性能和人体安全的技术指标如表3-82所示。浙江省年平均湿度在75%以上,属于潮湿地区。混凝土小型空心砌块的相对含水率应小于35%。

表3-82 填充型混凝土复合砌块的主要技术指标

<table>
<tr><td colspan="2">项目</td><td colspan="9">技术性能指标</td></tr>
<tr><td colspan="2">密度等级</td><td>500</td><td>600</td><td>700</td><td>800</td><td>900</td><td>1000</td><td>1100</td><td>1200</td><td>1300</td></tr>
<tr><td colspan="2">干表观密度范围/(kg/m³)</td><td>≤500</td><td>510~600</td><td>610~700</td><td>710~800</td><td>810~900</td><td>910~1000</td><td>1010~1100</td><td>1110~1200</td><td>1210~1300</td></tr>
</table>

<table>
<tr><td colspan="2">强度等级</td><td>MU3.5</td><td>MU5.0</td><td>MU7.5</td><td>MU10</td><td>MU15</td></tr>
<tr><td rowspan="2">抗压强度/MPa</td><td>平均值,≥</td><td>3.5</td><td>5.0</td><td>7.5</td><td>10.0</td><td>15.0</td></tr>
<tr><td>最小值,≥</td><td>2.8</td><td>4.0</td><td>6.0</td><td>8.0</td><td>12.0</td></tr>
</table>

<table>
<tr><td>当量导热系数等级</td><td>EC10</td><td>EC15</td><td>EC20</td><td>EC25</td><td>EC30</td><td>EC35</td><td>EC40</td></tr>
<tr><td>当量导热系数/[W/(m·K)]</td><td>≤0.10</td><td>0.11~0.15</td><td>0.16~0.20</td><td>0.21~0.25</td><td>0.26~0.30</td><td>0.31~0.35</td><td>0.36~0.40</td></tr>
<tr><td>当量蓄热系数等级</td><td>ES1</td><td>ES2</td><td>ES3</td><td>ES4</td><td>ES5</td><td>ES6</td><td>ES7</td></tr>
<tr><td>当量蓄热系数/[W/(m²·K)]</td><td>1.00~1.99</td><td>2.00~2.99</td><td>3.00~3.99</td><td>4.00~4.99</td><td>5.00~5.99</td><td>6.00~6.99</td><td>≥7.00</td></tr>
</table>

续表

项目	技术性能指标
质量吸水率/%,≤	18(去除填插材料后)
干燥收缩率/%,≤	0.065(去除填插材料后)
碳化系数,≥	0.85
软化系数,≥	0.85
抗渗性/mm,≤	10(三块样品中任一块的水面下降高度)
抗冻性/%	质量损失≤5;强度损失≤25
放射性	内照射指数I_{Ra}≤1.0;外照射指数I_r≤1.3

注 本表根据《自保温混凝土复合砌块》(JG/T 407—2013)整理而成。

(5)热工学性能。常用填充型混凝土复合砌块为800级、900级、1000级,其对应的当量导热系数和当量蓄热系数如表3-83所示。

表3-83 填充型混凝土复合砌块的热工参数

型 号	干密度ρ/(kg/m³)	导热系数λ/[W/(m·K)]	蓄热系数S/[W/(m²·K)]	修正系数α
800级	710~800	0.16	3.23	1.10
900级	810~900	0.17	3.52	1.10
1000级	910~1000	0.18	3.82	1.10

注 本表根据《墙体自保温系统应用技术规程》(DB33/T 1102—2014)整理而成。

(6)燃烧性能和耐火极限。填充型混凝土复合砌块墙体的耐火极限不低于2h。

(7)隔声性能。自保温砌块的空气声隔声量不小于45dB。自保温砌块的隔声性能与密度有关,密度越大,隔声性能越好。

(8)陶粒混凝土复合砌块。陶粒混凝土复合砌块用聚苯乙烯泡沫板填塞在陶粒混凝土空心砌块的排孔中制成的自保温复合砌块。相比空心砌块,保温隔热性能更显著,用于有保温隔热要求的外墙。其主要尺寸规格有390mm×240mm×190mm、290mm×240mm×190mm、190mm×240mm×190mm、90mm×240mm×190mm等。陶粒混凝土复合砌块尺寸规格及孔洞填充情况如表3-84所示。

表3-84 陶粒混凝土复合砌块尺寸规格及孔洞填充情况

规格尺寸/(mm×mm×mm)	块 型	排孔填充情况	使用场合
390×240×190		填充阻燃型EPS板	有保温要求的外墙、内墙
290×240×190		填充阻燃型EPS板	有保温要求的外墙、内墙

续表

规格尺寸/(mm×mm×mm)	块　型	排孔填充情况	使用场合
190×240×190	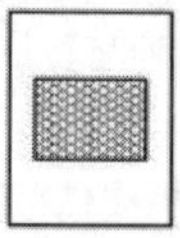	填充阻燃型EPS板	有保温要求的外墙、内墙
90×240×190		填充阻燃型EPS板	有保温要求的外墙、内墙

注　本表根据《陶粒混凝土砌块墙体建筑构造》(2010浙J60)整理而成。

由于孔洞内填充了保温材料，陶粒混凝土复合砌块的热工性能相比陶粒混凝土砌块的热工性能更好。用于外墙的240mm厚陶粒混凝土复合砌块的热工性能如表3-85所示。

表3-85　陶粒混凝土复合砌块的热工参数

型　号	干密度ρ/(kg/m^3)	导热系数λ/[W/(m·K)]	蓄热系数S/[W/(m^2·K)]	修正系数α
240厚	900	0.19	3.5	1.10

注　本表根据《陶粒混凝土砌块墙体建筑构造》(2010浙J60)整理而成。

(9)企业产品性能。部分陶粒混凝土复合砌块厂家生产的产品性能如表3-86所示。

表3-86　部分陶粒混凝土复合砌块厂家生产的产品性能

产品名称	尺寸规格(长×宽×高)/(mm×mm×mm)	性能指标	厂家名称
陶粒混凝土复合砌块	390×200×190	密度：820kg/m^3；墙体传热系数：0.686 排孔填充：填充310×70阻燃型EPS板 当量导热系数：0.169	温州秦汉陶粒轻墙材有限公司
复合夹心陶粒混凝土砌块	390×190×190	密度≤1100kg/m^3;墙体传热系数:0.816 复合类型：聚氨酯泡沫20mm 热惰性指标：4.079；当量导热系数：0.169 蓄热系数：4.066	温州秦汉陶粒轻墙材有限公司
陶粒混凝土复合砌块	90(190)×200×190 290(390)×200×190	密度：800~1100kg/m^3；强度等级：MU5.0 排孔填充：填充80阻燃型EPS板	宁波秦汉陶粒墙材有限公司
陶粒混凝土复合砌块	90(190)×240×190 290(390)×240×190	密度：800~1100kg/m^3；强度等级：MU5.0 排孔填充：填充90阻燃型EPS板	

3.2.3　蒸压加气砌块

1. 蒸压加气混凝土砌块

蒸压加气混凝土砌块是以水泥、石灰、砂、粉煤灰、矿渣、铝粉等为主要原料，经过磨细、搅拌、浇筑、发气膨胀、蒸压养护、切割而成的多孔混凝土制品。蒸压加气混凝土砌块具有轻质高强、保温隔热、吸声、防火、可锯可刨等特点。蒸压加气混凝土砌块根据尺寸偏差、外观质量、抗压强度和抗冻性，分为优等品(A)、合格品(B)两个等级。根据砌块构造形式，分为平面和槽口(图3-5)。蒸压加气混凝土砌块可广泛用于建筑的内外墙，但不能用于建筑防潮层以下部位、长期处于浸水和化学侵蚀环境、承重制品表面温度经常处于80℃以上部位的情况下。

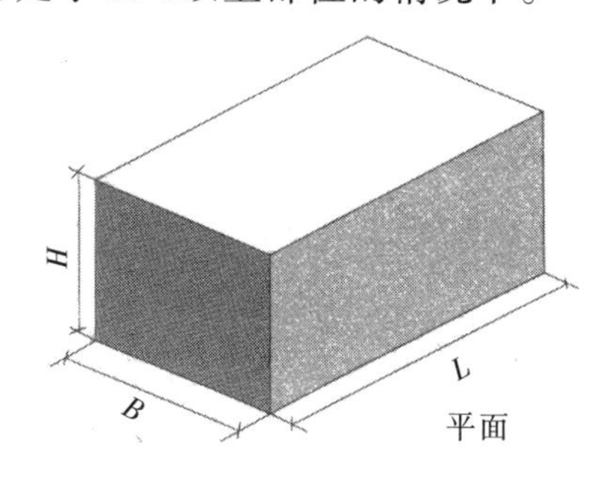

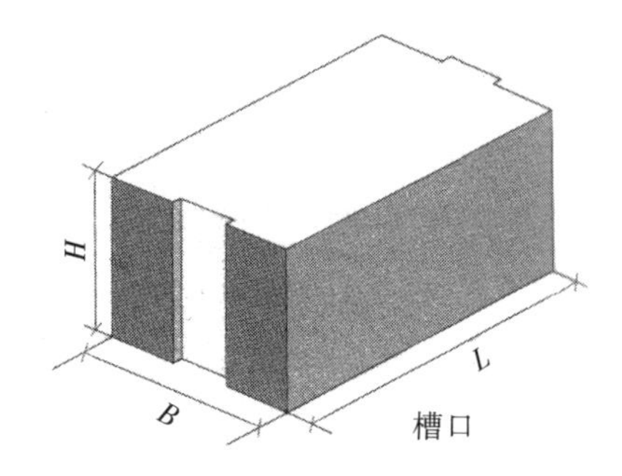

图3-5 蒸压加气混凝土砌块示意图

(1)尺寸规格。蒸压加气混凝土砌块的常见规格如表3-87所示，其他尺寸由供需双方协商确定。

表3-87 蒸压加气混凝土砌块的尺寸规格及尺寸偏差

项目	主要尺寸/mm	尺寸允许偏差/mm	
		优等品(A)	合格品(B)
长度L	600	±3	±4
宽度B	100、120、125、150、180、200、240、250、300	±1	±2
高度H	200、240、250、300	±1	±2

注 本表根据《蒸压加气混凝土砌块》(GB 11968—2006)整理而成。

(2)外观质量。蒸压加气混凝土砌块的外观质量如表3-88所示。

表3-88 蒸压加气混凝土砌块的外观质量

项目		指标	
		优等品(A)	合格品(B)
缺棱掉角	最小尺寸/mm，≤	0	30
	最大尺寸/mm，≤	0	70
	大于以上尺寸的缺棱掉角个数/个，≤	0	2
裂纹长度	贯穿一棱二面的裂纹长度不得大于裂纹方向尺寸总和的	0	1/3
	任一面上的裂纹长度不得大于裂纹方向尺寸的	0	1/2
	大于以上尺寸的裂纹条数/条，≤	0	2
爆裂、黏膜和损坏深度/mm，≤		10	30
平面弯曲；表面疏松、层裂；表面油污		不允许	

注 本表根据《蒸压加气混凝土砌块》(GB 11968—2006)整理而成。

（3）密度等级和强度等级。蒸压加气混凝土砌块根据干密度不同，分为B03、B04、B05、B06、B07、B08六个级别。根据立方体抗压强度值分为A1.0、A2.0、A2.5、A3.5、A5.0、A7.5、A10七个级别。砌块的干密度和强度等级及质量等级、导热系数等相关，其对应关系如表3-89所示。

蒸压加气混凝土砌块具有轻质高强的特点，可作为建筑的承重墙和自承重墙。蒸压加气混凝土砌块作为承重墙时，厚度不宜小于250mm，强度等级不小于A5.0。作为非承重墙体，强度等级不低于A2.5；用于外填充墙时强度等级要求达到A3.5。外墙应采用B07级或B06级优等品，内墙或分隔墙适宜采用B06级合格品或B05级优等品。B03、B04、B05级砌块可用做保温材料。当作为屋顶的保温材料时，厚度分别不小于120mm、150mm和200mm。

（4）主要技术指标。蒸压加气混凝土砌块的主要技术指标如表3-89所示。

表3-89　蒸压加气混凝土砌块的主要技术指标

<table>
<tr><td colspan="3">项　目</td><td colspan="6">主要技术指标</td></tr>
<tr><td colspan="3">密度等级</td><td>B03</td><td>B04</td><td>B05</td><td>B06</td><td>B07</td><td>B08</td></tr>
<tr><td rowspan="2">密度/（kg/m^3），≤</td><td colspan="2">优等品（A）</td><td>300</td><td>400</td><td>500</td><td>600</td><td>700</td><td>800</td></tr>
<tr><td colspan="2">合格品（B）</td><td>325</td><td>425</td><td>525</td><td>625</td><td>725</td><td>825</td></tr>
<tr><td rowspan="2">强度等级</td><td colspan="2">优等品（A）</td><td rowspan="2">A1.0</td><td rowspan="2">A2.0</td><td>A3.5</td><td>A5.0</td><td>A7.5</td><td>A10.0</td></tr>
<tr><td colspan="2">合格品（B）</td><td>A2.5</td><td>A3.5</td><td>A5.0</td><td>A7.5</td></tr>
<tr><td rowspan="4">立方体抗压强度/MPa</td><td rowspan="2">平均值</td><td>优等品（A）</td><td rowspan="2">1.0</td><td rowspan="2">2.0</td><td>3.5</td><td>5.0</td><td>7.5</td><td>10.0</td></tr>
<tr><td>合格品（B）</td><td>2.5</td><td>3.5</td><td>5.0</td><td>7.5</td></tr>
<tr><td rowspan="2">每组最小值</td><td>优等品（A）</td><td rowspan="2">0.8</td><td rowspan="2">1.6</td><td>2.8</td><td>4.0</td><td>6.0</td><td>8.0</td></tr>
<tr><td>合格品（B）</td><td>2.0</td><td>2.8</td><td>4.0</td><td>6.0</td></tr>
<tr><td rowspan="3">抗冻性</td><td colspan="2">质量损失/%，≤</td><td colspan="6">5.0</td></tr>
<tr><td rowspan="2">冻后强度/MPa</td><td>优等品（A）</td><td rowspan="2">0.8</td><td rowspan="2">1.6</td><td>2.8</td><td>4.0</td><td>6.0</td><td>8.0</td></tr>
<tr><td>合格品（B）</td><td>2.0</td><td>2.8</td><td>4.0</td><td>6.0</td></tr>
<tr><td colspan="3">干燥收缩值/（mm/m）</td><td colspan="6">标准法≤0.5；快速法≤0.8</td></tr>
<tr><td colspan="3">导热系数λ/[W/（m·K）]，≤</td><td>0.10</td><td>0.12</td><td>0.14</td><td>0.16</td><td>0.18</td><td>0.20</td></tr>
</table>

注　本表根据《蒸压加气混凝土砌块》（GB 11968—2006）整理而成。

（5）热工性能。蒸压加气混凝土砌块以化学法气的方法在内部形成大量细小均匀气孔的多孔结构。因此，蒸压加气混凝土砌块具有良好的保温隔热性能，其导热系数和蓄热系数如表3-90所示。

表3-90　蒸压加气混凝土砌块导热系数和蓄热系数

<table>
<tr><td rowspan="2">密度级别</td><td colspan="2">热工性能</td><td rowspan="2">修正系数α</td></tr>
<tr><td>导热系数λ/[W/（m·K）]</td><td>蓄热系数S_{24}/[W/（m^2·K）]</td></tr>
<tr><td>B05</td><td>0.14</td><td>2.80</td><td>1.25</td></tr>
<tr><td>B06</td><td>0.16</td><td>3.28</td><td>1.25</td></tr>
<tr><td>B07</td><td>0.18</td><td>3.59</td><td>1.25</td></tr>
</table>

注　本表根据《墙体自保温系统应用技术规程》（DB33/T 1102—2014）整理而成。

(6)隔声性能。蒸压加气混凝土砌块由于质量轻,其隔声性能相对于相同厚度的实心黏土砖墙要差。例如,150mm厚度的蒸压加气混凝土砌块的隔声量约为44dB,比120mm厚度实心砖墙的隔声性能(隔声量为47dB)略差。蒸压加气混凝土砌块可以通过设立双层墙或增加厚度的方式提高墙体的隔声性能。蒸压加气混凝土砌块墙体的隔声性能如表3-91所示。

表3-91　蒸压加气混凝土砌块墙体隔声性能

隔墙做法	构造示意	下列各频率的隔声量/dB						100~3150Hz的计权隔声量 R_w /dB
		125Hz	250Hz	500Hz	1000Hz	2000Hz	4000Hz	
75mm厚砌块墙,双面抹灰	10 75 10	29.9	30.4	30.4	40.2	49.2	55.5	38.8
100mm厚砌块墙,双面抹灰	10 100 10	34.7	37.5	33.3	40.1	51.9	56.5	41.0
150mm厚砌块墙,双面抹灰	20 150 20	37.4	38.6	38.4	48.6	53.6	57.0	44.0
两道75mm厚砌块墙,双面抹混合灰	5 75 75 75 5	35.4	38.9	46.0	47.0	62.2	69.2	49.0
一道75mm厚砌块墙和一道半砖墙,双面抹灰	20 75 50 120 20	40.3	40.8	55.4	57.7	67.2	63.5	55.0
200mm厚砌块,无抹灰层	5 200 5	39.0	40.1	40.4	50.4	59.1	48.4	48.4

注　本表摘自《蒸压加气混凝土应用技术规程》(JGJ/T 17—2008)附表A。

(7)防火性能。蒸压加气混凝土砌块属于无机不燃材料,体积热稳定性好、热迁移慢,同时具有良好的耐火性能。100mm厚蒸压加气混凝土砌块墙体的耐火极限可达4h,是十分理想的建筑防火材料。蒸压加气混凝土砌块的耐火性能如表3-92所示。

表3-92　蒸压加气混凝土耐火性能表

材　料		密度等级	厚度/mm	耐火极限/h
加气混凝土砌块	水泥、矿渣、砂为原材料	B05	75	2.5
			100	3.75
			150	5.75
			200	8.0
	水泥、石灰、粉煤灰为原材料	B06	100	6
			200	8
	水泥、石灰、砂为原材料	B05	150	>4
			100	3
水泥、矿渣、砂为原材料	屋面板	B05	100	3
			3300×600×150	1.25
	墙板	B05	2700×（3×600）×150	<4

注　本表摘自《蒸压加气混凝土应用技术规程》（JGJ/T 17—2008）附表B。

（8）企业产品性能。部分厂家生产的蒸压加气混凝土砌块的尺寸规格及性能如表3-93所示。

表3-93　部分厂家生产的蒸压加气混凝土砌块的尺寸规格及性能

产品名称	尺寸规格（长×宽×高）/（mm×mm×mm）	性能指标	厂家名称
蒸压加气混凝土砌块	600×240×240	强度等级：A3.5（实测3.8MPa） 密度等级：B06（实测595kg/m^3） 干燥收缩：0.42mm/m；导热系数：0.156W/（m·K）	温州日正铭实业有限公司
蒸压加气混凝土砌块	600×240×240	强度等级：A5（实测6.6MPa） 密度等级：B07（实测694kg/m^3） 干燥收缩：0.42mm/m；导热系数：0.174W/（m·K）	
蒸压加气混凝土砌块	600×100×240 600×200×240	强度等级：A5（实测5.7MPa） 密度等级：B06（实测579kg/m^3） 干燥收缩：0.45mm/m；导热系数：0.155W/（m·K）	
蒸压加气混凝土砌块	600×30（40、100、120、150、240、300）×250 600×100（120）×400	强度等级：A3.5；密度等级：B05 导热系数：0.13W/（m·K） 构造形式：平面、槽口、手孔槽口	长兴伊通有限公司
蒸压加气混凝土砌块	600×200×250 600×240×250	强度等级：A5；密度等级：B06 导热系数：0.15W/（m·K） 构造形式：槽口、手孔槽口	
外保温砌块	600×30×300 600×40×300 600×50×300 600×240×240	强度等级：A2 密度等级：B04≤425kg/m^3 导热系数：0.11W/（m·K） 构造形式：槽口、手孔槽口	上海富春建业科技股份有限公司
内外墙常规砌块	长度：600 宽度：100、120、150、180、200、240、250、300 高度：240	强度等级：A2.5；密度等级：B05≤525kg/m^3 导热系数：0.13W/（m·K） 构造形式：槽口、手孔槽口	
		强度等级：A3.5；密度等级：B06≤625kg/m^3 导热系数：0.14~0.15W/（m·K） 构造形式：槽口、手孔槽口	

续表

产品名称	尺寸规格（长×宽×高）/（mm×mm×mm）	性能指标	厂家名称
内外墙增强砌块	长度：600 宽度：100、120、150、180、200、240、250、300 高度：240	强度等级：A3.5 密度等级：B05≤525kg/m³ 导热系数：0.13W/（m·K） 构造形式：槽口、手孔槽口	上海富春建业科技股份有限公司
	长度：600 宽度：100、120、150、180、200、240、250、300 高度：240	强度等级：A5 密度等级：B06≤625kg/m³ 导热系数：0.14~0.15W/（m·K） 构造形式：槽口、手孔槽口	

2. 陶粒增强加气砌块

陶粒增强加气混凝土砌块（图3-6）是以轻质陶粒等轻集料为骨料，水泥、粉煤灰浆体做胶凝材料，以铝粉或发泡液为发泡剂，经合理配料，混合浇筑成型、蒸汽养护硬化后由全自动机械切割而成的砌块。陶粒混凝土砌块中陶粒的体积比达到60%以上，是一种质量轻、保温、隔声性能好的新型建筑材料。干体积密度为450~750kg/m³，为黏土砖的1/3，混凝土的1/4，可有效地减轻建筑物的自重。陶粒混凝土砌块适用于框架结构的填充墙及内隔墙，但不能用于±0.000标高以下建筑物内外墙（地下室内填充墙除外）；长期处于浸水和化学侵蚀环境；砌块表面温度高于80℃的环境。

图3-6 陶粒增强加气混凝土砌块示意图

浙江省已有多家企业生产此类产品，但目前还没有统一的产品标准。陶粒增强加气混凝土砌块的原材料、生产工艺等方面与蒸压加气混凝土砌块有较大区别。但由于主要性能指标与蒸压加气混凝土砌块接近，各生产企业多参照《蒸压加气混凝土砌块》（GB 11968—2006）和《蒸压加气混凝土应用技术规程》（JGJ/T 17—2008）的标准。

（1）尺寸规格。陶粒增强加气混凝土砌块的尺寸规格如表3-94所示。陶粒增强加气混凝土砌块作为外填充墙时，厚度不应小于200mm。此外，还要满足建筑节能、隔声等性能要求。

表3-94 陶粒增强加气混凝土砌块的规格尺寸

项 目	尺寸规格
长度/mm	600、300
厚（宽）度/mm	100、120、125、150、180、200、240、250、300
高度/mm	200、240、250、300

注 本表摘自《陶粒增强加气混凝土砌块墙体建筑构造》（2014浙J69）。

（2）密度等级和强度等级。从目前浙江省陶粒增强加气混凝土砌块的生产情况看，主要以B05、B06、B07三种密度等级为主，强度等级为A2.5~A7.5。B06、B07主要用于建筑外墙、分户墙和内隔墙。外填充墙宜采用干密度级别为B07的砌块，强度等级不低于A5.0；内隔墙的砌块强度等级不低于A3.5。B05级砌块的热工性能好，主要用于建筑物外墙保温、防火墙或保温薄片。陶粒增强加气混凝土砌块的优等品和合格品的干密度如表3-95所示。

表3-95 陶粒增强加气混凝土砌块的干密度

干密度级别		B05	B06	B07
干密度/(kg/m^3)	优等品(A),≤	500	600	700
	合格品(B),≤	550	650	750

注 本表根据《墙体自保温系统应用技术规程》(DB33/T 1102—2014)整理而成。

(3)主要技术指标。陶粒增强加气混凝土砌块的外观质量以及抗压强度、抗冻性、干燥收缩、导热系数等主要技术指标参考蒸压加气混凝土砌块,具体如表3-96所示。

表3-96 蒸压加气混凝土砌块的主要技术指标

项 目			主要技术指标		
密度等级			B05	B06	B07
密度ρ/(kg/m^3)	优等品(A),≤		500	600	700
	合格品(B),≤		525	625	725
强度等级	优等品(A)		A3.5	A5.0	A7.5
	合格品(B)		A2.5	A3.5	A5.0
立方体抗压强度/MPa	平均值	优等品(A)	3.5	5.0	7.5
		合格品(B)	2.5	3.5	5.0
	每组最小值	优等品(A)	2.8	4.0	6.0
		合格品(B)	2.0	2.8	4.0
抗冻性	质量损失/%,≤		5.0		
	冻后强度/MPa	优等品(A)	2.8	4.0	6.0
		合格品(B)	2.0	2.8	4.0
干燥收缩值/(mm/m)			标准法≤0.5;快速法≤0.8		
导热系数λ/[W/(m·K)],≤			0.14	0.16	0.18

注 本表根据《蒸压加气混凝土砌块》(GB 11968—2006)整理而成。

(4)热工性能。陶粒增强加气混凝土砌块的热工性能如表3-97所示。

表3-97 陶粒增强加气混凝土砌块导热系数和蓄热系数设计计算值

密度级别	热工性能		修正系数
	导热系数λ/[W/(m·K)]	蓄热系数S_{24}/[W/(m^2·K)]	
B05	0.14	3.80	1.20
B06	0.16	4.05	1.20
B07	0.18	4.45	1.20

注 本表根据《墙体自保温系统应用技术规程》(DB33/T 1102—2014)整理而成。

(5)隔声性能。陶粒增强加气混凝土砌块的隔声性能与墙体厚度、砌块强度等级有关。墙体厚度越厚，隔声性能越好。强度等级越高，隔声性能越好，如200mm厚陶粒增强加气混凝土砌块砌筑的墙体，B06级的空气声隔声量为48dB，B07级的空气声隔声量为50dB。隔声性能指标如表3-98所示。

表3-98 隔声性能指标

砌体厚度/mm	空气声计权隔声量/dB	耐火极限/h
100	40	—
120	45	4
200	50	—

注 1. 空气声计权隔声量为墙体两侧抹灰后的数值；耐火极限为墙体两侧不抹灰的数值。
2. 本表根据《陶粒增强加气砌块墙体建筑构造》(2014浙J69)整理而成。

(6)燃烧性能和耐火极限。陶粒增强加气砌块属于不燃烧材料，B07级120mm厚墙体耐火极限为4h。

(7)企业产品性能。部分厂家生产的陶粒增强加气混凝土砌块的尺寸规格及性能如表3-99所示。

表3-99 部分厂家生产的陶粒增强加气混凝土砌块的尺寸规格及性能

产品名称	尺寸规格/mm	性能指标	厂家名称
陶粒加气砌块	长度：600 宽度：100、120、125、150、180、200、240、250、300 高度：200、240、250、300	强度等级：优等品A5；合格品A3.5 干密度：优等品≤600kg/m³；合格品≤650kg/m³ 干燥收缩≤0.5mm/m(标准法) 导热系数≤0.18W/(m·K) 抗拉拔强度：平均值≥3.5kN；最小值≥3kN	浙江大东吴集团建设新材料有限公司
		强度等级：优等品A7.5；合格品A5 干密度：优等品≤700kg/m³；合格品≤750kg/m³ 干燥收缩≤0.5mm/m(标准法) 导热系数≤0.16W/(m·K)	
		强度等级：优等品A3.5；合格品A2.5 干密度：优等品≤500kg/m³；合格品≤550kg/m³ 干燥收缩≤0.5mm/m(标准法) 导热系数≤0.14W/(m·K)	
陶粒加气混凝土砌块	长度：600 宽度：100、200、240 高度：200、240	强度等级：A5；密度等级：B06 干密度：598kg/m³；干燥收缩：0.44mm/m 导热系数：0.14W/(m·K) 抗拉拔强度：平均值≥3.2kN；最小值≥2.9kN	浙江远方建材有限公司
		强度等级：A7.5；密度等级：B07 干密度：697kg/m³；干燥收缩：0.44mm/m 导热系数：0.16W/(m·K) 抗拉拔强度：平均值≥3.7kN；最小值≥3.5kN	

3. 泡沫混凝土砌块

泡沫混凝土砌块是用水泥、集料、掺合料、外加剂与水拌和的混合料中加入泡沫剂水溶液备制而成的泡沫，配制成轻质料浆，经浇注成型再蒸压养护而制成的轻质多孔砌块。该砌块主要用于建筑的非承重部位。砌块按照尺寸偏差和外观质量，分为一等品(B)和合格品(C)两个等级。

(1)尺寸规格。泡沫混凝土砌块的主要规格如表3-100所示，其他规格尺寸可由供需双方协商。

表3-100　蒸压泡沫混凝土砌块的尺寸规格及尺寸偏差

项　目	主要尺寸/mm	尺寸允许偏差/mm	
		一等品	合格品
长度 L	400、600	±4	±6
宽度 B	100、150、200、250	±3	+3~-4
高度 H	200、300	±3	+3~-4

注　本表根据《泡沫混凝土砌块》(JC/T 1062—2007)整理而成。

(2)外观质量。蒸压泡沫混凝土砌块的外观质量应满足表3-101的要求。

表3-101　蒸压泡沫混凝土砌块的外观质量

项　目		指　标	
		一等品	合格品
缺棱掉角	最小尺寸/mm，≤	30	30
	最大尺寸/mm，≤	70	70
	个数/个，≤	1	2
裂纹	贯穿一棱二面的裂纹投影长度与裂纹所在面的裂纹方向尺寸总和的比值，≤	1/3	1/3
	任一面上的裂纹长度与裂纹方向尺寸的比值，≤	1/3	1/2
	大于以上尺寸的裂纹条数/条，≤	0	2
平面弯曲/mm，≤		3	5
黏模等损坏深度/mm，≤		20	30
表面疏松、层裂；表面油污		不允许	

注　本表摘自《泡沫混凝土砌块》(JC/T 1062—2007)。

(3)密度等级和强度等级。泡沫混凝土砌块根据干表观密度划分为B03、B04、B05、B06、B07、B08、B09、B10八个等级。外墙应采用B06、B07级，内隔墙、分户墙应采用B05级。

泡沫混凝土砌块的强度等级按照立方体抗压强度划分为A0.5、A1.0、A1.5、A2.5、A3.5、A5.0、A7.5七个等级。蒸压泡沫混凝土砌块的力学性能如表3-102所示。

(4)物理力学性能。泡沫混凝土砌块的物理性能包括干燥收缩值、抗渗性、吸水率、导热系数、抗冻性、耐火极限、放射性等,具体如表3-102所示。

表3-102　蒸压泡沫混凝土砌块的物理性能

项　目		主要技术指标		
密度等级		B05	B06	B07
干表观密度/(kg/m^3),≤		530	630	730
强度等级		A3.5	A5.0	A7.5
立方体抗压强度/MPa	平均值	3.5	5.0	7.5
	每组最小值	2.8	4.0	6.0
抗冻性	质量损失/%,≤	5.0		
	冻后强度/MPa,≤	20		
干燥收缩值/(mm/m)	快速法,≤	—		0.90
导热系数/[W/(m·K)],≤		0.12	0.14	0.18
碳化系数,≤		0.80		

注　本表根据《泡沫混凝土砌块》(JC/T　1062—2007)整理而成。

(5)热工性能。泡沫混凝土砌块的热工性能如表3-103所示。

表3-103　泡沫混凝土砌块导热系数和蓄热系数设计计算值

密度级别	热工性能		修正系数
	导热系数λ/[W/(m·K)]	蓄热系数S_{24}/[W/(m^2·K)]	
B05	0.12	2.41	1.36
B06	0.14	2.83	1.36
B07	0.18	3.25	1.36

注　本表根据《墙体自保温系统应用技术规程》(DB33/T　1102—2014)整理而成。

3.2.4　石膏砌块

石膏砌块是以建筑石膏为主要原料,可加入外加剂(如发泡剂、憎水剂等)、纤维增强材料或其他掺和料,经加水搅拌、浇筑成型和干燥后制成的砌块。石膏砌块按照内部结构形式,可以分为实心石膏砌块和空心石膏砌块。其中,空心石膏砌块带有水平或垂直方向的预制孔洞。根据防潮性能,可以分为普通石膏砌块和防潮石膏砌块。普通石膏砌块在成型过程中没有经过防潮处理;防潮石膏砌块在成型过程中经过防潮处理,是一种具有防潮性能的砌块。石膏砌块主要用于建筑非承重内隔墙,但不能用于防潮层以下部位和长期处于水或化学侵蚀的环境中。

(1)尺寸规格。石膏砌块的外形为长方体,纵横边缘分别设置榫头和榫槽。石膏砌块的主要尺寸如表3-104所示,其他尺寸规格可由供需双方协商。如果施工中采用薄灰缝,相关尺寸可做适当调整。

表3-104　石膏砌块的尺寸规格及尺寸偏差

项　目	主要尺寸/mm	尺寸偏差/mm
长度L	600、666	±3
宽度B	500	±2
高度H	80、100、120、150	±1
孔与孔之间的肋厚/mm，≥	15	
板面之间的壁厚/mm，≥	15	
平整度/mm，≤	1	

注　本表根据《石膏砌块》(JC/T 698—2010)整理而成。

(2)外观质量。石膏砌块表面不应有影响使用的缺陷，具体外观质量要求如表3-105所示。

表3-105　石膏砌块的外观质量

项　目	指　标
缺角	同一砌块不应多于1处，缺角尺寸应小于30mm×30mm
板面裂缝、裂纹	不应有贯穿裂缝；长度小于30mm，宽度小于1mm的非贯穿裂纹不应多于1条
气孔	直径5~10mm不应多于2处；大于10mm不应有
油污	不应有

注　本表根据《石膏砌块》(JC/T 698—2010)整理而成。

(3)主要技术指标。石膏砌块的主要技术指标如表3-106所示。

表3-106　石膏砌块的主要技术指标

项　目		要　求
表观密度/(kg/m^3)	实心石膏砌块，≤	1100
	空心石膏砌块，≤	800
断裂荷载/N，≥		2000
软化系数，≥		0.6

注　本表根据《石膏砌块》(JC/T 698—2010)整理而成。

(4)热工性能。石膏内部存在大量微小空隙，隔热保温性能好，其导热系数只有黏土砖的1/3、混凝土的1/5。在石膏砌块中掺入陶粒、膨胀珍珠岩等轻骨料，或采用空腔结构可提高石膏砌块的保温隔热性能。

(5)防火性能。石膏砌块属于不燃性材料，耐火等级为A1级，具有良好的防火性能。当火灾发生时，石膏($CaSO_4 \cdot 2H_2O$)遇热释放出结晶水，在石膏表面形成一层水幕，从而延长耐火时间。在失去水分后生成的无水硫酸钙是良好不燃材料，能有效阻碍火势蔓延。石膏砌块的厚度较石膏板大，耐火等级更高。

(6)隔声性能。石膏空心砌块的内部空腔会降低空气声隔声性能。因此，实心石膏砌块的隔声性能优于相同厚度的石膏空心砌块。80mm厚实心石膏砌块的隔声量约为35~45dB，100mm厚石膏空心砌块的空气声隔声量约为40~50dB。

3.3 建 筑 板 材

建筑板材是指作为墙体的板状墙体材料，具有自重轻、工业化生产、安装方便、施工速度快、抗震性能好等特点，也是未来建筑产业化的发展方向。建筑板材包括各类大型墙板、条板和薄板。大型墙板的尺寸相当于整个房间开间的宽度和层高的高度，并配有构造钢筋的建筑板材。条板可以作为墙体横向或竖向固定在龙骨或框架上，包括实心条板和空心条板。薄板是厚度较薄的板材，固定在龙骨两侧，形成复合墙体。例如，纸面石膏板、硅酸钙板等绿色板材，替代传统黏土产品，应用在建筑隔墙和吊顶工程中。近年来，又出现了集围护、承重、装饰、保温隔热、隔声、防火、防水等功能于一体的复合化板材。

3.3.1 石膏空心条板

石膏空心条板是以建筑石膏为主要原料，掺入无机轻集料、无机纤维增强材料和适量添加剂制成的空心条板，包括石膏珍珠岩空心条板、石膏硅酸盐空心条板和石膏空心条板等。石膏空心条板的外形如图3-7所示，长边设有榫头、榫槽或双面凹槽。

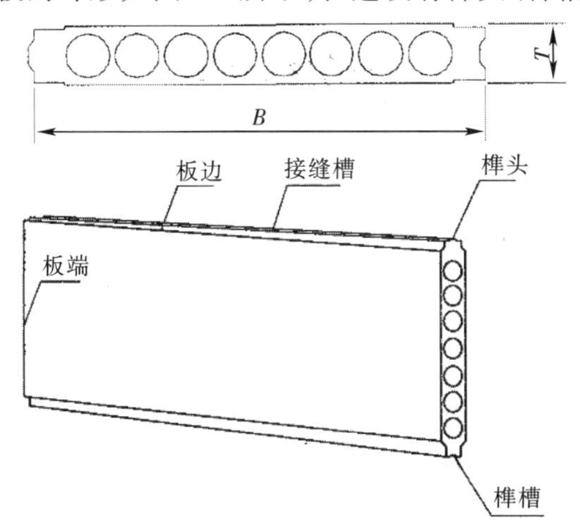

图3-7　石膏空心条板示意图

（1）尺寸规格。石膏空心条板常见的尺寸规格如表3-107所示。石膏空心条板的长度应根据设计确定，一般为建筑净高，即建筑层高减去楼板顶部结构构件（楼板或梁）的厚度，不宜超过3.3m。

表3-107　建筑用秸秆植物板材的尺寸规格及尺寸偏差

项　目	主要尺寸/mm	尺寸偏差/mm
长度（L）	2100~3000 2100~3000	±5
宽度（B）	600	±2
厚度（T）	60、90、120	±1

续表

项　目	主要尺寸/mm	尺寸偏差/mm
板面表面平整	—	≤2
对角线差	—	≤6
侧向弯曲	—	≤L/1 000

注　本表根据《石膏空心条板》(JC/T 829—2010)整理而成。

(2)外观质量。石膏空心条板的外观质量应满足表3-108的要求。

表3-108　石膏空心条板的外观质量

项　目	指　标
缺棱掉角,长度×宽度×深度(25mm×10mm×5mm)~(30mm×20mm×10mm)	不多于2处
板面裂缝,长度小于30mm,宽度小于1mm	不多于2处
气孔,直径5~10mm	不多于2处
外露纤维、贯穿裂缝、飞边毛刺	不应有
壁厚/mm,≥	12

注　本表根据《石膏空心条板》(JC/T 829—2010)整理而成。

(3)主要技术指标。石膏空心条板的主要技术指标如表3-109所示。

表3-109　石膏空心条板的主要技术指标

项　目	指　标		
	板厚60mm	板厚90mm	板厚120mm
面密度/(kg/m^3),≤	45	60	75
抗冲击性能	经5次抗冲击试验后,板面无裂纹		
抗弯承载(板自重倍数),≥	1.5		
吊挂力	荷载1 000N静置24h,板面无宽度超过0.5mm的裂缝		

注　本表根据《石膏空心条板》(JC/T 829—2010)整理而成。

3.3.2　蒸压加气混凝土板

蒸压加气混凝土板是以钙质材料(水泥、生石灰)和硅质材料(砂、含硅尾矿等)为主要原料,以铝粉为发气剂,通过配料、搅拌、浇注、蒸压养护而成的轻质多孔硅酸盐制品。蒸压加气混凝土板内部含有大量微小、封闭的孔隙,孔隙率可达70%~80%,具有轻质、高强、耐火、防火、隔音、隔热、保温等性能。蒸压加气混凝土板根据使用功能可以分为屋面板、楼板、外墙板、隔墙板等类型。根据板的用途、构造等要求添加钢筋网片,配筋量根据使用荷载、板材规格等计算确定。蒸压加气混凝土板可用于建筑的非承重外墙、内隔墙、防火墙、楼板、屋面板等。蒸压加气混凝土板根据构造不同,有槽口板、平口板等(图3-8)。

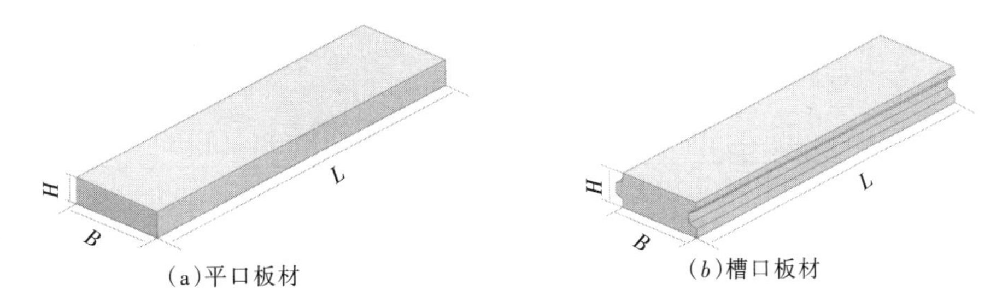

(a)平口板材　　(b)槽口板材

图3-8　蒸压加气混凝土条板示意图

(1)尺寸规格。蒸压加气混凝土墙板的长度应根据设计确定，主要尺寸规格如表3-110所示。

表3-110　蒸压加气混凝土墙板的规格及尺寸偏差

项　目		主要尺寸/mm	尺寸偏差/mm
长度 L		1800~6000(按300模数进位)	±4
宽度 B		600	0~-4
厚度 T	屋面板、楼板	75、100、125、150、175、200、250、300	±2
	墙板	120、180、240	
板面表面平整		—	≤5(屋面板、楼板) ≤3(外墙板、内墙板)
对角线差		—	≤L/600
侧向弯曲		—	≤L/1000

注　本表根据《蒸压加气混凝土板》(GB 15762—2008)整理而成。

(2)外观质量。蒸压加气混凝土板的外观质量应满足表3-111的要求。当蒸压加气混凝土板存在纵向裂缝、大面凹陷、大气泡、缺棱掉角、侧面损伤或缺棱等缺陷并且在允许修补范围内，可以进行修补。修补材料的颜色和质感应与蒸压加气混凝土板一致，且性能相匹配。

表3-111　蒸压加气混凝土板的外观质量

项　目	指　标
横向裂缝；纵向裂缝；大面凹陷	无
大气泡	直径大于8mm、深大于3mm的气孔
缺棱掉角，长度不大于100mm，宽度不大于20mm	不大于1处
侧面损伤或缺棱，长度不大于120mm，宽度不大于10mm	不大于1处(每侧)

注　本表根据《蒸压加气混凝土板》(GB 15762—2008)整理而成。

(3)密度等级和强度等级。蒸压加气混凝土板按照蒸压加气混凝土干密度分为B04、B05、B06、B07四个密度等级。按照蒸压加气混凝土强度等级分为A2.5、A3.5、A5.0、A7.5四个强度等级。其中，蒸压加气混凝土屋面板、楼板、外墙板的强度等级分为A3.5、A5.0、A7.5三个强度等级；蒸压加气混凝土外墙板的强度等级分为A2.5、A3.5、A5.0、A7.5四个强度等级。

（4）主要技术指标。蒸压加气混凝土板的密度、强度、抗冻性、干燥收缩、导热性能等主要技术指标如表3-112所示。

表3-112　蒸压加气混凝土的基本性能

项　目		主要技术指标			
密度级别		B04	B05	B06	B07
干密度/(kg/m³)，≤		425	525	625	725
强度等级		A2.5	A3.5	A5.0	A7.5
抗压强度/MPa	平均值，≥	2.5	3.5	5.0	7.5
	每组最小值，≥	2.0	2.8	4.0	6.0
抗冻性	质量损失/%，≤	5.0			
	冻后强度/MPa，≥	2.0	2.8	4.0	6.0
干燥收缩值/(mm/m)		标准法≤0.5；快速法≤0.8			
导热系数/[W/(m·K)]，≤		0.12	0.14	0.16	0.18

注　本表摘自《蒸压加气混凝土板》(GB 15762—2008)。

（5）热工性能。蒸压加气混凝土条板的热工性能主要取决于蒸压加气混凝土的热工性能，其导热系数如表3-112所示。

（6）防火性能。蒸压加气混凝土条板属于不燃材料，高温作用下也不会产生有毒气体。100mm厚板材的耐火极限可达4h，是十分理想的防火材料。

（7）隔声性能。蒸压加气混凝土条板墙体的隔声量在39~56dB之间。由于灰缝数量少，板条隔墙的隔声性能比相同厚度的蒸压加气混凝土砌块的隔声性能要好。蒸压加气混凝土条板可以通过设立双层墙或增加厚度的方式提高墙体的隔声性能。蒸压加气混凝土条板隔墙的隔声性能如表3-113所示。

表3-113　蒸压加气混凝土条板墙体的隔声性能

隔墙做法	构造示意	下列各频率的隔声量/dB						100~3150Hz的计权隔声量 R_w /dB
		125Hz	250Hz	500Hz	1000Hz	2000Hz	4000Hz	
150mm厚板条，两面抹灰	20 150 20	37.4	38.6	38.4	48.6	53.6	57.0	46.0
100mm厚条板，双面刮腻子喷浆	3 100 3	32.6	31.6	31.9	40.0	47.9	60.0	39.0
两道75mm厚条板，双面抹混合灰	5 75 75 75 5	38.6	49.3	49.4	55.6	65.7	69.6	56.0

续表

隔墙做法	构造示意	下列各频率的隔声量/dB						100~3150Hz的计权隔声量 R_w/dB
		125Hz	250Hz	500Hz	1000Hz	2000Hz	4000Hz	
200mm厚条板，双面刮腻子喷浆	5 200 5	31.0	37.2	41.1	43.1	51.3	54.7	45.2

注 本表摘自《蒸压加气混凝土应用技术规程》(JGJ/T 17—2008)附表A。

(8)企业产品性能。部分厂家生产的蒸压加气混凝土板的尺寸规格及性能如表3-114所示。

表3-114 部分厂家生产的蒸压加气混凝土板的尺寸规格及性能

型号规格	等级	构造形式	导热系数	使用部位	厂家名称
≤6000×600×100~200	B05、A3.5	花纹、槽口	0.13	外墙板	长兴伊通
≤3750×600×100 ≤4690×600×125 ≤5750×600×150 ≤6000×600×175 ≤6000×600×200	B05、A3.5	槽口	0.13	外墙板	
≤3000×600×75 ≤4250×600×100 ≤5050×600×125 ≤6000×600×150	B05、A3.5	槽口	0.13	内墙板	
≤6000×600×100 (125、150、175、200)	B05、A3.5	槽口	0.13	外墙板	上海富春建业科技股份有限公司
≤6000×600×150 ≤5000×600×125 ≤4200×600×100 ≤3000×600×75	B05、A3.5	槽口	0.13	内墙板	
1800×600×75 2000×600×50 2200×600×50	—	平口	—	薄型保温板	

3.3.3 混凝土轻质条板

混凝土轻质条板是以水泥为胶凝材料，以钢筋、钢丝网或其他材料为增强材料，以粉煤灰、煤矸石、炉渣、再生骨料等工业灰渣以及天然轻集料、人造轻集料制成，采用机械化方式生产的预制混凝土条板。主要用于建筑的非承重墙，以及低层建筑的非承重外围护墙。根据内部结构不同，分为空心条板和实心条板。根据使用部位不同，分为隔墙板和外墙板。

(1)尺寸规格。混凝土轻质条板的尺寸规格符合建筑模数要求，且长宽比不小于2.5。主要尺寸规格如表3-115所示，其他尺寸可由供需双方协商确定。

表3-115 混凝土轻质条板的尺寸规格及尺寸偏差

项 目	主要尺寸/mm	尺寸偏差/mm
长度 L	≤3000	±4
宽度 B	600	±2
厚度 T	90、120、150、180	±2
板面表面平整	—	≤2
对角线差	—	≤8
侧向弯曲	—	≤L/1250

注 本表根据《混凝土轻质条板》(JG/T 350—2011)整理而成。

(2)外观质量。混凝土轻质条板可采用不同企口和开孔形式,但外观质量必须满足表3-116的要求。

表3-116 混凝土轻质条板外观质量

项 目	指 标
板面污染;外露筋纤;板的横向、纵向、厚度方向贯通裂缝(每块)	不允许
板面裂缝,长度50~100mm,宽度0.5~1.0mm(每块)	不大于2处
蜂窝气孔,长径5~30mm(每块)	不大于3处
缺棱掉角,宽度(mm)×长度(mm)10×25~20×30(每块)	不大于2处
板孔间肋和板面壁厚/mm,≥	12

注 本表根据《混凝土轻质条板》(JG/T 350—2011)整理而成。

(3)主要技术指标。混凝土轻质条板作为外围护墙和内隔墙时,性能略有不同。当用作外墙板时,还应满足抗冻性、抗渗性和节点连接承载力等方面的物理力学性能,具体如表3-117和表3-118所示。

表3-117 混凝土轻质条板物理力学性能

项 目	指 标			
	板厚90mm	板厚120mm	板厚150mm	板厚180mm
面密度/(kg/m²),≤	110	140	160	190
软化系数/%,≥	0.80			
含水率/%,≤	10			
抗弯荷载(板自重倍数),≥	1.5(内隔墙);外隔墙的分级见表3-118			
干燥收缩值/(mm/m),≤	0.5			
抗压强度/MPa,≥	5(内隔墙);7.5(外墙)			
单点吊挂力/N,≥	1 200			
抗冲击性能/次,≥	5			
空气声计权隔声量/dB,≥	40	40	45	45
耐火极限/h,≥	1(内隔墙);2(外墙)		2	2
传热系数/[W/(m²·K)],≤	—	2.0	2.0	1.5
抗冻性	F25			

续表

项目	指标			
	板厚90mm	板厚120mm	板厚150mm	板厚180mm
放射性	内照射指数I_{Ra}≤1.0；外照射指数I_r≤1.3			
抗渗性	水面下降高度≤18mm			
抗冻性	F25			
节点连接承载力/kN，≤	—	2.0	2.0	1.5

注 1. 抗冻性、节点连接承载力仅对外墙做要求，内墙不做要求。
2. 混凝土轻质条板用于清水墙时，外墙混凝土轻质条板应满足抗渗性能。
3. 本表根据《混凝土轻质条板》（JG/T 350—2011）整理而成。

表3-118 外墙混凝土轻质条板抗弯荷载分级

分级代号	1	2	3	4	5	6
分级指标值	≥2000	≥2500	≥3000	≥3500	≥4000	≥4500

3.3.4 建筑用轻质隔墙条板

建筑用轻质隔墙条板是以石膏、水泥为胶凝材料，以炉渣、粉煤灰等工业废渣为集料，蒸压养护而成的面密度不大于190kg/m²，长宽比不小于2.5的预制轻质墙板。轻质条板具有质轻、高强、环保、保温、隔热、隔音、调温、调湿、防火、施工方便等特点，主要用于框架结构非承重内隔墙。轻质条板的两侧设有榫头、榫槽和接缝槽。根据板材内部构造形式，分为实心墙板、空心墙板和复合条板三种类型。建筑用轻质隔墙板材如图3-9所示。

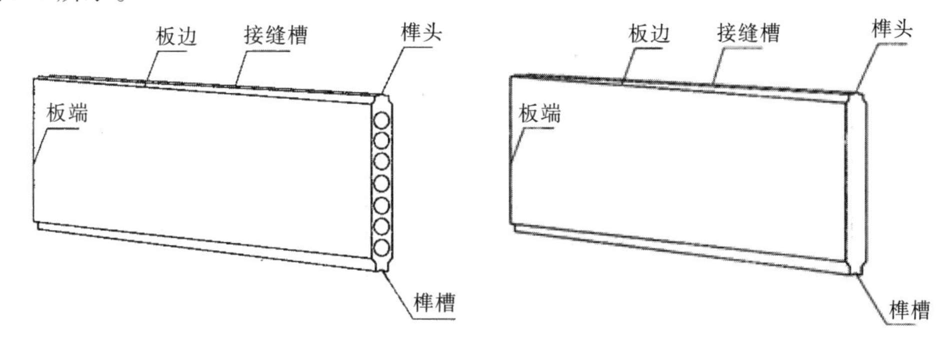

图3-9 建筑用轻质隔墙板材

建筑用轻质隔墙条板的产品分类如表3-119所示。

表3-119 建筑用轻质隔墙条板的产品分类

产品分类	特征
实心条板	无孔洞的轻质条板
空心条板	沿板材长度方向留有若干贯通孔洞的轻质条板
复合条板	由两种或两种以上不同功能材料复合而成的轻质条板
保温板	保温隔热性能好的轻质条板（传热系数小于2.0）

（1）尺寸规格。建筑用轻质隔墙条板的宽度为600mm，常见厚度为90mm、120mm、150mm、180mm等。长度应根据设计确定，一般为建筑净高高度，即建筑层高减去楼板顶部结构构件（楼板或梁）的厚度，不宜超过3.3m，常见高度为2.2~3.5m。另外，轻质墙板的安装高度与厚度有关（表3-121）。建筑用轻质隔墙条板的主要尺寸规格如表3-120所示。

表3-120 建筑用轻质隔墙条板的尺寸规格及尺寸偏差

项 目	主要尺寸/mm	尺寸偏差/mm
长度L	≤3300	±5
宽度B	600	±2
厚度T	60、90、120、180	±1.5
板面表面平整	—	≤2
对角线差	—	≤6
侧向弯曲	—	≤L/1 000

注 本表根据《建筑用轻质隔墙条板》（GB/T 23451—2009）整理而成。

表3-121 建筑用轻质墙板的安装高度与厚度的对应关系

单层条板厚度/mm	最大安装高度/mm
90、100	3600
120、125	4500
150	4800
180	5400
—	≤6
—	≤L/1000

注 本表根据《建筑轻质条板隔墙技术规程》（JGJ/T 157—2014）整理而成。

（2）外观质量。建筑用轻质隔墙板材的外观质量应满足表3-122的要求。

表3-122 建筑用轻质隔墙条板的外观质量

项 目	指 标		
	实心板	空心板	复合板
板面外露筋、纤；飞边毛刺；板面泛霜；板的横向、纵向、厚度方向贯通裂缝	无	无	无
面层脱离	—	—	无
板面裂缝，长度50~100mm，宽度0.5~1.0mm，≤	2处/板	2处/板	2处/板
蜂窝气孔，长径5~30mm，≤	3处/板	3处/板	3处/板
缺棱掉角，宽度×长度10mm×25mm~20mm×30mm，≤	2处/板	2处/板	2处/板
壁厚/mm，≥	—	12	—

注 本表根据《建筑用轻质隔墙条板》（GB/T 23451—2009）整理而成。

（3）主要技术指标。建筑用轻质隔墙板材的主要技术指标如表3-123所示。

表3-123 建筑用轻质隔墙条板的主要技术指标

项目		指标		
		板厚90mm	板厚120mm	板厚150mm
面密度/（kg/m²），≤		90；85（保温板）	110；100（保温板）	110（保温板）
抗冲击性能		经5次抗冲击试验后，板面无裂纹		
抗弯承载（板自重倍数），≥		1.5		
软化系数，≥		0.80		
抗压强度/MPa，≥		3.5		
软化系数，≥		0.80（防水石膏条板不小于0.60；普通石膏条板不小于0.40）		
含水率/%，≤		12；8（保温板）		
干燥收缩值/（mm/m），≤		0.6		
吊挂力		荷载1 000N静置24h，板面无宽度超过0.5mm的裂缝		
抗冻性		不得出现可见的裂痕且表面无变化		
空气声计权隔声量，≥		30	35	40
耐火极限/h，≥		1		
燃烧极限性能		A1或A2级		
传热系数/[W/（m²·K）]，≤		2.0		
放射性	内照射指数I_{Ra}，≤	1		
	外照射指数I_r，≤	1（实心板）；1.3（空心板，空心率>25%）		

注 本表根据《建筑用轻质隔墙条板》（GB/T 23451—2009）和《建筑隔墙用保温条板》（GB/T 23450—2009）整理而成。

（4）企业产品性能。部分轻质隔墙厂家生产的产品性能如表3-124所示。

表3-124 部分轻质隔墙厂家生产的产品性能

产品名称	尺寸规格（长×宽）/（mm×mm）	原材料	主要性能	使用场所	厂家名称
节能环保型隔墙板KSC板	6000×90（Ⅰ型）	普通水泥、工业废渣、建筑废渣、粉煤灰	密度：96.9kg/m³；抗弯承载力：1.7 抗压强度：8.7MPa；软化系数：0.92 空气声隔声量：43dB；含水率：8.7% 干燥收缩值：0.41mm/m 放射性：I_{Ra}=0.4；I_r=0.4	内隔墙	杭州富丽华建材有限公司
节能环保型隔墙板KSC板	6000×120（Ⅱ型）		密度：132kg/m³；抗弯承载力：3.3 抗压强度：8.5MPa；软化系数：0.91 空气声隔声量：47dB；含水率：7.7% 干燥收缩值：0.42mm/m 耐火极限：2.87h 放射性：I_{Ra}=0.4；I_r=0.4		

3.3.5 纤维水泥夹芯复合墙板

纤维水泥夹芯复合墙板是以硅酸钙板、纤维增强水泥板等薄板作为面层，以水泥（硅酸钙、石膏）聚苯颗粒或膨胀珍珠岩等轻集料混凝土、发泡混凝土、加气混凝土为芯材，复合而成的实心轻质墙板。这种复合板材具有自重轻、隔声绝热性能好、施工速度快的特点，可作为建筑外墙、分户墙和内隔墙。

（1）尺寸规格。纤维水泥夹芯复合墙板的长度为建筑层高减去楼板顶部结构构件（楼板或梁）的厚度，宽度为3*M*的倍数，最小厚度为60mm，以*M*/10递增（*M*为建筑基本模数，即“100mm”）。常见尺寸规格如表3-125所示。

表3-125 纤维水泥夹芯复合墙板的尺寸规格及尺寸偏差

项　目	主要尺寸/mm	尺寸偏差/mm	项　目	主要尺寸/mm	尺寸偏差/mm，≤
长度*L*	按设计	±5	板面表面平整	—	2
宽度*B*	600、900	±2	对角线差	—	8
厚度*T*	60、90、120、150	±1	侧向弯曲	—	3

注　本表根据《纤维水泥夹芯复合墙板》（JC/T 1055—2007）整理而成。

（2）外观质量。纤维水泥夹芯复合墙板的外观质量应满足表3-126的要求。

表3-126 纤维水泥夹芯复合墙板的外观质量

项　目	指　标
板面外露筋纤；飞边毛刺；面板和夹芯层处裂缝；板的横向、纵向、侧向方向贯通裂缝	不允许
板面裂缝，长度50~100mm，宽度0.5~1.0mm	不大于2处/板
缺棱掉角，宽度×长度10mm×25mm~20mm×30mm	不大于2处/板

注　本表根据《纤维水泥夹芯复合墙板》（JC/T 1055—2007）整理而成。

（3）主要技术指标。纤维水泥夹芯复合墙板的主要技术指标如表3-127所示。

表3-127 纤维水泥夹芯复合墙板的主要技术指标

项　目	指　标	
	板厚90mm	板厚120mm
面密度/（kg/m²），≤	85	110
抗冲击性能	经5次抗冲击试验后，板面无裂纹	
抗弯承载（板自重倍数），≥	1.5	
软化系数，≥	0.80（石膏条板不小于0.60）	
抗压强度/MPa，≥	3.5	
软化系数，≥	0.80（防水石膏条板不小于0.60；普通石膏条板不小于0.40）	
含水率/%，≤	8	
干燥收缩值/（mm/m），≤	0.6	
吊挂力/N，≥	1000	
空气声计权隔声量，≥	40	45
耐火极限/h，≥	1	
导热系数/［W/（m·K）］，≤	0.35	
放射性	内照射指数 I_{Ra}≥1；外照射指数 I_r≥1	

注　本表根据《纤维水泥夹芯复合墙板》（JC/T 1055—2007）整理而成。

(4)企业产品性能。部分厂家生产的复合墙板产品性能如表3-128所示。

表3-128 部分厂家生产的复合墙板产品性能

产品名称	尺寸规格(长×宽×高)/(mm×mm×mm)	原材料	主要性能	厂家名称
"沪邦"牌轻质节能复合墙板	2270(2440)×610×60	薄型纤维水泥或硅酸钙板为面板,中间填充陶粒混凝土等轻质芯材复合而成	密度:49.4kg/m³;抗压强度:6.5MPa 吊挂力:1000N;含水率:9% 空气声隔声量:32dB;耐火极限:90min 传热系数:2.33W/(m²·K);放射性:I_{Ra}=0.1,I_r=0.2	浙江奥邦建材有限公司
	2270(2440)×610×90		密度:65.4kg/m³;抗压强度:4.3MPa 吊挂力:1000N;含水率:6.6% 空气声隔声量:42dB;耐火极限:180min 传热系数:1.89W/(m²·K);放射性:I_{Ra}=0.1,I_r=0.3	
	2270(2440)×610×120		密度:75.4kg/m³;抗压强度:4.2MPa 吊挂力:1000N;含水率:4.6% 空气声隔声量:46dB;耐火极限:240min 传热系数:1.27W/(m²·K);放射性:I_{Ra}=0.1,I_r=0.2	
	2270(2440)×610×150		密度:90.5kg/m³;抗压强度:4.8MPa 吊挂力:1000N;含水率:4.8% 空气声隔声量:48dB;传热系数:1.08W/(m²·K) 放射性:I_{Ra}=0.1;I_r=0.2	

3.3.6 复合保温石膏板

复合保温石膏板是用聚苯乙烯泡沫塑料与纸面石膏板用胶粘剂黏合而成的,用于建筑内保温的复合保温板材。按纸面石膏板的类型,分为普通型(P)、耐水型(S)、耐火型(H)和耐水耐火型(SH)四种。按保温材料的类型,分为模塑聚苯乙烯泡沫塑料(E)和挤塑聚苯乙烯泡沫塑料(X)两种。复合保温石膏板具有较好的保温隔热性能,可应用于新建建筑及改建外围护结构的内保温。复合保温石膏板如图3-10所示。

图3-10 复合保温石膏板示意图

(1)尺寸规格。复合保温石膏板的主要尺寸规格如表3-129所示。

表3-129 复合保温石膏板的尺寸规格及尺寸偏差

项目		主要尺寸/mm	尺寸偏差/mm
长度L	石膏板面	1200、1500、1800、2100、2400、2700、3000、3300、3600	-6~0
	保温板面		-2~+10
宽度B	石膏板面	600、900、1200	-5~0
	保温板面		-2~+6
厚度H		板材的厚度根据设计确定	±2.0
对角线差	石膏板面	—	≤5
	保温板面	—	≤13
边部错位	长度方向	—	-5~+8
	宽度方向	—	±5

注 本表摘自《复合保温石膏板》(JC/T 2077—2011)。

(2)外观质量。复合保温石膏板的纸面石膏板板面平整,不应有影响使用的波纹、沟槽、亏料、漏料和划伤、破损、污痕等缺陷。保温材料表面平整、无夹杂物、颜色均匀,没有影响使用的起泡、裂口、变形等缺陷。

(3)主要技术指标。复合保温石膏板的物理力学性能如表3-130所示。

表3-130 复合保温石膏板的主要技术指标

项目	主要技术指标					
	石膏板厚 9.5mm	石膏板厚 12.0mm	石膏板厚 15.0mm	石膏板厚 18.0mm	石膏板厚 21.0mm	石膏板厚 25.0mm
面密度/(kg/m²)	≤10.5	13.0	16.0	19.0	22.0	26.0
横向断裂荷载/N	≥180	220	270	320	370	440
层间黏结强度/MPa,≥	0.035					
热阻/[(m²·K)/W]	根据计算或测量					
燃烧性能	不低于C级					

注 本表根据《复合保温石膏板》(JC/T 2077—2011)整理而成。

(4)企业产品。复合保温石膏板的产品性能如表3-131所示。

表3-131 复合保温石膏板的产品性能

产品名称	尺寸规格/(mm×mm×mm)	边型	耐火极限/min	当量导热系数	品牌
适能板(EPS)	石膏板:3000(2400)×1200×9.5 EPS:25~50	楔形边	7	0.053~0.047	圣戈班
	石膏板:3000(2400)×1200×12 EPS:25~50	楔形边	7	0.056~0.048	圣戈班
适能板(XPS)	石膏板:3000(2400)×1200×9.5 XPS:20~50	楔形边	7	0.040~0.035	圣戈班
	石膏板:3000(2400)×1200×12 XPS:20~50	楔形边	7	0.043~0.036	圣戈班

3.3.7　纤维增强硅酸钙板

纤维增强硅酸钙板是以无机矿物纤维或纤维素纤维等松散纤维为增强材料，以硅质材料（如硅藻土、石英粉、粉煤灰等）、钙质材料（如生石灰、消石灰、电石渣、水泥等）为主要胶凝材料，经成型、高温高压养护形成的硅酸钙凝胶体制成的建筑板材，通常又称为“硅钙板”。硅钙板具有质轻、防火、隔热、防潮等特点，主要用于建筑内外墙板、吊顶等部位。根据所用纤维品种不同，分为无石棉硅酸钙板和温石棉硅酸钙板两种；根据蒸压养护后是否经过表面砂光平整处理，可以分为未砂板（NS）、单面砂光板（LS）和双面砂光板（PS），具体如表3-132所示。

表3-132　纤维增强硅酸钙板的产品类型

分类方式	产品类型	产品特征
纤维品种	温石棉硅酸钙板	以单一温石棉纤维或其他增强纤维混合作为增强材料，制品中含有温石棉成分
	无石棉硅酸钙板	制品中不含石棉成分
表面处理情况	未砂板（NS）、单面砂光板（LS）和双面砂光板（PS）	

（1）尺寸规格。纤维增强硅酸钙板的常用尺寸规格如表3-133所示。除此以外，还可以按照建筑模数要求选择，或由供需双方协商确定。

表3-133　纤维增强硅酸钙板的尺寸规格及尺寸偏差

项　目		主要尺寸/mm	尺寸偏差/mm		
			NS	LS	PS
边长 L		500、600、900	±2		
		1200、2400、2440	±3		
		2980、3200、3600	±5		
宽度 B		500、600、900	-3~0		
		1200、1220、1250	±3		
厚度方向	厚度/mm	4、5、6、8、9、10、12、14、16、18、20、25、30、25	±0.5	±0.4	±0.3
	不均匀度/%	—	≤5	≤4	≤3
对角线差		长度小于1200	≤3		
		长度1200~2400	≤5		
		长度大于2440	≤8		
平整度		—	≤2	≤0.5	≤0.5

注　本表根据《纤维增强硅酸钙板》（JC/T　564—2008）整理而成。

（2）外观质量。纤维增强硅酸钙板的外观质量应满足表3-134的要求。

表3-134　硅酸钙板的外观质量

项　目	质量要求
正表面	不得有裂纹、分层、脱皮，砂光面不得有未砂部分
背面	砂光板未砂面积小于总面积的5%
掉角	长度方向不大于20mm，宽度方向不大于10mm，且一张板不大于1个
掉边	掉边深度不大于5mm

注　本表根据《纤维增强硅酸钙板》（JC/T 564—2008）整理而成。

（3）密度等级和强度等级。纤维增强硅酸钙板根据密度不同，分为D0.8、D1.1、D1.3、D1.5四个等级。根据抗折强度分为Ⅰ、Ⅱ、Ⅲ、Ⅳ、Ⅴ五个强度等级。其中，无石棉硅酸钙板的强度等级分为Ⅱ、Ⅲ、Ⅳ、Ⅴ四个等级。

（4）主要技术指标。纤维增强硅酸钙板的主要技术指标包括密度、导热系数、含水率、湿胀干缩、燃烧性、抗冲击性、不透水性、抗冻性等，具体如表3-135所示。

表3-135　硅酸钙板的主要技术指标

项　目		主要技术指标			
密度等级		D0.8	D1.1	D1.3	D1.5
密度/（g/cm²）		≤0.95	0.95<*D*≤1.20	1.20<*D*≤1.40	>1.40
强度等级	Ⅰ级	—	4	5	6
	Ⅱ级	5	6	8	9
	Ⅲ级	6	8	10	13
	Ⅳ级	8	10	12	16
	Ⅴ级	10	14	18	22
纵横强度比/%，≥		58			
导热系数/[W/（m·K）]，≤		0.20	0.25	0.30	0.35
含水率/%，≤		10			
湿涨率/%，≤		0.25			
热收缩率/%，≤		0.50			
不燃性		A级　不燃材料			
抗冲击性		落球法试验冲击1次，板面无贯通裂纹（D0.8、D1.1、D1.3不做要求）			
不透水性		24h检验后允许板反面出现湿痕，但不得出现水滴（D0.8、D1.1、D1.3不做要求）			
抗冻性		经25次冻融循环，不得出现破裂、分层（D0.8、D1.1、D1.3不做要求）			

注　1. 无石棉硅酸钙板对抗冲击性不做要求。

2. 本表根据《纤维增强硅酸钙板》（JC/T 564—2008）整理而成。

(5)企业产品性能。部分企业生产的硅酸钙板的性能如表3-136所示。

表3-136 部分企业生产的硅酸钙板的性能

产品名称	尺寸规格/(mm×mm×mm)	产品性能	厂家名称
硅酸钙板	2440×1220×(4.5~20) 3050×1220×(4.5~20)	密度:1.2~1.4g/cm^3;抗折强度大于10MPa 抗冲击性大于3;湿胀率小于0.25%;耐火等级:A1级	宁波易和绿色板业有限公司
海龙纤维增强硅酸钙板	2440×1220×(4~20) 2400×1200×(4~20) 3050×1220×(5~18) 3660×1220×(5~18)	密度:0.9~1.2g/cm^3;抗折强度大于10MPa 螺钉拔出力不小于70N/mm;导热系数:0.29W/(m·K) 含水率小于10%;耐火等级:A级;放射性:A级	浙江海龙新型建材有限公司
		密度:1.2~1.4g/cm^3;抗折强度大于12MPa 螺钉拔出力不小于70N/mm;导热系数:0.3W/(m·K) 含水率小于10%;耐火等级:A级;放射性:A级	
台荣倚天板、巧天板	2440×1220×(5~20) 2400×1200×(5~20)	密度:1.2~1.4g/cm^3;出厂含水率小于10% 抗折强度大于16MPa;隔声量:45~55dB 导热系数小于0.3W/(m·K);湿胀率小于0.25% 干缩率小于0.09%;耐火等级:A级;放射性:A级	台荣建材(湖州)有限公司
台荣幻天板(不含石棉)	2440×1220×(5~20) 2400×1200×(5~20)	密度:1.1~1.3g/cm^3;抗折强度大于15MPa 隔声量:45~55dB;导热系数小于0.3W/(m·K) 湿胀率小于0.25%;干缩率小于0.09% 耐火等级:A级;放射性:A级	台荣建材(湖州)有限公司

3.3.8 无石棉纤维水泥板

纤维水泥板是以有机合成纤维、无机矿物纤维或纤维素纤维为增强材料,以水泥为主要胶凝材料,经制浆、成型、蒸压养护而成的建筑板材。纤维水泥平板具有轻质高强、防火隔热、防水防潮、防虫防霉、施工简单等特点,主要作为建筑吊顶、建筑墙板等。纤维水泥平板有不同类型(表3-137),按照所用纤维品种不同,可以分为温石棉纤维水泥平板和无石棉纤维水泥平板。按照密度不同,分为低密度板(L)、中密度板(M)和高密度板(H)。除高密度板及中密度板外,低密度板不能用于受太阳、雨水和雪等直接作用的建筑部位。按照水泥板成型后是否加压,可以分为压力板和非压力板。其中,高密度板属于压力板,中密度板和低密度板属于非压力板。根据使用水泥品种不同,可以分为普通水泥板和低碱度水泥板。近年来,又出现了可以直接用于外墙的装饰性挂板。

石棉纤维具有良好的防火、保温隔热性能,但微小的纤维被吸入人体后会导致石棉肺等,危害人体健康。因此,以石棉为原材的产品在浙江省属于禁止使用的产品。无石棉纤维水泥平板是非石棉类无机矿物纤维、有机合成纤维或纤维素纤维等非石棉类纤维为增强材料,以水泥或水泥和硅质、钙质材料为基材,经制浆、成型、养护而成的不含石棉纤维的水泥平板。根据纤维品种不同,分为纤维增强低强度水泥板、维纶纤维增强水泥平板、无石棉纤维素纤维水泥平板、玻璃纤维增强水泥板等。纤维水泥平板的分类如表3-137所示,无石棉纤维水泥平板的产品类型,如表3-138所示。

表3-137　纤维水泥平板的分类

分类依据	类　型	特　征
纤维品种不同	温石棉纤维水泥平板	温石棉纤维为主要增强材料制成的水泥平板
	无石棉纤维水泥平板	纸浆、木屑、玻璃纤维等无机矿物纤维、有机合成纤维或纤维素纤维等非石棉类纤维为增强材料，如玻璃纤维增强水泥板、维纶纤维增强水泥平板
密度不同	高密度板 *H*	0.8~1.1g/cm^3，板坯成型后经压力机加压
	中密度板 *M*	1.1~1.4g/cm^3，板坯成型后没有经过压力机加压
	低密度板 *L*	1.4~1.7g/cm^3，板坯成型后没有经过压力机加压
是否加压	压力板	高密度板
	非压力板	中密度板、低密度板
水泥品种不同	普通水泥板	用普通水泥为胶凝材料
	低碱度水泥板	用低碱度硫酸盐水泥为胶凝材料，如纤维增强低碱度水泥建筑平板

表3-138　无石棉纤维水泥平板的产品类型

产品类型	产品特征	产品分类
无石棉纤维增强低强度水泥板	以短切中碱玻璃纤维、抗碱玻璃纤维为增强材料，以低碱度硫铝酸盐水泥为胶凝材料制成的纤维水泥板	一等品、合格品
维纶纤维增强水泥平板	以改性维纶纤维、高弹模维纶纤维为增强材料，以水泥或水泥和轻集料为胶凝材料制成的纤维水泥板	A型板、B型板
无石棉纤维素纤维水泥平板CCA	以纤维素纤维为增强材料，以水泥、钙质、硅质材料为胶凝材料制成的不含石棉的纤维水泥板	低密度板、中密度板、高密度板
玻璃纤维增强水泥板	以耐碱玻璃纤维为增强材料，以水泥为胶凝材料，混合砂子等集料制成的纤维水泥板	外墙板、内墙板

(1)尺寸规格。无石棉纤维水泥平板的主要尺寸规格如表3-139所示，其他尺寸可根据建筑模数或双方协商确定。

表3-139　无石棉纤维水泥平板的尺寸规格及尺寸偏差

项　目	主要尺寸/mm	尺寸偏差/mm	
边长/mm	600~3600	<1200	±3
		1200~2400	±5
		>2440	±8
宽度/mm	600~1250	≤1200	±3
		>1200	±5
厚度/mm	3~30	<8	±0.5
		8~20	±0.8
		>20	±1.0
厚度不均匀度/%	—	≤6	

续表

项　目	主要尺寸/mm	尺寸偏差/mm
边缘直线度/mm	<1200	≤2
	≥1200	≤3
边缘垂直度/(mm/m)	—	≤3
对角线差/mm	—	≤5

注　本表根据《纤维水泥平板》(第一部分:无石棉纤维水泥平板)(JC/T 412.1—2006)整理而成。

(2)外观质量。无石棉纤维水泥平板的表观质量如表3-140所示。

表3-140　无石棉纤维水泥平板的外观质量

项　目	指　标
板面正表面应平整、边缘整齐,不得有裂纹、分层、脱皮等	不允许
每张板的掉角个数,长度方向不大于20mm,宽度方向不大于10mm	≤1

注　本表根据《纤维水泥平板》(第一部分:无石棉纤维水泥平板)(JC/T 412.1—2006)整理而成。

(3)力学性能。无石棉纤维水泥平板根据抗折强度分为Ⅰ、Ⅱ、Ⅲ、Ⅳ、Ⅴ五个等级,其在气干状态和吸水饱和状态下的抗折强度如表3-141所示。

表3-141　无石棉纤维水泥平板的物理性能

项　目	无石棉纤维水泥平板	
	抗折强度	
	气干状态	饱水状态
Ⅰ级	4	—
Ⅱ级	7	4
Ⅲ级	10	7
Ⅳ级	16	13
Ⅴ级	22	18

注　本表摘自《纤维水泥平板》(第一部分:无石棉纤维水泥平板)(JC/T 412.1—2006)。

(4)不同石棉纤维水泥板的主要技术指标。不同无石棉纤维水泥平板的主要技术指标如表3-142所示。

表3-142　不同无石棉纤维增强水泥平板的技术指标对比

项　目	无石棉纤维增强低强度水泥板		维纶纤维增强水泥平板		无石棉纤维素纤维水泥平板(CCA)			玻璃纤维增强水泥外墙板
	一等品	合格品	A型板	B型板	低密度	中密度	高密度	
密度/(kg/m^3)	<1.8	<1.6	1.6~1.9	0.9~1.2	0.8~1.1	1.1~1.4	1.4~1.7	≥1.8
强度等级	Ⅲ级	Ⅱ级	Ⅲ级	Ⅱ级	Ⅱ级	Ⅲ级	Ⅳ级	—
抗折强度/MPa,≥	13.5	7	13	8	7	12	18	18(抗弯)
抗冲击强度/MPa,≥	1.9	1.5	2.6	2.7	—	—	—	8

续表

项　目	无石棉纤维增强低强度水泥板		维纶纤维增强水泥平板		无石棉纤维素纤维水泥平板(CCA)			玻璃纤维增强水泥外墙板
	一等品	合格品	A型板	B型板	低密度	中密度	高密度	
吸水率/%,≤	30	32	20	—	—	40	25	14
含水率/%,≤	12(仅低密度板有要求)							
不透水性	24h检验后允许板反面出现湿痕,但不得出现水滴(仅中密度板、高密度板有要求)							
湿胀率	压蒸养护制品≤0.25 蒸汽养护制品≤0.50				≤0.23			≤0.15
不燃性	不燃性:A级							
抗冻性	经25次冻融循环,不得出现裂纹、分层(仅高密度板有要求)							

(5)企业产品。部分企业生产的无石棉纤维增强水泥板的性能如表3-143所示。

表3-143　部分企业生产的无石棉纤维增强水泥板的性能

产品名称	尺寸规格/mm	产品性能	应用场所	厂家名称
中密度CCA板	长度:2440 宽度:1220 厚度:4~16	密度:1.3g/cm³;吸水率:2.9% 湿胀率:0.2%;不燃烧性:A1级 不透水性:24h后板面无水滴出现 抗折强度:15MPa(气干状态) 放射性:A类装修,不含石棉	隔墙墙板、吊顶、穿孔吸声板、包覆材料	浙江汉德邦建材有限公司
微压板	长度:2440 宽度:1220 厚度:6、8、10	密度:1.44g/cm³;吸水率:28% 湿胀率:0.17%;不燃烧性:A1级 不透水性:24h后板面无水滴出现 抗折强度:14MPa(气干状态) 抗冻性:25次冻融循环无破裂分层 放射性:A类装修,不含石棉	外墙外保温装饰面板、衬板	浙江汉德邦建材有限公司
高密度板	长度:2440 宽度:1220 厚度:4~30	密度:1.64g/cm³;吸水率:17.8% 湿胀率:0.15%;不燃烧性:A1级 不透水性:24h后板面无水滴出现 抗折强度:20.14MPa(气干状态) 抗冻性:25次冻融循环无破裂分层 放射性:A类装修,不含石棉	外墙、内墙装饰、地板、衬板、护壁板、户外家具板	浙江汉德邦建材有限公司
海龙纤维水泥板	2440×1220×(4~20) 2400×1200×(4~20) 3050×1220×(5~18) 3660×1220×(5~18)	密度:1.1~1.4g/cm³;吸水率不大于35% 不透水性:24h后板面无水滴出现 抗折强度不小于14MPa;不燃烧性:A级 抗冻性:25次冻融循环无破裂分层 放射性:A类装修,不含石棉	外墙板、内墙板、吊顶、穿孔吸声板	浙江海龙新型建材有限公司
		密度:1.4~1.7g/cm³;吸水率不大于26% 不透水性:24h后板面无水滴出现 抗折强度不小于18MPa;不燃烧性:A级 抗冻性:25次冻融循环无破裂分层 放射性:A类装修,不含石棉	外墙板、内墙板、吊顶、穿孔吸声板	浙江海龙新型建材有限公司

续表

产品名称	尺寸规格/mm	产品性能	应用场所	厂家名称
水泥纤维板	1220×(2440~3050)×(4.5~20)	密度:1.2~1.4g/cm³;湿胀率不大于0.25% 不透水性:24h后板面无水滴出现 抗折强度不小于10MPa 抗冲击性不小于4MPa 抗冻性:25次冻融循环无破裂分层 不燃烧性:A级	室内隔墙、吊顶、穿孔吸声板	宁波易和绿色板业有限公司

3.3.9 木塑复合板

木塑复合材料(Wood-Plastic Composites,WPC)是近年蓬勃兴起的一种新型复合材料,利用聚乙烯、聚丙烯和聚氯乙烯等塑料,与木粉、稻壳、秸秆等废弃植物纤维混合,再经挤压、模压成型的板材或型材,主要用于建材、家具等行业用来替代实木。木塑复合材料在室外建筑小品和建筑中应用最为广泛,占到木塑复合用品总量的75%以上。WPC建筑制品类别及主要用途如表3-144所示。

木塑复合材料具有良好的加工性能,可锯、可钉、可刨并可根据需要,制成任意形状和尺寸。握钉力是木材的3倍、刨花板的5倍,明显优于其他合成材料。木塑复合材料弹性好、硬度高。表面硬度是木材的2~5倍,具有与硬木相当的抗压、抗弯曲等性能,其耐用性明显优于普通木质材料。木塑复合材料与木材相比,可抗强酸强碱、耐水、耐腐蚀、耐老化,并且不繁殖细菌,不易被虫蛀、不长真菌。吸水率小,不会吸水变形。使用寿命长,可达50年以上。通过添加助剂,塑料可以发生聚合、发泡、固化、改性等改变,从而改变木塑材料的密度、强度等特性,还可以达到抗老化、防静电、阻燃等特殊要求。木塑复合材料可100%回收再生产,不会造成"白色污染",是真正的绿色环保产品。原料来源广泛,生产木塑复合材料的塑料原料主要是高密度聚乙烯或聚丙烯,木质纤维可以是木粉、谷糠或木纤维。其中,木质纤维比例可达70%以上。目前,浙江省已有30多家木塑生产厂家,主要以室外建筑小品为主。木塑复合材料建造的园林建筑如图3-11所示。

图3-11 木塑复合材料建造的园林建筑

表3-144 WPC建筑制品类别及主要用途

使用场所	类　别	主要用途
室外建筑小品	花架、走廊	—
	户外凉亭、报刊亭、停车棚	—
	扶手栏杆	—
	地面铺板	露台、亲水平台、栈道、桥板、步道
	标志牌	标志牌、指示牌、宣传栏
	园林小品	花箱、垃圾桶、树池、篱笆、座椅
建筑单体	外墙挂板	外墙装饰板
	铺板	室内、露台、阳台、顶板
	隔墙、隔断	墙板
	门窗框	门窗
	遮阳板	—
	装饰板、线条、线脚	—
	整体式建筑	包括屋顶、墙体等
	家具	—

1. 室外铺板工程用木塑复合板

木塑复合材料作为室外铺地材料和扶手栏杆最为普遍，用量也最大。为避免地面积水，铺设前地面需用混凝土或水泥砂浆找平，形成不小于1%~3%的排水坡度。如地面平整度差，可用经过防腐处理的木块垫平，同时还需要用砂浆对垫块和龙骨进行固定和保护。龙骨间距不宜大于400mm，通常为250~400mm，龙骨距离顶端50mm处和地板对接处用膨胀螺钉固定。地板长度一般不超过2 100mm。与垂直墙面接触时，应保留5mm变形缝，并用密封胶填充。木塑复合材料可以做出任何木质亭廊和花架的效果，包括各类四角亭、六角亭、八角亭以及各式各样的花架。木塑复合材料还可以与钢化玻璃、有机玻璃等其他材料组合应用。木塑铺板分为A、B、C三级，根据人流密度选择不同类型。A级用于高密集人流场所或悬空时使用；B级用于一般公共场所；C级用于家庭或类似场所。室外铺板工程用木塑复合板的性能指标如表3-145所示。

表3-145 室外铺板工程用木塑复合板的性能指标

项　目		指　标		
		A级	B级	C级
摩擦系数		0.60（坡面不小于0.80）		
抗冲击韧性/（kJ/m²），≥		14.5	13	11.5
抗弯性能/MPa	弯曲弹性模量，≥	2600	2300	2000
	弯曲强度，≥	30	26	22
握螺钉力/N，≥		5000		
线性热膨胀/%，≤		0.8	1.0	1.2
吸水厚度膨胀率/%，≤		0.6	0.8	1.0
耐磨性/（q/100r），≤		0.08	0.10	0.15

续表

项　目	指　标		
	A级	B级	C级
耐霉菌性/级	不低于GB/T 1741—2007的1级		
抗藻性/级	不低于GB/T 21353—2008的1级		
蠕变回复率/%,≥	75		
抗冻融性能	冻融循环10次,板面不得出现分层和龟裂等破坏现象,抗弯强度保留率不低于80%		
抗低温冲击韧性	试件和基准件的抗冲击韧性比值不低于80%		

木塑复合材料型材(由金磊木塑提供)如图3-12所示。

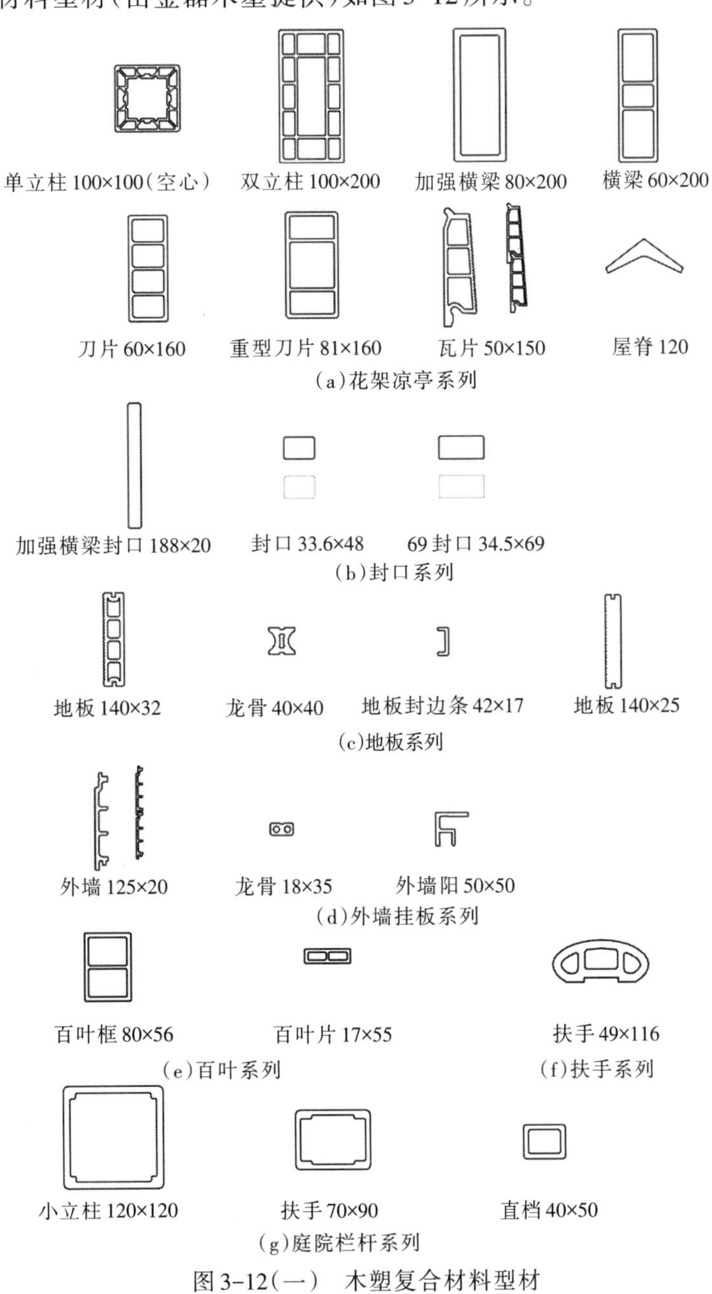

图3-12(一)　木塑复合材料型材

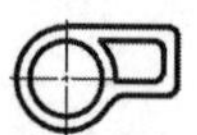

采用PVC不发泡
木塑档160×96

采用PVC不发泡
木塑档239×81

(h)庭院长椅系列

图3-12(二) 木塑复合材料型材

木塑复合材料制作的建筑小品——凉亭系列(由金磊木塑提供)如图3-13所示。

(a)八角凉亭平面图

(b)八角凉亭剖面图

八角凉亭立面图

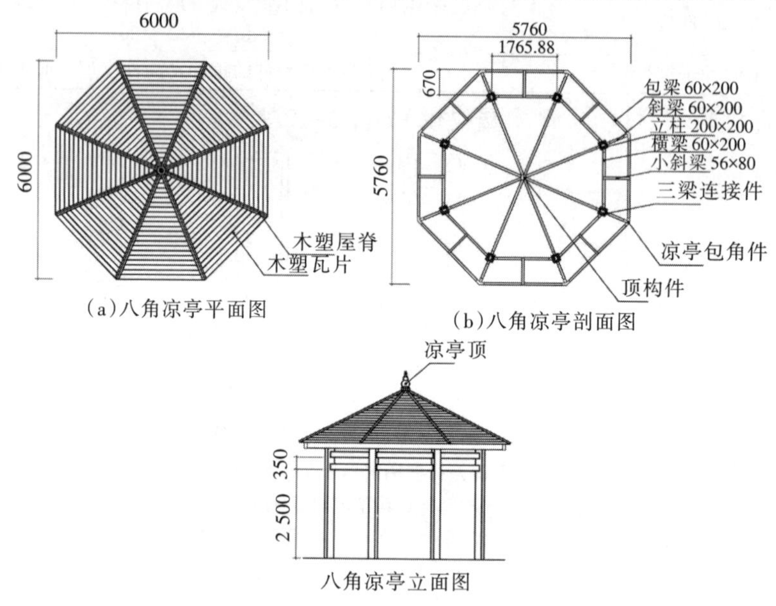

图3-13 木塑复合材料制作的建筑小品(1)

注:(b)图中斜梁坡度22°,瓦片坡度26.8°。

木塑复合材料建造的建筑小品(2)(由金磊木塑提供),如图3-14所示。

栏杆一立面构造图

栏杆一剖面示意图

栏杆二立面构造图

栏杆二剖面示意图

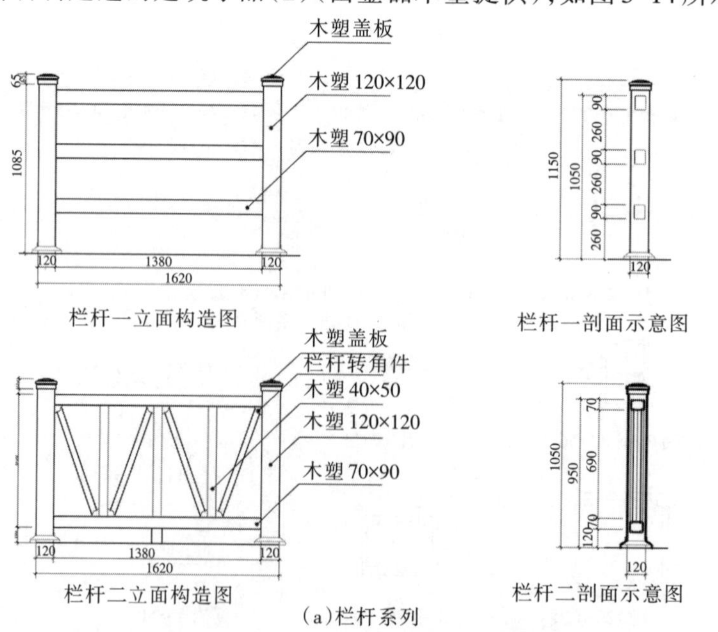

(a)栏杆系列

图3-14(一) 木塑复合材料建造的建筑小品(2)

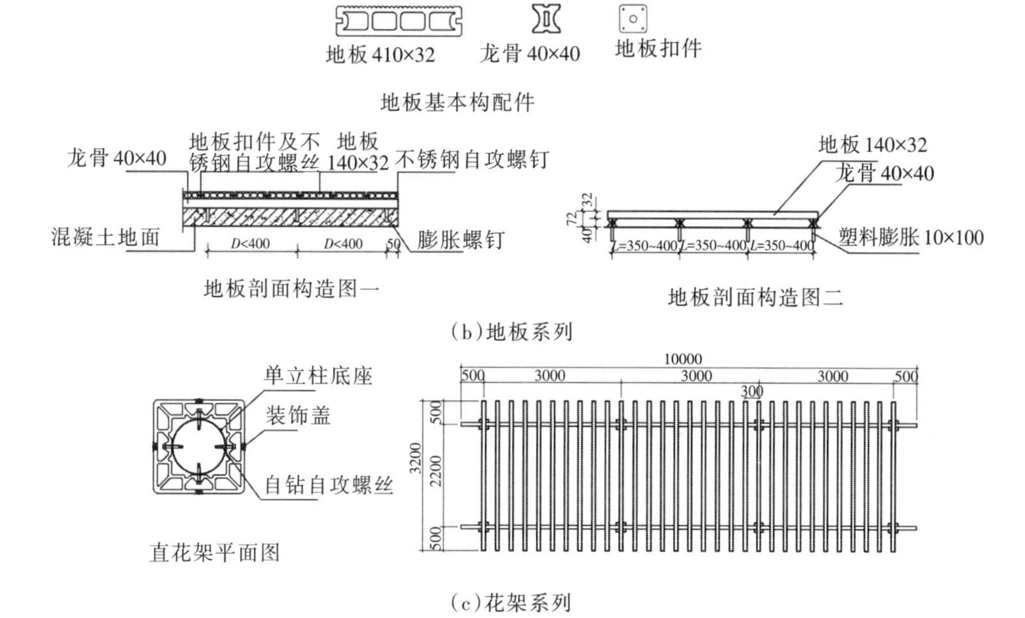

图3-14（二）　木塑复合材料建造的建筑小品（2）

木塑复合材料建造的建筑小品（3）（由金磊木塑提供）如图3-15所示。

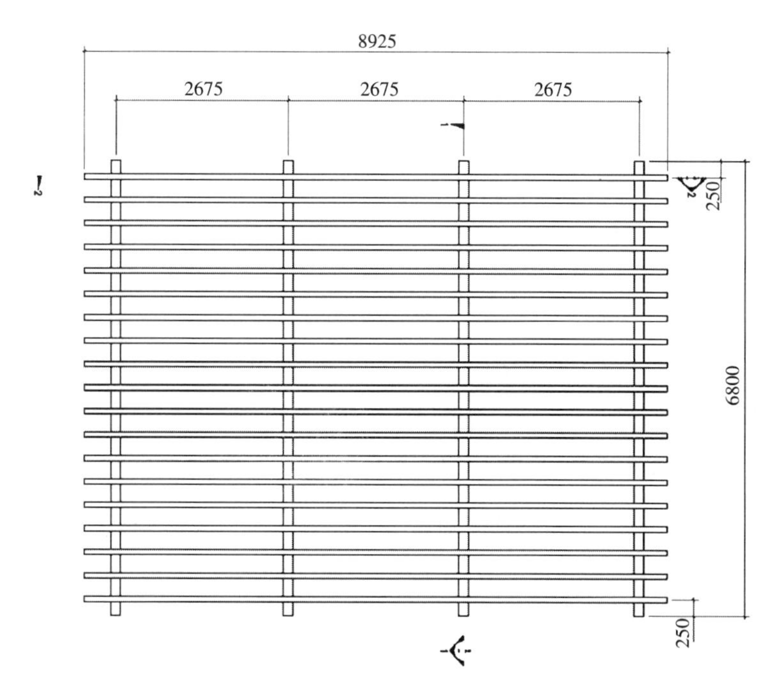

图3-15（一）　木塑复合材料建造的建筑小品（3）

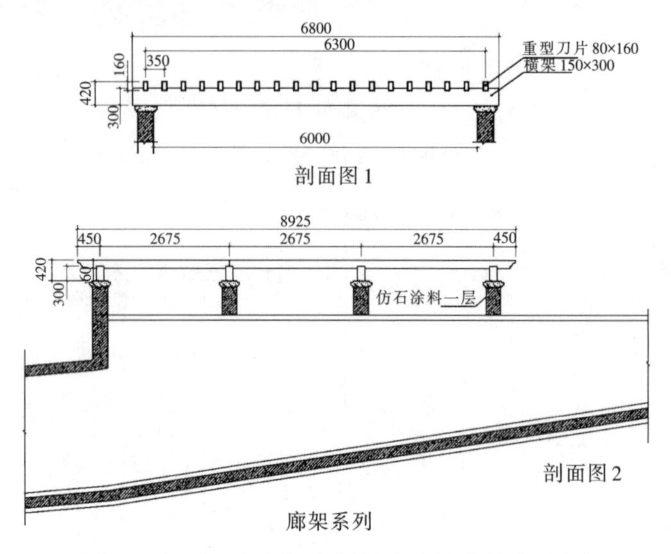

图 3-15(二)　木塑复合材料建造的建筑小品(3)

2. 室内外墙面饰面工程用木塑复合板

此外,木塑复合材料还可作为外墙装饰挂板和墙板,木塑挂板具有与实木类似的文理和色彩。先在墙面安装龙骨,再悬挂挂板,做法与铺设地板类似。室外饰面板的龙骨除铝合金龙骨外,需进行防腐处理;室内面板龙骨可以选用金属龙骨或木龙骨;龙骨间距300~400mm。木塑装饰板的连接分为螺钉连接(叠压式、插接式)和金属扣件连接。当挂板长度小于1800mm时,可采用螺钉连接;当长度超过1800mm时,应采用金属扣件连接。木塑除了用于外墙挂板外,近年来又发展出整体式木塑房屋,适合建造小卖部、卖报亭、整体式木塑别墅等。室外墙面装饰板与墙体的连接如图3-16所示。

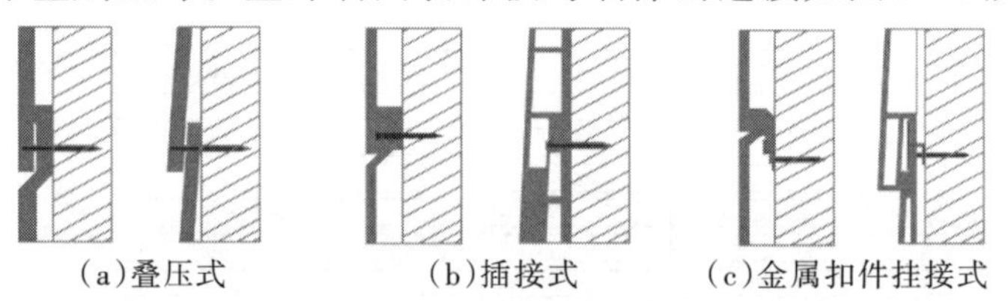

图 3-16　室外墙面装饰板与墙体的连接

室内外墙面装饰用木塑复合板性能指标如表3-146所示。

表 3-146　室内外墙面装饰用木塑复合板性能指标

项　目		室内用	室外用
吸水率/%		非发泡类板材不大于0.6;发泡类板材不大于0.8	
吸水厚度膨胀率/%		非发泡类板材不大于0.5;发泡类板材不大于0.8	
握螺钉力/N		非发泡类板材不大于2500;发泡类板材不大于1800	
线性热膨胀/%		非发泡类板材不大于0.5;发泡类板材不大于0.8	
抗弯性能/MPa	弯曲强度,≥	26	
	弹性模量,≥	2000	
抗冲击性能		软物冲击不小于10次;硬物冲击不小于3	

续表

项目		室内用	室外用
尺寸稳定性,≤		—	1.5
耐霉菌性/级		—	不低于1级
抗冻融		—	冻融循环后,板面不得出现分层和龟裂等破坏现象;弯曲强度保留率不低于80%
抗低温冲击韧性		—	试件和基准件的抗冲击韧性比值不低于80%
燃烧性能/级	燃烧性能分级	不低于B1	
	产烟量	不低于s1	—
	燃烧滴落物/微粒	不低于d1	—
	产烟毒性附加等级	不低于t1	—
甲醛释放限量/(mg/L)		不低于E0级	—
重金属含量测定/(mg/kg)	可溶性铅	≤90	—
	可溶性镉	≤75	—
	可溶性铬	≤60	—
	可溶性汞	≤60	—

3. 木塑墙板

北京恒通创新木塑科技发展有限公司研制的无机集料阻燃木塑复合墙板是在日本新型墙体材料的基础上,根据中国国情,在结构与原料配方上做了大量改动后研制而成。无机集料阻燃木塑复合墙板是以主要原料为PVC树脂、经防腐防虫处理的木质粉料和尾矿砂(或石材加工下脚料)为无机阻燃材料,经挤出成型的轻质墙板。墙体横截面有中空和实心等形式,该公司生产的塑墙板主要性能指标如表3-147所示。

表3-147 北京恒通创新木塑墙板主要性能指标

项目	技术指标	项目	技术指标
空气声隔声量	$R_w(C, C_{tr})$=44dB	抗压强度/MPa	8.2
抗压破坏荷载	345.2kN	含水率/%	0
抗冲击性能	7次冲击板面无损	软化系数	0.93
抗弯破坏荷载,板自重倍数	加载板重1.5倍荷载板未开裂	吊挂力/N	加载1000N吊挂24h吊挂区无损
面密度/(kg/m²)	56	抗冻性	无裂纹,表面无变化

北京恒通创新木塑标准墙板如图3-17所示。

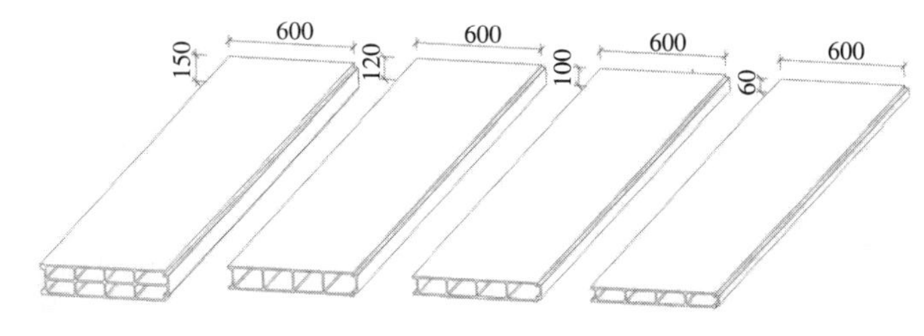

图3-17 北京恒通创新木塑标准墙板

该公司生产的木塑复合墙板主要尺寸规格为宽度：150mm、300mm、450mm、600mm；厚度60mm、100mm、120mm和150mm。单层墙板用作户内分隔墙时，厚度不小于100mm；用作户分户墙时，厚度不小于120mm；用作外围护墙时，厚度不小于150mm。当用于民用建筑外围护墙时，最多允许层数为2层；当用于民用建筑非承重内隔墙时，最多允许建造5层。

其主要板材形式（厚150mm）如图3-18所示。

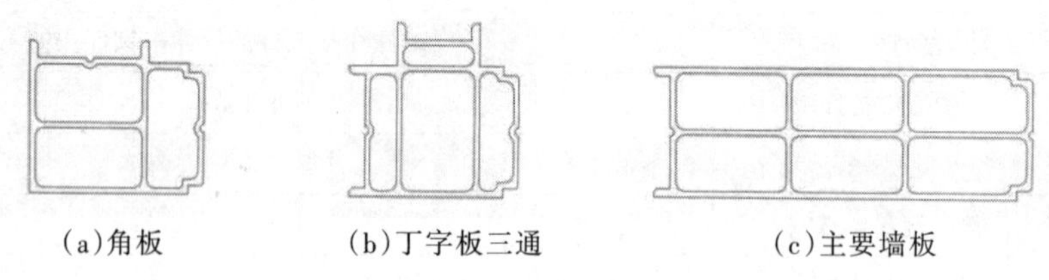

(a)角板　(b)丁字板三通　(c)主要墙板

图3-18　主要板材形式

其墙体构造如图3-19所示。

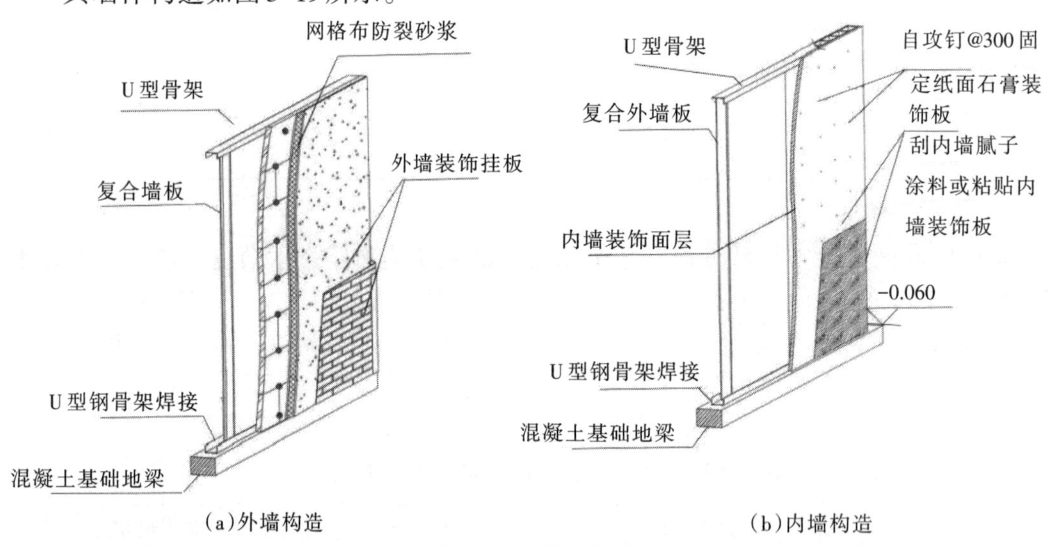

(a)外墙构造　(b)内墙构造

图3-19　墙体构造

其保温复合板截面形式及组装方式如图3-20所示。

珍珠岩保温板，主要尺寸规格为宽度：150mm、300mm、450mm、600mm；厚度：60mm、100mm、120mm和150mm。

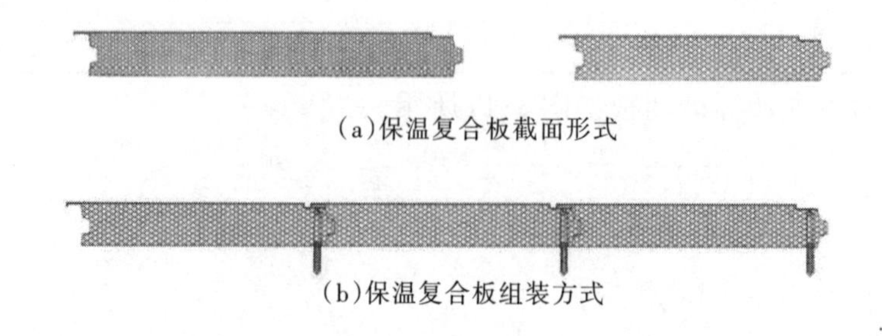

(a)保温复合板截面形式

(b)保温复合板组装方式

图3-20　保温复合板截面形式及组装方式

其木塑墙板的连接和保温处理如图3-21所示。

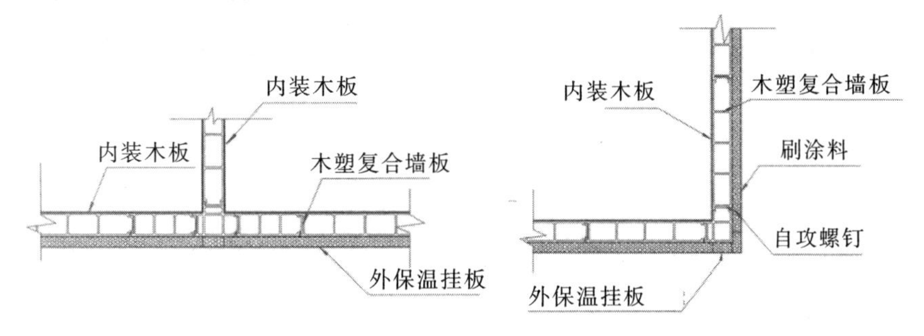

（a）木塑墙板的连接和保温处理1　　（b）木塑墙板的连接和保温处理2

图3-21　木塑墙板的连接和保温处理

其外墙波浪保温装饰挂板如图3-22所示。

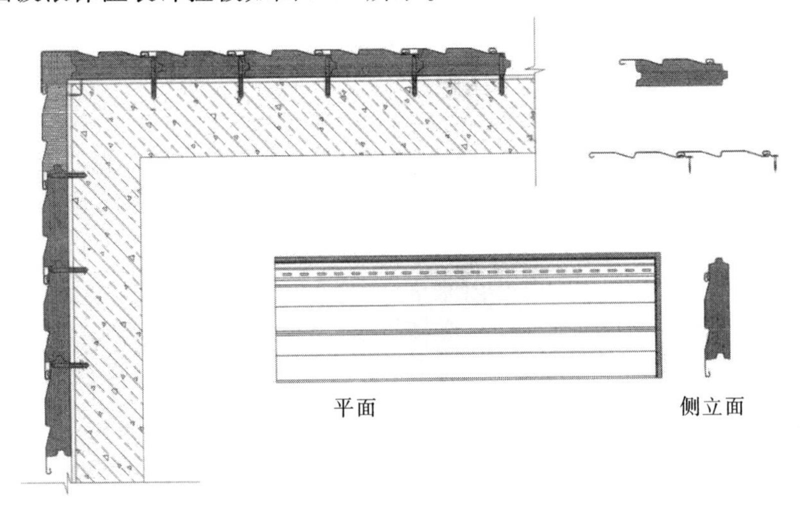

图3-22　外墙波浪保温装饰挂板

第4章 浙江常见保温隔热材料

4.1 概　　述

浙江属于夏热冬冷地区，夏季炎热、冬季湿冷。据气象部门数据显示，2003年丽水最高温度（极端最高温度）达到43.1℃；2013年浙江极端最高气温达到44.1℃，浙北地区连续八天最高气温超过40℃。浙江冬季湿度大、气温偏低，历史记载浙江省最低温度达到−8.7℃。气象部门预测，未来浙江省的极端天气将增多。从浙江农村建筑现状调查来看，农村建筑普遍没有采取保温隔热措施，围护结构保温隔热性能差，室内热舒适性差。为了营造舒适的室内环境，农村普遍开始安装空调，从而导致建筑能耗不断攀升。

建筑工程中将用于减少建筑物与环境热交换的功能性材料称为绝热材料。绝热材料是一种不易传热，对热流有显著阻抗性能的材料。对于具体某一种材料，通常用导热系数作为评价指标。导热系数越小，材料的绝热性能越好。建筑工程中，通常将密度小于350kg/m^3，导热系数小于0.12W/(m·K)的材料称为绝热材料。对于由绝热材料的复合而成的材料，则以其传热系数或热阻来表示其绝热性能。常见墙体保温隔热材料分为保温砂浆、有机保温板、无机保温板、涂料类等，具体如表4-1所示。

建筑保温砂浆是以各种轻质材料为骨料，以水泥为胶凝料，掺入改性添加剂，经工业化搅拌混合而制成的一种预拌干粉砂浆。主要用于建筑外墙保温，具有施工方便、耐久性好等优点。建筑保温砂浆主要分为两种：①无机保温砂浆（如玻化微珠保温砂浆，复合硅酸铝保温砂浆，珍珠岩保温砂浆等）；②有机保温砂浆（如胶粉聚苯颗粒保温砂浆）。

有机保温板主要是各类泡沫塑料保温材料，是以合成树脂为原料，加入发泡剂，受热分解后放出大量气体，在材料内部形成大量封闭气孔的板状建筑产品。主要包括模塑聚苯板（EPS）、挤塑聚苯板（XPS）、发泡聚氨酯（PU）、酚醛树脂（PF）等。有机保温板具有轻质、保温隔热性能好、可加工性能好等优点，但耐老化性能差、变形系数大、尺寸稳定性差、安全性差、耐火性能差、施工难度大、成本高。

无机保温板是用不燃材料制成的不同形式的保温材料。无机保温板具有不燃、保温隔热性能好、耐老化性能好、价格低廉等优点。但通常吸水率大、耐水性能差。常见大的无机保温板主要包括岩棉（矿棉）板、岩棉（矿棉）带、玻璃棉板、泡沫玻璃板、蒸压加气混凝土薄板、蒸压粉煤灰加气混凝土薄板、陶粒增强混凝土板、泡沫混凝土板等。建筑的内外保温系统宜选用燃烧性能为A级的保温材料，不宜采用B2级保温材料，不能使用B3级保温材料。

此外，还有一些利用农村常见的麦秆、秸秆等加工而成的材料，如草砖、草板、轻质纤维黏土等材料。农村建筑保温材料的选用应因地制宜、就地取材，选择与当地经济条件相适应的保温材料。

表4-1 常见保温隔热材料

分类	类型	密度/（kg/m³）	导热系数/［W/（m·K）］	燃烧性能	使用部位	特点
建筑保温砂浆	无机轻集料保温砂浆	250~350	0.07~0.10	A	外墙、内墙保温	保温性能较差，干缩大，吸水率大
	胶粉聚苯颗粒保温砂浆	180~250	0.06	B1	外墙保温	保温性能较差，干缩大，吸水率大
有机保温板	模塑聚苯板（EPS）	18~22	0.039	B1、B2	外墙、屋面、地面保温、地下室防水	质轻、导热系数小、吸水率低、耐水、耐老化、耐低温；燃烧性能较差
	挤塑聚苯板（XPS）	25~32	0.03（带皮） 0.032（去皮）	B1、B2	屋面、地面保温	板面附着力较差，需要使用界面剂改善；粘贴时需要辅助锚栓；板材容易变形；板面无法打磨，平整度较难以控制；带皮的挤塑聚苯板透气性较模塑聚苯板差，可以通过表面打磨成不带皮的板材提高透气性；保温效果较EPS好，价格较EPS贵；施工工艺要求复杂
	硬泡聚氨酯板（PU）	35~45	0.024	B1、B2	外墙、屋面保温、屋面防水	尺寸稳定性较差；粘贴后表面平整度难以控制；价格较高
	发泡聚氨酯（PU）（现场喷涂）	35~55	0.023	B1、B2	外墙、屋面保温、屋面防水	现场喷涂质量容易受外部环境因素、施工人员熟练程度影响；容易收缩变形；喷涂表面不平整，需要磨平，并用保温砂浆找平
	酚醛板（PF）	40~80	0.024~0.030	B1	外墙、屋面保温	耐火性能较差，会阴燃；体积稳定性较差，板面容易翘曲；板面无法打磨，容易粉化掉渣，平整度难以控制；价格较高
无机保温板	玻璃棉板	32~48	0.047	A	外墙、屋面保温	强度较低、熔点低
	岩棉板	60~100	0.040	A	外墙、屋面保温	耐火性能好，抗高温收缩能力强；保温隔热隔声性能好
	岩棉带	80~150	0.048	A	外墙、屋面保温	
	岩棉毡	40~160	0.04	A	外墙、屋面、管道设备等保温	保温、隔热、隔声性能好，柔性好有延展性，尺寸较岩棉板更大
	泡沫玻璃板	150~180	0.062	A	外墙、屋面保温	脆性材料、强度较低、材质疏松

续表

分类	类型	密度/(kg/m³)	导热系数/[W/(m·K)]	燃烧性能	使用部位	特点
无机保温板	蒸压加气混凝土砌块(薄片)	300~700	0.10~0.018	A	外墙自保温、热桥部位保温(薄片)	保温隔热性能较差;自重较大;吸水率大,需要配合界面剂使用;价格便宜
	蒸压粉煤灰加气混凝土砌块(薄片)	400~700	0.12~0.018	A		
	陶粒增强加气混凝土砌块(薄片)	500~700	0.14~0.018	A		
	泡沫混凝土砌块(薄片)	400~700	0.12~0.018	A		
其他	复合保温装饰板	—	根据芯材不同而异	A、B	外墙、屋面保温	兼有保温和装饰功能
	热反射隔热涂料	—	—	A	外墙、屋面保温隔热	增加保温腻子能兼有保温和隔热效果,涂料表面被污染后会影响隔热效果
	真空绝热板	面密度 7~15kg/m²	0.008	A	外墙、屋面保温	保温性能十分优越,但运输、施工、存放过程中容易破损
	草砖	≥112	≤0.072	B	框架结构填充外墙体	利用稻草和麦草秸秆制成,干燥时质轻、保温性能好,但耐潮、耐火性差,易受虫蛀,价格便宜
	纸面草板	面密度 ≤26kg/m²	热阻>0.537 (m²·K)/W	B	可直接用作非承重墙	利用稻草和麦草秸秆制成,导热系数小,强度大
	普通草板	≥112	≤0.072	B	多用作复合墙体夹心材料;屋面保温	价格便宜,需较大厚度才能达到保温效果,需做特别的防潮处理
	稻壳、木屑、干草	100~250	0.047~0.093	B、C	屋面保温	非常廉价,有效利用农作物废弃料;需较大厚度才能达到保温效果,受潮后保温效果降低;可燃
	炉渣	1 000	0.29	A	地面保温	价格便宜、耐腐蚀、耐老化、质量重

4.2 无机保温砂浆

无机轻集料保温砂浆是以憎水性膨胀珍珠岩、膨胀玻化微珠、闭孔珍珠岩、陶砂等无机轻骨料为保温材料,以水泥或其他无机胶凝材料为主要胶结材料,并掺入高分子聚合物及其他功能性添加剂而制成的建筑保温干混砂浆。无机轻集料保温砂浆根据干密度、抗压强度、导热系数等不同分为Ⅰ、Ⅱ、Ⅲ三种类型[浙江省地方标准《无机轻集料保温砂浆及系统技术规程》(DB33/T 1054—2008)中将无机轻集料保温砂浆分为A、B、C三种类型,分别对应Ⅲ型、Ⅱ型和Ⅰ型]。其中,Ⅰ型无机保温砂浆适宜作为辅助保温、复合保温、楼地面保温;Ⅱ型无机保温砂浆适宜作为外墙外保温,且厚度不适宜大于50mm,面层可采用涂料或面砖;Ⅲ型无机保温砂浆不宜单独用于外墙外保温,主要用于内保温、分户墙保温,厚度不超过30mm。无机轻集料保温砂浆属于A级不燃性材料,具有优良的防火性能。无机轻集料保温砂浆的热工性能如表4-2所示。

表4-2　无机轻集料保温砂浆热工参数

保温砂浆类型	蓄热系数/[W/(m^2·K)]	导热系数/[W/(m·K)]	修正系数α
Ⅰ型	1.20	0.070	1.25
Ⅱ型	1.50	0.085	1.25
Ⅲ型	1.80	0.100	1.25

注　本表摘自《无机轻集料保温砂浆系统技术规程》(JGJ 253—2011)。

(1)玻化微珠保温砂浆。玻化微珠是玻璃质火山熔岩矿砂经过膨胀、玻化等工艺制成的不规则球状保温颗粒。由于其表面玻化封闭,内部呈多孔空腔结构,是一种轻质、保温隔热性能优良、防火性能好的无机颗粒材料。玻化微珠保温砂浆是以膨胀玻化微珠为集料,以水泥为主要无机胶凝材料,加入添加料、填充料等混合而成的预拌砂浆,可以在现场直接加水搅拌施工。玻化微珠保温砂浆可用于建筑墙面、地面和屋面的保温隔热。玻化微珠保温砂浆的性能如表4-3所示。

表4-3　玻化微珠保温砂浆性能

项　目	技术要求
堆积密度/(kg/m^3),≤	280
干密度/(kg/m^3),≤	300
导热系数/[W/(m·K)],≤	0.070
蓄热系数/[W/(m^2·K)],≥	1.5
线性收缩率/%,≤	0.3
压剪黏结强度(与水泥砂浆)/MPa,≥	0.050
抗压强度/MPa	墙体用不小于0.20;地面和屋面用不小于0.30
抗拉强度/MPa,≥	0.10
软化系数,≥	0.6
燃烧性能	A2
放射性	内照射指数I_{Ra}≤1.0;外照射指数I_r≤1.0

注　本表摘自《膨胀玻化微珠保温隔热砂浆》(GB/T 26000—2010)。

(2)企业产品性能。部分企业生产的保温砂浆性能如表4-4所示。

表4-4 部分企业生产的保温砂浆性能

产品名称	轻质骨料	产品性能	企业名称
LBW(LBN)-Ⅰ-300型聚合物保温砂浆	玻化微珠、憎水型膨胀珍珠岩、闭孔珍珠岩	堆积密度不大于250kg/m³;干密度:240~300kg/m³ 导热系数不大于0.070W/(m·K);抗压强度不小于0.60MPa 拉伸黏结强度不小于0.15MPa;线收缩率不大于0.25% 燃烧性能:A级;放射性:I_{Ra}不大于1.0,I_r不大于1.0 抗冻性:经15次冻融循环质量损失率不大于5% 抗压强度损失率不大于20%;软化系数不小于0.60	宁波荣山新型材料有限公司
LBW(LBN)-Ⅱ-400型聚合物保温砂浆	玻化微珠、憎水型膨胀珍珠岩、闭孔珍珠岩	堆积密度不大于350kg/m³;干密度:301~400kg/m³ 导热系数不大于0.085W/(m·K);抗压强度不小于1.0MPa 拉伸黏结强度不小于0.20MPa;线收缩率不大于0.25% 燃烧性能:A级;放射性:I_{Ra}不大于1.0,I_r不大于1.0 抗冻性:经15次冻融循环质量损失率不大于5% 抗压强度损失率不大于20%;软化系数不小于0.60	
SY保温防火砂浆	膨胀玻化微珠	干密度不大于300kg/m³;浆体密度不大于600kg/m³ 导热系数不大于0.07W/(m·K);抗压强度不小于0.30MPa 黏结强度不小于0.10MPa;线收缩率不大于0.3% 燃烧性能:A级;放射性:I_{Ra}不大于1.0,I_r不大于1.0 凝结时间:初凝时间不小于1h,终凝时间不大于2h 软化系数不小于0.60	杭州双宇建材有限公司
TFP-B型聚合物无机保温砂浆	陶砂、膨胀玻化微珠	干密度:430kg/m³;导热系数:0.084W/(m·K) 抗压强度:1.22MPa;黏结强度:0.221MPa 线收缩率:0.23%;燃烧性能:A级;软化系数:0.73 放射性:I_{Ra}=0.3;I_r=0.4	台州方远建材科技有限公司
TFP-C型聚合物无机保温砂浆	陶砂、膨胀玻化微珠	干密度:326kg/m³;导热系数:0.07W/(m·K) 抗压强度:0.76MPa;黏结强度:0.171MPa 线收缩率:0.22%;燃烧性能:A级 放射性:I_{Ra}=0.4;I_r=0.5	
JFLB微晶无机保温砂浆	火山灰质矿物质微晶	干密度不大于450kg/m³;导热系数不大于0.085W/(m·K) 抗压强度不小于1.0MPa;拉伸黏结强度不小于150kPa 线收缩率不大于0.25%;燃烧性能:A级	长兴金丰建材有限公司

4.3 泡沫玻璃

泡沫玻璃是以碎玻璃为主要原料,加入发泡剂和助剂,经研磨、发泡、退火、切割而制成的一种新型环保建筑保温材料。泡沫玻璃属于无机非金属材料,内部存在大量气孔,具有良好的保温隔热和防火性能,耐久性和化学稳定性好,适用于深冷、高温、有腐蚀环境中的保温隔热。可用于新建、改建、扩建的工业及民用建筑以及既有建筑改造中的外墙外保温系统、外墙内保温系统、屋面保温、楼地面保温、地下室外墙保温、架空或外挑楼板保温、地下室顶板保温等。泡沫玻璃根据产品外观质量和物理性能分为优等品(A)和合格品(B)。

(1)尺寸规格。建筑墙体保温系统中使用的泡沫玻璃的外形为平板状,产品尺寸规格与尺寸偏差如表4-5所示。泡沫玻璃保温板的尺寸规格不应超过600mm×450mm,一般的尺寸规格600mm×450mm×45mm、450mm×300mm×40mm、300mm×225mm×30mm、225mm×150mm×25mm等。泡沫玻璃保温板用于外墙外保温工程中时,居住建筑的最小保温层厚度不小于25mm,公共建筑不小于30mm。

表4-5　泡沫玻璃的尺寸规格和尺寸偏差

项　目	尺寸规格/mm	尺寸偏差/mm
长度 L	300~600	±3
宽度 B	200~450	±3
厚度 T	30~120	0~3

注　本表根据《泡沫玻璃绝热制品》(JC/T 647—2005)整理而成。

(2)外观质量。泡沫玻璃的外观质量如表4-6所示。

表4-6　泡沫玻璃的外观质量

项　目	指　标	
	优等品(A)	合格品(B)
长度超过20mm,同时深度超过10mm缺棱掉角/个	0	1
直径超过10mm,同时深度超过10mm的孔洞/个	不允许	
直径5~10mm,深度5~10mm的孔洞/个	4	16
大于边长1/3的裂纹	0	1
贯穿制品的裂纹	不允许	
垂直度偏差/mm,≤	3	
最大弯曲度/mm,≤	3	

注　本表根据《泡沫玻璃绝热制品》(JC/T 647—2005)整理而成。

(3)主要技术指标。泡沫玻璃按照密度不同,分为140号、160号、180号和200号四个型号,160号泡沫玻璃主要用于建筑保温体系中。不同类型的泡沫玻璃的主要技术指标如表4-7所示。

表4-7　泡沫玻璃的主要技术指标

项　目	主要技术指标					
	140号		160号		180号	200号
	优等品	合格品	优等品	合格品	合格品	合格品
体积密度/(kg/m^3),≤	140		160		180	200
抗压强度/MPa,≥	0.4		0.5	0.4	0.6	0.8
抗折强度/MPa,≥	0.3		0.5	0.4	0.6	0.8
体积吸水率/%,≤	0.5		0.5	0.5	0.5	0.5
渗透系数/[ng/(Pa·s·m)],≤	0.07	0.05	0.07	0.05	0.07	0.05
25℃导热系数/[W/(m·K)],≤	0.046	0.050	0.052	0.062	0.064	0.068
燃烧性能	不燃A级					

注　本表根据《泡沫玻璃绝热制品》(JC/T 647—2005)整理而成。

(4)热工性能。外墙外保温体系中的泡沫玻璃保温板的热工性能如表4-8所示。由于泡沫玻璃在施工过程中吸潮、挤压等外部因素的影响,其导热系数和蓄热系数的修正值为1.1。

表4-8　泡沫玻璃保温板的热工性能

材料名称	密度/(kg/m^3)	导热系数/[W/(m·K)]	蓄热系数/[W/(m^2·K)]	修正系数α
泡沫玻璃保温板	160	0.066	0.81	1.1

(5)企业产品性能。部分企业生产的泡沫玻璃的产品性能如表4-9所示。

表4-9　部分企业生产的泡沫玻璃的产品性能

产品名称	尺寸规格 (长×宽×高)/(mm×mm×mm)	性能指标	厂家名称
YL泡沫玻璃保温板(YL-160)	600×450×(20~150) 450×300×(20~150)	体积密度不大于160kg/m^3;导热系数:0.058W/(m·K) 抗压强度:0.5MPa;抗折强度:0.5MPa 体积吸水率:0.5%;渗透系数:0.05	上海永丽节能墙体材料有限公司
YL泡沫玻璃保温板(YL-180)	600×450×(20~150) 450×300×(20~150)	体积密度不大于180kg/m^3;导热系数:0.062W/(m·K) 抗压强度:0.6MPa;抗折强度:0.6MPa 体积吸水率:0.5%;渗透系数:0.05	
DH泡沫玻璃保温板	长度:300、225、200 宽度:150 厚度:30、40、50、60、70	体积密度不大于120kg/m^3;导热系数:0.042W/(m·K) 抗压强度:0.5MPa;抗折强度:0.3MPa 体积吸水率:0.5%;渗透系数:0.05	浙江德和绝热科技有限公司
	长度:300、225、200 宽度:150 厚度:30、40、50、60、70	体积密度不大于140kg/m^3;导热系数:0.045W/(m·K) 抗压强度:0.8MPa;抗折强度:0.5MPa 体积吸水率:0.5%;渗透系数:0.05	
	长度:300、400、600 宽度:225 厚度:30、40、50、60、70	体积密度不大于160kg/m^3;导热系数:0.058W/(m·K) 抗压强度:0.6MPa;抗折强度:0.5MPa 体积吸水率:0.5%;渗透系数:0.05	
ZES-B1	600×450×(20~150) 450×300×(20~150)	体积密度不大于125kg/m^3;导热系数:0.042W/(m·K) 抗压强度:0.5MPa;抗折强度:0.3MPa 抗拉强度:0.12MPa;体积吸水率:0.5% 尺寸稳定性不大于0.3;燃烧性能:A1	浙江振申绝热科技有限公司
ZES-B2	600×450×(20~150) 450×300×(20~150)	体积密度不大于145kg/m^3;导热系数:0.052W/(m·K) 抗压强度:0.8MPa;抗折强度:0.5MPa 抗拉强度:0.12MPa;体积吸水率:0.5% 尺寸稳定性不大于0.3;燃烧性能:A1	
ZES-B3	600×450×(20~150) 450×300×(20~150)	体积密度不大于165kg/m^3;导热系数:0.062W/(m·K) 抗压强度:0.5MPa;抗折强度:0.4MPa 抗拉强度:0.12MPa;体积吸水率:0.5% 尺寸稳定性不大于0.3;燃烧性能:A1	
ZES-B4	600×450×(20~150) 450×300×(20~150)	体积密度不大于145kg/m^3;导热系数:0.055W/(m·K) 抗压强度:0.5MPa;抗折强度:0.4MPa 抗拉强度:0.12MPa;体积吸水率:0.5% 尺寸稳定性不大于0.3;燃烧性能:A1	

4.4 模塑聚苯板

模塑聚苯板(EPS)是一种由可发性聚苯乙烯珠粒经过加热预发泡后在模具中成型、切割而制得的具有闭孔结构的聚苯乙烯泡沫塑料板材。它具有容重小、质量轻,保温隔热性能好,易于切割打磨,便于施工,价格低廉等特点。模塑聚苯板属于易燃材料,其中难燃型膨胀聚苯板的燃烧性能为B级或C级。根据燃烧性能,可以分为普通型和阻燃型。难燃型膨胀聚苯板可用于外墙或屋顶的保温隔热。膨胀聚苯板抹灰外墙外保温系统是国外使用较为普遍、技术较为成熟的外墙外保温体系,可用于多层和高层建筑的混凝土或砖砌结构的外墙。绝热用模塑聚苯乙烯泡沫塑料按照密度不同,可以分为Ⅰ、Ⅱ、Ⅲ、Ⅳ、Ⅴ、Ⅵ等六类,其密度范围如表4-13所示。Ⅱ类模塑聚苯板可用于外墙外保温系统的保温层。模塑聚苯板防火性能差,由模塑聚苯板与新型无机材料聚合而成的真金板,改变模塑聚苯板易燃特性,提高防火性能。

(1)尺寸规格。模塑聚苯板的基础板尺寸为6000mm(长)×1200mm(宽)×600mm(高)。用于外墙外保温系统中的模塑聚苯板的尺寸为1200mm(长)×600mm(宽),厚度为30mm、40mm、50mm等。模塑聚苯板还可根据需要切割成各种不同尺寸规格的板材,其尺寸规格和允许偏差如表4-10所示。

表4-10 规格尺寸和允许偏差 单位:mm

长度、宽度尺寸	允许偏差	厚度尺寸	允许偏差	对角线尺寸	对角线差
<1000	±5	<50	±2	<1000	5
1000~2000	±8	50~75	±3	1000~2000	7
>2000~4000	±10	>75~100	±4	>2000~4000	13
>4000	正偏差不限,-10	>100	供需双方决定	>4000	15

注 本表摘自《绝热用模塑聚苯乙烯泡沫塑料》(GB/T 10801.1—2002)。

(2)外观质量。模塑聚苯板外观均匀,阻燃型模塑聚苯板掺有带颜色的颗粒,表面无油渍和杂质。板面平整,无明显收缩和膨胀变形。

(3)主要技术指标。模塑聚苯板的主要技术指标如表4-11所示。导热系数不大于0.041W/(m·K),蓄热系数为0.27W/(m^2·K)。

表4-11 模塑聚苯乙烯的主要技术指标

项 目	性能指标					
	Ⅰ	Ⅱ	Ⅲ	Ⅳ	Ⅴ	Ⅵ
表观密度/(kg/m^3),≥	15.0	20.0	30.0	40.0	50.0	60.0
压缩强度/kPa,≥	60	100	150	200	300	400
导热系数/[W/(m·K)],≤	0.041		0.039			
尺寸稳定性/%,≤	4	3	2	2	2	1

续表

项目		性能指标					
		Ⅰ	Ⅱ	Ⅲ	Ⅳ	Ⅴ	Ⅵ
水蒸气渗透系数/[ng/(Pa·s·m)],≤		6	4.5	4.5	4	3	2
吸水率(体积分数)/%,≤		6	4	2			
熔结性	断裂弯曲负荷/N,≥	15	25	35	60	90	120
	弯曲变形/mm,≥	20			—		
燃烧性能	氧指数/%,≥	30					
	燃烧分级	B2级					

注 本表摘自《绝热用模塑聚苯乙烯泡沫塑料》(GB/T 10801.1—2002)。

(4)热工性能。模塑聚苯板的热工性能与其表观密度有关,表观密度越大,导热系数越小。常用外墙外保温的难燃性膨胀聚苯板的密度为18~22kg/m³,导热系数为0.041W/(m·K)。

(5)部分企业产品性能。部分企业生产的模塑聚苯板的产品性能如表4-12所示。

表4-12 部分企业生产的模塑聚苯板的产品性能

产品名称	尺寸规格(长×宽×高)/(mm×mm×mm)	性能指标	厂家名称
膨胀聚苯板(EPS)	各种规格	表观密度:18~22kg/m³;吸水量≥500g/m² 导热系数≤0.041W/(m·K);尺寸稳定性≤0.3%	杭州安阳建材科技有限公司
Sto EPS板	各种规格	燃烧性能:B1、B2级;导热系数≤0.039W/(m·K)	上海申得欧有限公司
Sto EPSTOP32	各种规格	燃烧性能:B1级;导热系数≤0.032W/(m·K)	
真金板-聚合聚苯板(AEPS)	各种规格	表观密度:80~100kg/m³;压缩强度≥150kPa 垂直墙面的抗拉强度≥0.1MPa 导热系数≤0.043W/(m·K);尺寸稳定性≤0.3% 燃烧性能:A2	上海偃诺实业有限公司

4.5 挤塑聚苯板

挤塑聚苯板(XPS)是一种由聚乙烯树脂或其共聚物为主要成分,添加少量添加剂,通过加热连续挤塑成型的具有闭孔结构的硬质泡沫塑料板材。挤塑聚苯板特有的闭孔微细孔蜂窝结构使得挤塑聚苯板具有比膨胀聚苯板更加优越的抗压、抗剪强度,以及更小的吸水率和导热系数。挤塑聚苯板除了具有优良的隔热性能外,质量轻、抗压强度高,同时具有防水防潮功能。挤塑聚苯板在屋面保温中的应用已有相当成熟的经验,是一种性能优良的屋面保温材料。挤塑聚苯板也可用于墙体保温隔热。挤塑聚苯乙烯泡沫塑料按制品压缩强度和表皮情况不同分为十类。挤塑聚苯板根据表面特征,分为带表皮和不带表皮两种。带表皮的挤塑聚苯板透气性较差,可以通过表面打磨成不带皮的挤塑聚苯板。根据板材边缘不同，分为平头型、搭接型、榫槽型和雨槽型四种不同类型，如图4-1所示。

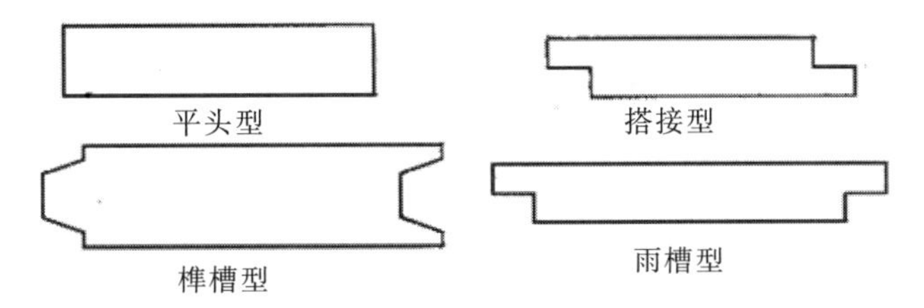

图4-1　挤塑聚苯板的边缘类型

（1）尺寸规格。挤塑聚苯板的主要尺寸规格和允许尺寸偏差如表4-13所示。挤塑聚苯板尺寸过大，会导致粘贴不平整。在实际工程中，常见尺寸规格为1200mm（长）×600mm（宽）。

表4-13　挤塑聚苯板的规格尺寸

项　目	尺寸规格/mm	尺寸偏差/mm
长度 *L*	1200、1250、2450、2500	±7.5（1000≤*L*<2000）；±10（*L*≥2000）
宽度 *B*	600、900、1 200	±5（*L*<1000）；±7.5（1000≤*L*<2000）
厚度 *T*	20、25、30、40、50、75、100	±2（*H*<50）；±3（*H*≥50）

注　本表摘自《绝热用挤塑聚苯乙烯泡沫塑料》（GB/T　10801.2—2002）。

（2）外观质量。外观质量要求表面平整，无夹杂物，颜色均匀；没有明显影响使用的可见缺陷，如气泡、裂口、变形等。

（3）主要技术指标。挤塑聚苯板的主要技术指标如表4-14所示。工程实践表明：抗压强度不小于0.20MPa的挤塑板，干密度一般为25~32kg/m³。当密度超过这一范围时，由于整张板材刚度较大，容易引起板的翘曲变形，最终导致墙体开裂。

表4-14　挤塑聚苯板的主要技术指标

项　目	性能指标									
	带表皮								不带表皮	
	X150	X200	X250	X300	X350	X400	X450	X500	W200	W300
压缩强度/kPa，≥	150	200	250	300	350	400	450	500	200	300
吸水率，浸水96h/%，≤	1.5		1.0						2.0	1.5
水蒸气渗透系数/[ng/(Pa·s·m)]，≤	3.5		3.0		2.0				3.5	3.0
导热系数平均温度10℃ 25℃/[W/(m·K)]，≤	0.028 0.030				0.027 0.029				0.033 0.035	0.030 0.032
尺寸稳定性/%，≤	2.0		1.5		1.0				2.0	1.5
燃烧性能	B2									

注　本表摘自《绝热用挤塑聚苯乙烯泡沫塑料》（GB/T　10801.2—2002）。

（4）热工性能。挤塑聚苯的导热系数板根据板材的压缩强度和表面情况而异。一般而言，抗压缩强度越大，导热系数越小；带表皮挤塑聚苯板的导热系数小于去皮的挤塑聚苯板。常用挤塑聚苯板的干密度为25~32kg/m³，导热系数为0.03W/（m·K）。

(5)燃烧性能。挤塑聚苯板属于可燃材料,燃烧性能不低于B2级。挤塑板虽然内部加入了阻燃剂,具有一定的阻燃性,能提高板材的防火性能。但直接接触火焰或高温时,仍有燃烧的可能性。因此,XPS板不适宜用于长期与75℃以上的环境直接接触,如烟囱暖气出风口、蒸气管线等。另外,挤塑聚苯板在太阳的直接照射下容易发生变形或褪色,不宜露天存放,应放在通风阴凉、远离火源的地方。

(6)部分企业产品性能。部分企业的产品性能如表4-15所示。

表4-15 部分企业的产品性能

产品名称	主要尺寸规格/mm	产品性能	企业名称
HOSFOAM豪适板	长度:1800 宽度:900 厚度:15~60	密度:43kg/m³;抗压强度不小于176.58kPa 抗弯强度不小于196.20kPa;吸水性不大于0.07g/(m²·h) 导热系数不大于0.029W/(m·K)	上海上福塑料制品有限公司
保利福外墙板	长度:1200 宽度:600 厚度:20~100 表面类型:不带表皮 边缘类型:平头、搭接、榫接	密度:28~35kg/m³;抗压强度不小于200kPa(最大可达700kPa) 燃烧性能:B级(B1、B2);抗弯强度不小于196.20kPa 体积吸水率不大于0.5%;导热系数不大于0.028W/(m·K) 水蒸气渗透系数不大于3.0ng/(Pa·s·m) 尺寸稳定性不大于0.5%	可耐福保温材料(中国)有限公司

4.6 硬泡聚氨酯泡沫塑料

硬泡聚氨酯泡沫塑料是以异氰酸脂、多元醇(组合聚醚或聚酯)为主要原料,加入添加剂组成的双组分按一定比例混合发泡成型的闭孔率不低于92%(或95%)的硬质泡沫塑料。

硬质聚氨酯泡沫塑料兼有保温和防水功能,根据具体用途不同可以分为Ⅰ类、Ⅱ类、Ⅲ类三种类型,具体性能如表4-16所示。Ⅰ类,适用于无承载要求的场合,用于屋面、墙面的保温层,密度不小于35kg/m³;Ⅱ类,适用于有一定承载要求,且有抗高温和抗压缩蠕变要求的场合,用于屋面复合保温防水层,密度不小于45kg/m³;Ⅲ类,适用于有更高承载要求,且有抗高温、抗压缩蠕变要求的场合,用于屋面保温防水层,密度不小于55kg/m³。按照燃烧性能,分为B、C、D、E、F级。根据施工工艺和材料构成不同,可以分为现场喷涂硬泡聚氨酯和硬泡聚氨酯复合板。现场喷涂硬泡聚氨酯是用专用设备混合后,经高压喷射现场发泡而成。

表4-16 硬泡聚氨酯泡沫塑料物理力学性能

项目		性能指标		
		Ⅰ类	Ⅱ类	Ⅲ类
芯密度/(kg/m³),≥		25	30	35
抗压强度/kPa,≥		80	120	180
导热系数/[W/(m·K)]	平均温度10℃,≤	—	0.022	0.022
	平均温度23℃,≤	0.026	0.024	0.024

续表

项 目	性能指标		
	Ⅰ类	Ⅱ类	Ⅲ类
尺寸稳定性/%	3.0	2.0	2.0
水蒸气透过系数/[ng/(Pa·m·s)],≤(23℃,相对湿度梯度0~50%)	6.5	6.5	6.5
吸水率/%,≤	4	4	3

注 本表摘自《建筑绝热用硬质聚氨酯泡沫塑料》(GB/T 21558—2008)。

硬泡聚氨酯泡沫塑料的分类及用途如表4-17所示。

表4-17 硬泡聚氨酯泡沫塑料的分类及用途

分类方式	类 型	用途或特点
用途	Ⅰ类	用于屋面、墙面的保温层
	Ⅱ类	用于屋面复合保温防水层
	Ⅲ类	用于屋面保温防水层
施工工艺及材料构成	现场喷涂硬泡聚氨酯	整体性和防水性能好,可用于围护结构保温和防水
	硬泡沫聚氨酯复合保温板(硬质金属面层聚氨酯复合保温板、硬质非金属面层聚氨酯复合保温板、软质面层聚氨酯复合保温板)	前两者可作为自承重板,不依附于基层单独使用;也可作为非承重板;后者只能作为非承重板
燃烧性能	B、C、D、E、F(芯材)	—
	A、B1、B2(复合保温板)	B1级可用于外墙外保温,B1、B2级用于屋顶保温防水

硬泡聚氨酯复合保温板是以硬泡聚氨酯为保温材料,单面或双面覆盖面板,在工厂加工而成的复合保温板材。根据面板材料不同,可以分为硬质面层(如钢板、铝板、石材、纸面石膏板、硅酸钙板、水泥平板等)和软质面层(如铝箔、牛皮纸等)。根据是否能够承重,分为自承重板和非承重板。

(1)主要尺寸规格。硬泡聚氨酯复合保温板的常见尺寸规格为1200mm(长)×600mm(宽),厚度为20mm、30mm、40mm、50mm等。其他主要尺寸规格和尺寸允许偏差如表4-18所示,允许偏差由供需双方协商确定。

表4-18 硬泡聚氨酯板的长度和宽度极限偏差

项 目	尺寸规格/mm	允许偏差/mm
厚度	<50	±1.5
	≥50	±1.5
长度	<1200	±1.5
	≥1200	±2.0

续表

项　目	尺寸规格/mm	允许偏差/mm
宽度	<600	±1.5
	≥600	±1.5
对角线差	<1200	≤1.5
	≥1200	≤2.0
翘曲度	—	≤1%

注　本表摘自《聚氨酯硬泡复合保温板》(JG/T 314—2012)。

(2)外观质量。板材产品要求外观整洁,图案清晰、色泽一致;表面平整,无明显凹凸不平;边部整齐,无毛刺、裂边、翘曲,没有妨碍使用的缺棱掉角;金属板面无开焊。

(3)主要技术指标。硬泡沫聚氨酯复合保温板的干密度为35~45kg/m³。根据面层材料不同,分为硬质金属面层聚氨酯复合保温板、硬质非金属面层聚氨酯复合保温板、软质面层聚氨酯复合保温板三类,其主要技术指标分别如表4-19~表4-21所示。

表4-19　硬质金属面层硬泡聚氨酯复合保温板技术性能

项　目			性能指标	
			自承重板	非承重板
芯材性能	表观密度/(kg/m³),≥		32	
	导热系数(25℃)/[W/(m·K)],≤		0.024	
	抗压强度/kPa,≥		150	
	压缩强度/kPa,≥		150	
	尺寸稳定性/%,≤		1.0(80℃,48h;-30℃,48h)	
	吸水率/%,≤		3	
	燃烧性能		不低于B2级	
复合保温板性能	面层与保温材料拉伸黏结强度/kPa,≥		100	
	抗弯承载力/(kN/m²),≥		0.5	—
	挠度/mm	屋面板,≤	L_0/200	—
		墙板,≤	L_0/150	—
	剥离性能		黏结在金属面板上的芯材应均匀分布,并且每个剥离面的黏结面积应不小于85%	
	耐冻融性能		10次冻融循环后硬质金属面层表面无损伤,金属面层与保温层之间无空鼓、脱落。冻融循环后面层与保温层的拉伸黏结强度不小于100kPa	
	燃烧性能		不低于B2级	

注　1. 用于室内可不测耐冻融性能。
2. 本表根据《聚氨酯硬泡复合保温板》(JG/T 314—2012)整理而成。

表4-20 硬质非金属面层硬泡聚氨酯复合保温板技术性能

项 目			性能指标	
			自承重板	非承重板
芯材性能	表观密度/(kg/m^3),≥		32	
	导热系数(25℃)/[W/(m·K)],≤		0.024	
	抗压强度/kPa,≥		150	
	压缩强度/kPa,≥		150	
	尺寸稳定性/%,≤		1.0(80℃,48h;-30℃,48h)	
	吸水率/%,≤		3	
	燃烧性能		不低于B2级	
复合保温板性能	面层与保温材料拉伸黏结强度/kPa,≥		100	
	抗弯承载力,板自重倍数,≥		1.5	—
	抗冲击能力	首层墙面及门窗洞口等易碰撞部位	10J	
		两层以上墙面等不易碰撞部位	3J	
	吊挂力/N,≥		1000	
	耐冻融性能		10次冻融循环后表面无渗水、开裂、粉化和剥落。冻融循环后面层与保温层的拉伸黏结强度不小于100kPa	
	燃烧性能		不低于B2级	

注 1. 用于外墙外表面需测抗冲击能力;用于内隔墙要测吊挂力;其他部位由双方商定。
2. 用于室内可不测耐冻融性能。
3. 本表根据《聚氨酯硬泡复合保温板》(JG/T 314—2012)整理而成。

表4-21 软质面层硬泡聚氨酯复合保温板技术性能

项 目		性能指标
芯材性能	表观密度/(kg/m^3),≥	32
	导热系数(25℃)/[W/(m·K)],≤	0.024
	抗压强度/kPa,≥	150
	压缩强度/kPa,≥	150
	尺寸稳定性/%,≤	1.0(80℃,48h;-30℃,48h)
	吸水率/%,≤	3
	燃烧性能	不低于B2级
复合保温板性能	面层与保温材料拉伸黏结强度/kPa,≥	100
	尺寸稳定性/%,≤	1.0(80℃,48h;-30℃,48h)
	耐冻融性能	10次冻融循环后表面无渗水、开裂、粉化和剥落。冻融循环后面层与保温层的拉伸黏结强度不小于100kPa
	燃烧性能	不低于B2级

注 本表根据《聚氨酯硬泡复合保温板》(JG/T 314—2012)整理而成。

（4）部分企业产品性能。部分企业的产品性能如表4-22所示。

表4-22 部分企业的产品性能

产品名称	产品性能	使用系统	企业名称
PUB·S-L聚氨酯保温板	干密度不小于35kg/m³；抗压强度不小于150kPa 拉伸强度不小于200kPa；断裂延伸率不小于5% 吸水率不大于3% 导热系数（27.86℃）≤0.023W/（m·K） 尺寸稳定性≤1% 阻燃性能：平均燃烧时间≤40s；烟密度等级≤75SDR	聚氨酯保温板薄抹灰涂料饰面外墙外保温系统； 聚氨酯保温板面砖饰面外墙外保温系统； 聚氨酯保温板干挂幕墙外保温系统	浙江科达新型建材有限公司
聚氨酯硬质泡沫塑料	干密度：（50±5）kg/m³；抗压强度≥200kPa 吸水率≤4%；导热系数≤0.023W/（m·K） 自燃性能：火焰离开2s内自熄 燃烧性氧指数：26~30	外墙外保温系统设备、管道设备	浙江德和绝热科技有限公司
JY聚氨酯复合板	面层特征：两面覆盖水泥毡面层 干密度不小于35kg/m³；抗压强度不小于150kPa 抗拉强度不小于100kPa；断裂延伸率不小于5% 吸水率不小于3%；导热系数不小于0.020W/（m·K） 尺寸稳定性不小于1% 燃性能：A级	聚氨酯保温板面砖饰面外墙外保温系统； 聚氨酯保温板柔性饰面外墙外保温系统； 尺寸规格： 长度：1200mm 宽度：300~600mm 厚度：15~100mm	无锡捷阳节能科技有限公司

4.7 岩棉（矿棉）及其制品

岩棉（矿棉）是用玄武岩、白云石等为主要原料，高温熔化后用离心机离心成纤维，再通过摆锤法工艺加工成型、切割后形成不同规格和形状的岩棉板制品。矿棉（矿渣棉）是用工业矿渣、粉煤灰为主要原料，经过破碎、高温熔化、成棉（喷吹、离心、喷吹离心三种方法）、包装而成。岩棉制品具有优异的保温、隔热、隔声性能；且耐热性能好，属于不燃烧材料；具有良好的化学稳定性，价格低廉。它广泛用于建筑墙体、屋顶等围护结构、设备与管道等的保温隔热和吸声。建筑中常见的岩棉的产品有岩棉板、岩棉带、岩棉毡、岩棉管、复合板岩棉芯板等。还可以根据使用者的要求在岩棉制品的表面贴上铝箔、玻璃纤维网格布、玻璃纤维薄毡等贴面材料。

（1）岩棉板。岩棉板是用热固性树脂为黏结剂，将岩棉固化成具有一定强度的板状岩棉制品。该制品具有良好的绝热、吸声、耐热和不燃烧性（A级）和化学稳定性。可用于建筑围护结构、冷库的保温隔热；隔墙、吊顶、防火门、隔声门等的填充；室内吸声减噪、有音质要求厅堂房间的吸声处理；复合保温板的夹心板等。岩棉板表面可以根据使用功能要求，可带有玻璃纤维网格布、玻璃纤维薄油、牛皮纸、铝箔等贴面。岩棉板常用尺寸规格为1200mm（长度）×600mm（宽度），厚度为30mm、50mm、100mm、150mm等，主要尺寸规格和尺寸偏差如表4-23所示。岩棉板的主要性能如表4-24所示。岩棉板用于外墙外保温时，根据抗拉强度和实际不同，分为TR15、TR10、TR7.5三个等级，其对应的抗拉强度和应用情况如表4-25所示。

表4-23 岩棉板的尺寸规格和尺寸偏差

项 目	尺寸规格/mm	尺寸偏差/mm
长度L	910、1000、1200、1500	+15~-3
宽度B	600、630、910	+5~-3
厚度T	30~150	+5~-3

注 本表摘自《绝热用岩棉、矿棉及其制品》(GB/T 11835—2007)。

表4-24 岩棉板的主要性能指标

<table>
<tr><th colspan="2">性 能</th><th colspan="4">指 标</th></tr>
<tr><td colspan="2">外观</td><td colspan="4">要求表面平整,不应有妨碍使用的伤痕、污迹、破损</td></tr>
<tr><td colspan="2">密度/(kg/m³)</td><td>40~80</td><td>81~100</td><td>101~160</td><td>161~300</td></tr>
<tr><td colspan="2">导热系数/[W/(m·K)],≤</td><td colspan="2">0.044</td><td>0.043</td><td>0.044</td></tr>
<tr><td colspan="2">热荷重收缩温度/℃,≥</td><td>500</td><td colspan="3">600</td></tr>
<tr><td colspan="2">渣球含量(粒径>0.25mm)/%,≤</td><td colspan="4">10</td></tr>
<tr><td colspan="2">纤维平均直径/μm,≤</td><td colspan="4">7.0</td></tr>
<tr><td colspan="2">压缩强度/kPa,≥</td><td colspan="4">10(40~120kg/m³);20(121~160kg/m³);40(161~300kg/m³)</td></tr>
<tr><td colspan="2">尺寸稳定性/%,≤</td><td colspan="4">1</td></tr>
<tr><td colspan="2">质量吸湿率/%,≤</td><td colspan="4">5%(用于外墙外保温时,不小于1%)</td></tr>
<tr><td colspan="2">憎水率/%,≥</td><td colspan="4">98%</td></tr>
<tr><td rowspan="2">吸水量/(kg/m²)</td><td>短期,≤</td><td colspan="4">1.0</td></tr>
<tr><td>长期,≤</td><td colspan="4">3.0</td></tr>
<tr><td colspan="2">燃烧性能</td><td colspan="4">不燃A级</td></tr>
<tr><td colspan="2">甲醛释放量/(mg/L),≤</td><td colspan="4">1.5</td></tr>
<tr><td colspan="2">有机物含量/%,≤</td><td colspan="4">4</td></tr>
<tr><td colspan="2">水萃取液的pH值</td><td colspan="4">7.5~9.5</td></tr>
<tr><td colspan="2">水溶性氯化物含量/%,≤</td><td colspan="4">0.1</td></tr>
<tr><td colspan="2">水溶性硫酸盐含量/%,≤</td><td colspan="4">0.25</td></tr>
</table>

注 1. 密度为无外覆层时的岩棉制品的密度。
2. 本表根据《绝热用岩棉、矿棉及其制品》(GB/T 11835—2007)和《建筑用岩棉、矿棉绝热制品》(GB/T 19686—2005)整理而成。

表4-25 垂直于表面的抗拉强度水平及应用情况

抗拉强度水平	抗拉强度/kPa,≥	应用情况
TR80	80	岩棉带:采用黏结剂固定,可不附加锚栓
TR15	15	岩棉板:黏结的同时需附加锚栓固定,也可采用型材法固定
TR10	10	岩棉板:黏结的同时需附加锚栓固定
TR7.5	7.5	岩棉板:黏结的同时需附加锚栓固定,锚栓应锚固在带有玻纤网布的增强防护层上

注 本表摘自《建筑外墙外保温用岩棉制品》(GB/T 25975—2010)。

(2)岩棉带。岩棉带是将岩棉板按照一定宽度切割而成的带状岩棉制品。岩棉带的纤维层垂直排列并粘贴在贴面上,具有纵长向弯曲的能力,在垂直于带上的承压强度大于平面承载强度。岩棉带可用于设备管道的保温。此外,还可用于外墙外保温系统的防火隔离带。

岩棉带常用尺寸规格为1200mm(长度)×600mm(宽度),厚度为30mm、50mm、75mm、100mm、150mm等,主要尺寸规格和尺寸偏差如表4-26所示。岩棉带的主要性能如表4-27所示。岩棉带用于外墙外保温时,采用黏结剂固定,抗拉强度等级不低于80kPa,可不附加锚栓。

表4-26 岩棉带的尺寸规格和尺寸偏差

项 目	尺寸规格/mm	尺寸偏差/mm
长度L	1200、2400	+10~-5
宽度B	910	+10~-5
厚度T	30、50、75、150	+4~-2

注 本表摘自《绝热用岩棉、矿棉及其制品》(GB/T 11835—2007)。

表4-27 岩棉带的主要性能指标

性 能	指 标	
外观	表面平整,不应有妨碍使用的伤痕、污迹、破损,板条间隙均匀无脱落	
密度/(kg/m³)	40~100	101~160
导热系数/[W/(m·K)],≤	0.052	0.049
热荷重收缩温度/℃,≥	600	
渣球含量(粒径>0.25mm)/%,≤	10	
纤维平均直径/μm,≤	7.0	
抗拉强度/kPa,≥	80(用于外墙外保温时)	
压缩强度/kPa,≥	40(用于外墙外保温时)	
尺寸稳定性,≤	1	
质量吸湿率,≤	5%(用于外墙外保温时,不小于1%)	
憎水率,≥	98%	
吸水量/(kg/m²)	短期不大于1.0;长期不大于3.0	
燃烧性能	不燃A级	
甲醛释放量/(mg/L),≤	1.5	
有机物含量/%,≤	4	
水萃取液的pH值	7.5~9.5	
水溶性氯化物含量/%,≤	0.1	
水溶性硫酸盐含量/%,≤	0.25	

注 1. 密度为无外覆层时的岩棉制品的密度。
2. 本表根据《绝热用岩棉、矿棉及其制品》(GB/T 11835—2007)和《建筑用岩棉、矿棉绝热制品》(GB/T 19686—2005)整理而成。

(3)岩棉毡。岩棉毡是由岩棉加工而成的柔软的卷材状岩棉制品。岩棉毡的尺寸较岩棉板更大,最大长度可达6m,适合包裹弧形、管状的物体或有坡度的场合,主要用于大口径管道、储罐、大型设备和异型件、阀门、管接头的保温，也适用于屋面、墙面等保温。岩棉毡的主要尺寸规格和尺寸偏差如表4-28所示。岩棉毡根据覆面特征，分为毡、缝毡和贴面毡三种。毡是没有缝制的卷状岩棉制品。普通缝毡是表面没有覆盖层，直接用缝毡机缝制而成，缝制要求如表4-29所示。贴面毡是用牛皮纸、玻纤网格布、阻燃织物、铝箔或金属网等覆面缝制而成，以增加抗拉性能，便于铺设和包扎。铁丝网和不锈钢丝网缝毡还能提高温度变形能力，适合高温设备的保温。岩棉毡的主要性能如表4-30所示。

表4-28　岩棉毡、缝毡和贴面毡的尺寸规格和尺寸偏差

项　目	尺寸规格/mm	尺寸偏差/mm
长度L	910、3000、4000、5000、6000	±2
宽度B	600、630、910	+5~-3
厚度T	30~150	-3~　（正偏差不限）

注　本表摘自《绝热用岩棉、矿棉及其制品》（GB/T　11835—2007）。

表4-29　缝毡的缝合质量指标

项　目	指　标
边线与边缘距离/mm，≤	75
缝线行距/mm，≤	100
开线长度/mm，≤	240
开线根数（开线长度不小于160mm）/根，≤	3
针脚间距/mm，≤	80

注　本表摘自《绝热用岩棉、矿棉及其制品》（GB/T　11835—2007）。

表4-30　岩棉毡、缝毡和贴面毡的主要性能指标

性　能	指　标	
外观	表面平整，不应有妨碍使用的伤痕、污迹、破损，贴面毡的贴面与基材的粘贴平整、牢固	
密度/（kg/m^3）	40~100	101~160
导热系数/[W/（m·K）]，≤	0.044	0.043
热荷重收缩温度/℃，≥	400	600
渣球含量（粒径>0.25mm）/%，≤	10	
纤维平均直径/μm，≤	7.0	
施工性能	1min内不断裂	
压缩强度/kPa，≥	10（40~120kg/m^3）；20（121~160kg/m^3）；40（161~300kg/m^3）	
尺寸稳定性，≤	1	
质量吸湿率，≤	5%（用于外墙外保温时，不小于1%）	
憎水率，≥	98%	
吸水量/（kg/m^2）	短期不大于1.0；长期不大于3.0	
燃烧性能	不燃A级	

续表

性能	指标
甲醛释放量/(mg/L),≤	1.5
有机物含量/%,≤	1.5
水萃取液的pH值,≤	7.5~9.5
水溶性氯化物含量/%,≤	0.1
水溶性硫酸盐含量/%,≤	0.25

注 1. 密度为无外覆层时的岩棉制品的密度。
2. 本表根据《绝热用岩棉、矿棉及其制品》(GB/T 11835—2007)和《建筑用岩棉、矿棉绝热制品》(GB/T 19686—2005)整理而成。

(4)部分企业产品性能。部分企业生产的岩棉制品的产品性能如表4-31所示。

表4-31 部分企业生产的岩棉制品的产品性能

产品名称	尺寸规格(长×宽×厚)/(mm×mm×mm)	性能指标	使用场合	厂家名称
樱花外墙外保温岩棉板(FRB75、FRB100、FRB150)	1200×600×(40~120)	密度不小于140kg/m³、140kg/m³、150kg/m³ 导热系数不大于0.039W/(m·K) 抗压强度不小于40kPa、50kPa、50kPa 抗拉拔强度不小于7.5kPa、10kPa、15kPa 质量吸水率不大于1% 降噪系数(NRC)不小于0.6;燃烧性能:A级	外墙外保温系统	上海新型建材岩棉有限公司
樱花外墙外保温岩棉带(FRL80、FRL100、FRL120)	1200×150×(30~150) 1200×165×(30~150) 1200×200×(30~150)	密度:80kg/m³、100kg/m³、120kg/m³ 导热系数不大于0.043W/(m·K) 抗压强度不小于60kPa 抗拉拔强度不小于150kPa 质量吸水率不大于1% 降噪系数(NRC)不小于0.6;燃烧性能:A1级	外墙外保温系统防火隔离带	
樱花多功能岩棉毡(RL60、RL80、RL100)	长度:3000、4000、5000 宽度:600、900 厚度:40、50(RL100) 50、60、75 (RL60、RL80)	密度:60kg/m³、80kg/m³、100kg/m³、 导热系数不大于0.040W/(m·K)、0.038W/(m·K)、0.038W/(m·K) 最高使用温度:450℃、650℃、650℃ 纤维直径:5kg/m³;质量吸水率不大于1% 线收缩率小于2%;燃烧性能:A1级	外墙、层面保温和吸声	
樱花复合板岩棉芯材(SPL100、SPL120、SPL150)	1200×100×(50~200) (SPL100) 1200×100×(30~200) (SPL120) 1200×100×(25~200) (SPL150)	密度:80kg/m³、100kg/m³、120kg/m³ 导热系数不大于0.042W/(m·K)、0.043W/(m·K)、0.043W/(m·K) 抗压强度:60kPa、100kPa、150kPa 抗拉拔强度:100kPa、180kPa、250kPa 渣球含量小于2%(直径大于0.25mm) 渣球含量小于30%(直径大于0.063mm) 质量吸水率不大于1%;燃烧性能:A级 长期吸水量(28d)不大于2kg/m²	岩棉复合板	

续表

产品名称	尺寸规格 （长×宽×厚）/ （mm×mm×mm）	性能指标	使用场合	厂家名称
延炜外墙外保温岩棉板（YW-W1、YW-W2、YW-W3）	1200×600×（50~200）	密度：60~160kg/m^3 导热系数不大于0.039W/（m·K） 抗压强度不小于40kPa、60kPa、80kPa 抗拉拔强度不小于7.5kPa、10kPa、15kPa 质量吸湿率不大于0.2% 质量吸水率不大于0.5% 降噪系数（NRC）不小于0.6 燃烧性能：A级；不燃烧	外墙外保温薄抹灰系统	德清县延炜耐火材料厂
延炜外墙外保温岩棉带（YW-D1）	1200×（90~150）×（90~150） 1200×（80~120）×（90~150）	密度：100~120kg/m^3 导热系数不大于0.039W/（m·K） 抗压强度（纤维方向）：80kPa 抗拉拔强度（纤维方向）：150kPa 质量吸湿率不大于0.2% 质量吸水率不大于0.5% 降噪系数（NRC）不小于0.6 燃烧性能：A级；不燃烧	外墙外保温薄抹灰系统防火隔离带	
延炜建筑用岩棉板（YW-J1、YW-J2、YW-J3）	1200×600（1200）×（100~150）（YW-J1）、1200×600（1200）×（50~100）（YW-J2）、1200×600(1200)×（30~80）（YW-J3）	密度:40~80kg/m^3、90~150kg/m^3、150~200kg/m^3 导热系数不大于0.036W/（m·K）、0.036W/（m·K）、0.038W/（m·K） 渣球含量小于2%（直径大于0.25mm） 渣球含量小于30%（直径大于0.063mm） 纤维直径：4.8μm；憎水率不小于98% 尺寸稳定性不大于1% 燃烧性能:A级;不燃烧 吸声系数（500Hz）：1.12	墙体吸声、防火、保温、干挂石材或玻璃幕墙	
延炜夹心板专用岩棉板（YW-T1、YW-T2、YW-T3）	1200×600（1200）×（90~150）（YW-T1）、1200×600（1200）×（50~100）（YW-T2、YW-T3）	密度：100kg/m^3、120kg/m^3、150kg/m^3 抗压强度：80kPa、100kPa、150kPa 抗拉强度：160kPa、210kPa、340kPa 导热系数不大于0.036W/（m·K）、0.036W/（m·K）、0.038W/（m·K） 渣球含量小于5%（直径大于0.25mm） 渣球含量小于30%（直径大于0.063mm） 憎水率不小于98%；吸湿率不大于1% 燃烧性能：A1级；不燃烧	夹心板专用岩棉	
延炜防火黑棉板（YW-F1、YW-F2、YW-F3）	长度：1200 宽度：600、1200 厚度：100~150（YW-F1）、50~100（YW-F2）、30~80（YW-F3）	密度：40~80kg/m^3、90~150kg/m^3、150~200kg/m^3 导热系数：0.034W/（m·K） 燃烧性能：不燃烧 耐火极限：1~4h 熔点温度大于1150℃	防火门的内填充；建筑防火节点填充；幕墙结构建筑的层间防火封堵材料	
延炜岩棉毡	长度：3000~10000 厚度：25、30、40、50、75	密度：60kg/m^3、80kg/m^3、100kg/m^3 导热系数不大于0.044W/（m·K） 最高使用温度：600℃	管道、异型件、空调系统、建筑墙面和屋面保温	

续表

产品名称	尺寸规格（长×宽×厚）/（mm×mm×mm）	性能指标	使用场合	厂家名称
延炜岩棉纤维布缝毡	长度：2500~10000 宽度：600 厚度：25、30、40、50、75、80、100	密度：60kg/m³、80kg/m³、100kg/m³ 导热系数不大于0.044W/（m·K） 最高使用温度：600℃	用于大口径管道、储罐、大型设备和异型件、阀门、管接头的保温	德清县延炜耐火材料厂
延炜岩棉铁丝网、不锈钢铁丝网缝毡	长度：2500~10000 宽度：600 厚度：25、30、40、50、75、80、100	密度：80kg/m³、100kg/m³、120kg/m³、150kg/m³ 导热系数不大于0.044W/（m·K） 最高使用温度：600℃	高温设备的保温	

4.8 玻璃棉及其制品

玻璃棉是用石英砂、石灰石、白云石等天然矿石为主要原料，加入纯碱、硼砂等化工原料，在高温熔化状态下，用火焰法或离心法喷吹成絮状细纤维。纤维和纤维之间为立体交叉，互相缠绕在一起，从而呈现出许多细小的间隙。因此具有保温、隔热和吸声作用。

玻璃棉根据纤维平均直径不同，分为1号玻璃棉（纤维平均直径不大于5.0μm）和2号玻璃棉（纤维平均直径不大于8.0μm）。其中，2号玻璃棉可用于建筑的保温隔热和吸声。根据生产方式不同分为用火焰喷吹成棉的火焰法玻璃棉和用离心喷吹而成的离心玻璃棉。玻璃棉制品种类较多，包括各种玻璃棉板、玻璃棉带、玻璃棉毯、玻璃棉毡、玻璃棉管壳等。玻璃棉及其制品广泛应用于国防、石油化工、建筑、冷藏、交通运输等部门，其中建筑业中的应用最多，占80%以上。由于玻璃棉具有保温、隔热、吸声、防火等性能，通常用于建筑内隔墙龙骨空腔填充、钢构及木构的吊顶和隔墙，也用于工业厂房的屋顶及墙体保温。

建筑绝热用玻璃棉制品主要有玻璃棉板和玻璃棉毡两种类型。根据玻璃棉制品外部是否有外覆盖层及覆层特点，又可以分为无外覆层制品、反射面外覆层制品和非反射面外覆层制品三类。反射面外覆层岩棉制品的反射外覆层通常为铝箔或铝箔牛皮纸等具有热反射及防水性能的外覆层材料。非反射面外覆层制品的外覆层有两种：一种是具有防水性能的外覆层，如PVC、聚丙烯等；另一种是非抗水蒸气渗透的外覆层，如玻璃布等。玻璃棉制品外观要求表面平整，不应有妨碍使用的伤痕、污迹、破损；外覆层与基材粘贴平整、牢固。无外覆层的岩棉制品的燃烧性能应不低于A2级，有外覆层的岩棉制品的燃烧性能根据供需双方协商确定。具有热反射功能的外覆层材料的发射率不大于0.03；具有阻隔水蒸气渗透功能的外覆层材料的水蒸气渗透系数不大于5.7×10^{-11}kg/(Pa·s·m)。

(1)玻璃棉板。玻璃棉板是在玻璃棉中加入热固性胶结剂，经过加热固化处理后制成的具有一定强度的板状建筑产品。主要用于龙骨隔墙系统，木构或其他隔墙系统的保温隔热和隔声。玻璃棉板表面可根据要求贴覆纤维布铝箔、牛皮纸铝箔、加筋牛皮纸铝箔、PVC等贴面。玻璃棉板常用的尺寸规格为1200mm(长度)×600mm(宽度)，厚度为25mm、40mm、50mm等。建筑绝热用玻璃棉板的面应平整，不得有妨碍使用的伤痕、污迹、破损，树脂分布基本均匀，外覆层与基材的黏结平整牢固。玻璃棉板的导热系数与密度有关，密度越大，玻璃棉内部越密实，导热系数越大。其主要性能如表4-32所示。

表4-32　建筑绝热用玻璃棉板的主要性能

项　目	性能指标						
密度/(kg/m^3)	24	32	40	48	64	80	96
导热系数/[W/(m·K)]	0.043	0.040	0.037	0.034	0.033		
纤维直径/μm，≤	8						
渣球含量(粒径大于0.25mm)/%，≤	0.3						
燃烧性能	不燃；A2级(无外覆层)，双方协商(有覆层)						
甲醛释放量/(mg/L)，≤	1.5						

注　1. 密度为无外覆层时的岩棉制品的密度。
2. 本表摘自《建筑绝热用玻璃棉制品》(GB/T 17795—2008)。

(2)玻璃棉毡。玻璃棉卷毡是将玻璃棉用热固性黏结剂制成的柔性卷材，具有保温、隔热、隔声、抗震性能。此外，还具有柔韧性强，质地轻便，密度较低，不易燃烧，可以任意裁切，并且具有很强的抗撕裂性，便于大面积铺设等特点。广泛用于围护结构保温、吸声，设备消声、减震。表面贴覆铝箔的玻璃棉卷毡具有较强的抗热辐射能力，提高保温隔热性能。玻璃棉毡的常用厚度为25mm、40mm、50mm、75mm、100mm等。玻璃棉制品的导热系数与密度有关，密度越大，导热系数也越大。建筑绝热用玻璃棉毡的表面应平整，不得有妨碍使用的伤痕、污迹、破损，树脂分布基本均匀，外覆层与基材的黏结平整牢固。其主要性能如表4-33所示。

表4-33　建筑绝热用玻璃棉毡的主要性能

项　目	性能指标					
密度/(kg/m^3)	10、12	14、16	20、24	32	40	48
导热系数/[W/(m·K)]	0.050	0.045	0.043	0.040	0.037	0.034
纤维直径/μm，≤	8					
渣球含量(粒径大于0.25mm)/%，≤	0.3					
燃烧性能	不燃；A2级(无外覆层)，双方协商(有覆层)					
甲醛释放量/(mg/L)，≤	1.5					

注　1. 密度为无外覆层时的岩棉制品的密度。
2. 本表摘自《建筑绝热用玻璃棉制品》(GB/T 17795—2008)。

（3）部分企业产品性能。部分企业生产的玻璃棉制品的产品性能如表4-34所示。

表4-34 部分企业生产的玻璃棉制品的产品性能

产品名称	尺寸规格（长×宽×厚）/（mm×mm×mm）	性能指标	使用场合	厂家名称
圣戈班玻璃棉板	长度：1200 宽度：600 厚度：50、75、100	密度：20kg/m^3、32kg/m^3、40kg/m^3、48kg/m^3 燃烧性能：A级	用于龙骨隔墙系统，木构或其他隔墙系统	圣戈班石膏建材
圣戈班玻璃棉卷毡	长度：1200 宽度：600 厚度：50、75、100	密度：10kg/m^3、12kg/m^3、20kg/m^3、24kg/m^3 燃烧性能：A级	用于墙体保温	
圣戈班贴面玻璃棉	长度：20000 宽度：1200 厚度：50、75、100	表面特征：铝箔或聚丙乙烯贴面 密度：10kg/m^3、12kg/m^3、14kg/m^3、16kg/m^3 燃烧性能：A级 导热系数：0.038~0.042W/（m·K）	钢结构的屋顶及维护结构	
圣戈班适福玻璃棉	长度：20000 宽度：1200 厚度：30、50、70	表面特征：铝箔或聚丙乙烯贴面 密度：10kg/m^3、12kg/m^3、14kg/m^3、16kg/m^3 燃烧性能：A级 导热系数：0.038W/（m·K）	用于建筑的外墙内保温及外墙外保温	
圣戈班高温玻璃棉	长度：1200 宽度：600 厚度：25、30、40、50、60、70、80	表面特征：铝箔或聚丙乙烯贴面 密度：38kg/m^3、48kg/m^3 燃烧性能：A级 导热系数：0.038W/（m·K）	用于工业设施（电站烟道、热风道、除尘器、烟囱内衬等）的隔热、保温材料	
延炜玻璃棉板	1200×600×（20~80） 1200×1200×（20~80）	密度：24kg/m^3、32kg/m^3、48kg/m^3、64kg/m^3 纤维直径：8μm 导热系数：0.039~0.042W/（m·K）	空调管道、冷冻、冷藏库的保温隔热；影院、机房等有吸声减噪要求的房间	浙江延炜新材料科技有限公司
延炜玻璃棉卷毡	11000×1200×25（30、40、50、100）	密度：10kg/m^3、12kg/m^3、16kg/m^3、20kg/m^3、24kg/m^3		
玻璃棉板	长度：600~2400 宽度：600~1200 厚度：15~100	密度：24~96kg/m^3 燃烧性能：A级	空调管道、冷冻、冷藏库的保温隔热；影院、机房等有吸声减噪要求的房间	绍兴市澳宇保温建材有限公司
玻璃棉毡	长度：3000~24000 宽度：1200 厚度：30~200	密度：9~32kg/m^3 燃烧性能：A级	高层建筑的防火、绝热、吸声；制冷、空调、机房、车辆、船舶等的保温、吸声	

4.9 真空绝热板

真空绝热板是以高强复合阻气膜为包裹材料，内以纤维状或粉状无机轻质芯材和吸气剂为填充材料，通过抽真空、封装等工艺制成的一种高效保温绝热板材。真空绝热板主要由以下三部分组成：

芯材：一般由多空隙无机材料及纤维组成，其主要作用是成型、阻热，提供整个板材的强度及支撑作用，抵抗大气压力。要求材料导热系数低、不燃、有一定的强度、性能稳定。

特质高性能阻隔膜：多层塑料薄膜及纤维布、铝箔的复合结构，主要作用是包覆芯材，抵御气体渗透和碰撞冲击，形成真空腔。

吸气剂：通过物理或化学方式吸附气体。主要作用是长期保持绝热板的真空度，吸附加工中残余或长期使用中渗漏的气体。

真空绝热板具有优异的保温性能，是目前所有保温材料中性能最优越的。同时具有质量轻、不燃等优点，普遍应用于制冷行业中。在国外已经成功应用在建筑工程中，国内也开始逐步推广。但由于真空绝板容易穿刺，施工要求较高，成本也较高。真空绝热板有不同类型（表4-35），根据板材形式，分为热融边真空绝热板和折边真空绝热板；根据板面是否有装饰，分为真空绝热板和真空绝热保温装饰板。真空绝热板不能进行切割、重锤和穿刺。

表4-35　真空绝热板材的产品类型

<table>
<tr><th>分类依据</th><th colspan="2">产品类型</th><th>产品特征</th></tr>
<tr><td rowspan="2">板材形式</td><td colspan="2">热融边真空绝热板</td><td>将阻隔膜四边或三边或两边加热融合进行封边</td></tr>
<tr><td colspan="2">折边真空绝热板</td><td>阻隔膜用折边机封边</td></tr>
<tr><td rowspan="3">板面是否有装饰</td><td colspan="2">普通真空绝热板</td><td>表面没有装饰</td></tr>
<tr><td rowspan="2">真空绝热保温装饰板</td><td>Ⅰ型板</td><td>面板为硅酸钙板或水泥压力板等无机非金属材料</td></tr>
<tr><td>Ⅱ型板</td><td>面板为铝板、铝塑板或彩钢板等金属或金属复合材料</td></tr>
</table>

（1）主要尺寸规格。建筑用真空绝热板的主要尺寸如表4-36所示，异型板的尺寸规格可根据供需双方协商确定。主要产品尺寸规格为600mm（长）×300mm（宽）、600mm（长）×400mm（宽）、600mm（长）×500mm（宽）、600mm（长）×600mm（宽）、200mm（长）×400mm（宽），厚度为8mm、10mm、15mm、20mm。

表4-36　真空绝热板的尺寸规格和尺寸偏差

项　目	尺寸规格	尺寸偏差
长度/mm	300、400、500、600	±10
宽度/mm	200、250、300、400、500、600	±10
厚度/mm	7、10、13、15、17、20、25、30	0~3（≥15mm）；0~3（<15mm）
边缘宽度/mm	≤5	—
平整度/（mm/m）	—	≤2.0

注　1. 长度、宽度、厚度均不包括真空绝热板的边缘部分。

2. 本表摘自《建筑用真空绝热板》（JG/T 438—2014）。

（2）主要技术指标。真空绝热板根据导热系数不同分为Ⅰ、Ⅱ、Ⅲ种类型，其主要技术指标如表4-37所示。

表4-37　岩棉板的主要技术指标

项　目		指　标		
		Ⅰ型	Ⅱ型	Ⅲ型
外观质量		表面无划痕损伤、无褶皱，封口完好		
导热系数/[W/(m·K)]，≤		0.005	0.008	0.012
穿刺强度/N，≥		18		
垂直于板面方向的抗拉强度/kPa，≥		80		
压缩强度/kPa，≥		100		
尺寸稳定性/%	长度、宽度，≤	0.5		
	厚度，≤	3		
表面吸水量/(g/m²)，≤		100		
穿刺后垂直于板面方向的膨胀率/%，≤		10		
耐久性 (30次循环)	导热系数/[W/(m·K)]，≤	0.005	0.008	0.012
	垂直于板面方向的抗拉强度/kPa，≥	80		
燃烧性能		不燃A级(A2级)		

注　本表摘自《建筑用真空绝热板》(JG/T 438—2014)。

(3)部分企业产品性能。部分企业的产品性能如表4-38所示。

表4-38　部分企业产品性能

产品名称	产品构成	性能指标	厂家名称
DS-STP超薄绝热保温板	芯材：纳米硅	面密度：7~15kg/m² 导热系数不大于0.008W/(m·K) 燃烧性能：A1级	浙江大森建筑节能科技有限公司
HD-STP真空绝热板	芯材：新型陶瓷纤维板 包裹材料：玻纤布、铝箔、PE、PET等组成的真空袋	面密度：7~15kg/m² 导热系数不大于0.008W/(m·K) 燃烧性能：A1级 质量损失：7.0%	浙江台州华伟新材料有限公司
STP真空超薄绝热保温板	无机纤维芯材	面密度不大于10kg/m² 导热系数：0.008W/(m·K) 蓄热系数：0.73；燃烧性能：A1级 强度等级：0.4MPa；修正系数：1.2	上海偃诺实业有限公司

4.10　保温装饰板

保温装饰板是由保温材料、装饰面板以及胶粘剂、连接件复合而成，在工厂预制成型的板状产品。根据保温芯材不同，分为有机泡沫塑料保温板、无机保温板等；根据覆盖面层材料不同，分为无机非金属保温装饰板和金属装饰保温板。根据使用部位不同，分为外保温装饰板和内保温装饰板。

4.10.1　非金属饰面保温装饰板

无机非金属保温装饰板可以分为无机非金属材料衬板及装饰材料组成，或是单一无机非金属材料作为装饰面板。保温装饰板是在工厂预制成型，由保温芯板、面板和饰面层组成的集装饰与保温一体的保温板材。根据芯材不同，可以分为泡沫塑料保温板和无机保温板。按照保温装饰板单位单元面积不同，可以分为Ⅰ型（面密度小于20kg/m^2）和Ⅱ型（面密度20~30kg/m^2）。饰面层可以采用氟碳涂料、真石漆、外墙弹性涂料等；面板可采用硅钙板、水泥压力板等无机板材或直接具有装饰功能的铝板或镀铝锌钢板、石材、瓷板等。常见的保温芯材有挤塑聚苯乙烯（XPS）、模塑聚苯乙烯（EPS）、硬质聚氨酯泡沫（PUR）、改性酚醛树脂泡沫（MPF）、纵向纤维岩棉条（RWS）等。保温装饰板的表面和侧面用不小于3mm的玻璃纤维网格布增强聚合物抗裂砂浆或其他无机非金属材料包裹。

（1）尺寸规格。非金属饰面保温装饰板的常见尺寸规格为900mm（长）×600mm（宽）、1200mm（长）×600mm（宽），厚度根据设计确定。其他尺寸规格和尺寸允许偏差如表4-39所示。

表4-39　非金属饰面保温装饰板的尺寸规格和尺寸偏差

项　目	尺寸规格	尺寸偏差
长度/mm	900、1200	±2
宽度/mm	800、600	±2
厚度/mm	根据设计确定	±2
对角线差/mm	—	≤3
板面平整度/mm	—	≤2

注　本表根据《保温装饰外墙外保温系统材料》（JG/T 287—2013）整理而成。

（2）外观质量。非金属饰面保温装饰板的外观应颜色均匀一致、无破损。

（3）主要技术指标。非金属饰面保温装饰板的主要技术指标如表4-40所示。

表4-40　非金属饰面保温装饰板的主要技术指标

项　目		技术要求					
		Ⅰ型			Ⅱ型		
单位面积质量/（kg/m^2）		<20			20~30		
拉伸黏结强度/MPa	原强度，≥	0.10，保温材料内部破坏			0.15，保温材料内部破坏		
	耐水强度，≥	0.10			0.15		
	耐冻融强度，≥	0.10			0.15		
抗冲击性/J	首层，≥	10					
	两层以上，≥	3					
抗弯荷载/N		不小于板材自重					
吸水量/（g/m^2），≤		500					
不透水性		板材内部不渗透					
导热性能	保温材料	EPS	XPS	PU	PF	PVC	OI
	导热系数/[W/（m·K）]，≤	0.030	0.039	0.024	0.030	0.040	0.040

续表

项　目		技术要求	
		Ⅰ型	Ⅱ型
燃烧性能		不低于B2级	
装饰面性能	耐酸性48h	无异常	
	耐碱性96h	无异常	
	耐盐雾500h	无损伤	
	耐老化1000h	合格	
	耐玷污性/%，≤	10（仅限平涂饰面）	
	附着力/级，≤	1（仅限平涂饰面）	

注　本表根据《保温装饰外墙外保温系统材料》（JG/T 287—2013）整理而成。

（4）部分企业产品。部分企业的产品性能如表4-41所示。

表4-41　部分企业产品性能

产品名称	产品构成	性能指标	尺寸规格/mm	厂家名称
楼艺板	饰面板：8mm以上高密度纤维水泥板 底衬板：4mm以上高密度纤维水泥板	密度：1.4~1.7g/cm；抗折强度不小于16MPa 吸水量不大于5%；不透水性：500Pa，2h不透水 燃烧性能：A级；耐冻融：30次冻融循环不出现破裂、分层	长度：1200、900 宽度：800、600 厚度：20、30、40、50、60	杭州元创新型材料科技有限公司
	保温芯材：XPS	表观密度：25~35kg/m^3；尺寸稳定性不大于1.0% 导热系数不大于0.030W/(m·K) 抗压强度不小于0.15MPa；抗拉强度不小于0.10MPa 体积吸水率不大于1.5%；燃烧性能：B2级		
	保温芯材：EPS	表观密度：18~22kg/m^3；尺寸稳定性不大于2.0% 导热系数不大于0.041W/(m·K) 抗压强度不小于0.10MPa；抗拉强度不小于0.10MPa 体积吸水率不大于4%；燃烧性能：B2级		
	保温芯材：改性EPS	表观密度：35~50kg/m^3；尺寸稳定性不大于0.6% 导热系数不大于0.036W/(m·K) 抗压强度不小于0.15MPa；抗拉强度不小于0.10MPa 体积吸水率不大于3%；燃烧性能：A2级		
	保温芯材：岩棉板（带）	表观密度：100~160kg/m^3 导热系数不大于0.045（0.048）W/(m·K) 抗压强度不小于0.05MPa；抗拉强度不小于0.10MPa 质量吸水率不大于5%；燃烧性能：A级		
	保温芯材：聚氨酯板	表观密度不小于30kg/m^3；尺寸稳定性不大于1.0% 导热系数不大于0.024W/(m·K) 抗压强度不小于0.15MPa；抗拉强度不小于0.10MPa 体积吸水率不大于3%；燃烧性能：B2级		
	保温芯材：酚醛板	表观密度：40~80kg/m^3；尺寸稳定性不大于2.0% 导热系数不大于0.035W/(m·K) 抗压强度不小于0.10MPa；抗拉强度不小于0.10MPa 体积吸水率不大于7.5%；燃烧性能：B1级		

续表

产品名称	产品构成	性能指标	尺寸规格/mm	厂家名称
JY聚氨酯复合板	覆面材料：聚合物水泥面层 保温芯材：硬泡聚氨酯	表观密度不小于35kg/m^3 导热系数不大于0.024W/(m·K) 抗拉强度不小于0.10MPa；体积吸水率不大于3% 燃烧性能：D级；尺寸稳定性不大于1.0%	长度：1200 宽度：300~600 厚度：15~100	无锡捷阳节能科技有限公司

4.10.2　金属饰面保温装饰板

金属装饰保温板是由金属或金属复合板作为面板，与保温材料复合而成的集装饰于一体的建筑板材。面层材质为涂层铝板、涂层钢板、金属复合板或其他金属或金属复合板。其中，涂层铝板的厚度不小于1.0mm；涂层钢板的厚度不小于0.6mm。保温芯材为模塑聚苯板（EPS）、挤塑聚苯板（XPS）、聚氨酯（PU）、酚醛树脂（PF）、聚氯乙烯泡沫（PVC）或其他保温材料。金属保温装饰板用粘贴或挂板的形式进行安装固定。

（1）尺寸规格。金属装饰保温板的常见尺寸规格为900mm（长）×600mm（宽）、1 200mm（长）×600mm（宽），厚度根据设计确定。主要尺寸规格和尺寸偏差如表4-42所示，其他尺寸由供需双方协商。

表4-42　金属装饰保温板的尺寸规格和尺寸偏差

项　目	尺寸规格	尺寸偏差
长度/mm	800、1200、2400	±3（>2000mm）；±2（≤2000mm）
宽度/mm	400、600、1200	±3（>2000mm）；±2（≤2000mm）
厚度/mm	根据设计确定	±3（≥40mm）；±2（<40mm）
对角线差/mm	—	≤3
边直度/（mm/m）	—	≤1.0
平整度/（mm/m）	—	≤2.0

注　本表根据《金属装饰保温板》（JG/T 360—2012）整理而成。

（2）外观质量。金属装饰保温板的外观应整洁，切边平直整齐无毛边，折边无明显裂纹，保温材料无脱胶、剥落等缺陷。此外，外观质量还要满足表4-43的要求。

表4-43　金属装饰保温板的外观质量

项　目		技术要求
凹痕、印痕、漏涂、鼓泡等缺陷		不允许
疵点	最大尺寸/mm，≤	3
	数量/（个/m^2），≤	3
擦伤或划伤	深度	应小于饰面涂层厚度
	每平方米累积长度/mm，≤	50
	每平方米累积面积/m^2，≤	150
	每平方米累积个数/（个/m^2），≤	4
色差		目视不明显，仪器检测ΔE≤2.0

注　本表根据《金属装饰保温板》（JG/T 360—2012）整理而成。

(3)主要技术指标。金属装饰保温板的主要技术指标包括装饰涂层的性能指标和保温芯材的性能指标,具体如表4-44、表4-45所示。

表4-44 金属装饰保温板的涂层主要技术指标

项 目	技术要求	
	涂层铝板	涂层钢板
涂层厚度/μm	二涂:平均膜厚不小于25,最小局部膜厚不小于23 三涂:平均膜厚不小于32,最小局部膜厚不小于30	≥20
涂层硬度,≥	HB	F(聚酯);HB(氟碳)
涂层柔韧性,≤	2T	3T
耐盐雾性	高耐候涂层:4000h,不次于1级 普通耐候涂层:720h,不次于1级	960h,气泡密度和大小等级不大于3级,但不允许同时为3级
耐紫外线性	—	1000h,无气泡、开裂,粉化不大于1级
耐人工气候老化	高耐候涂层:4000h,色差不大于4.0,失光等级不次于2级,其他老化性能不次于0级 普通耐候涂层:600h,色差不大于2.0,失光等级不次于2级,其他老化性能不次于0级	—
涂层光泽度偏差,≤	10	
涂层附着力	不次于0级	
耐酸性、耐碱性、耐油性等化学稳定性(24h)	无变化	

注 本表根据《金属装饰保温板》(JG/T 360—2012)整理而成。

(4)热工性能。金属装饰保温板的金属覆层较薄,导热系数大,保温板的热工性能主要由保温芯材的性能决定,具体如表4-45所示。

表4-45 金属装饰保温板的保温芯材性能指标

项 目		技术要求					
		EPS	XPS	PU	PF	PVC	OI
导热系数/[W/(m·K)],≤		0.030	0.039	0.025	0.030	0.040	0.040
抗拉强度/MPa	原强度,≥	0.12(保温材料内部破坏)					
	耐水(48h),≥	0.10(保温材料内部破坏)					
压缩强度/MPa,≥		0.10					
耐温差性(20次循环)	外观	表面涂层无气泡、剥落、开裂等现象,黏结部位无开胶					
	平拉强度	平拉强度不小于0.10MPa,且保温材料内部破坏					
燃烧性能		不低于B2级					

注 本表根据《金属装饰保温板》(JG/T 360—2012)整理而成。

(5)耐火性能。金属装饰保温板的耐火极限不低于B2级,保温材料的氧指数不低于28%。

(6)部分企业产品性能。部分企业的产品性能如表4-46所示。

表4-46 部分企业产品性能

产品名称	产品构成	性能指标	厂家名称
金属面聚氨酯保温与装饰一体化板	面层：0.5~0.8mm厚彩涂铝板	涂层厚度不小于25μm；涂层柔韧性不大于2T 附着力：不次于1级；耐冲击性：500kg·cm；不脱漆	无锡捷阳节能科技有限公司
	保温芯材：20~40mm聚氨酯硬质泡沫	表观密度不小于35kg/m³；导热系数不大于0.020W/(m·K) 压缩强度不小于0.15MPa；体积吸水率不大于3% 燃烧性能：A级	

4.11 热反射隔热涂料

热反射隔热涂料是以合成树脂为基料，与功能性颜填料（如红外颜料、空心微珠、金属微粒等）及助剂配制而成，具有较高太阳反射比和较高红外线发射率的涂料。其工作原理是当太阳照射在涂料表面，95%以上的热量被反射；内层具有隔热效果保温腻子[导热系数约0.1W/(m·K)]，又能够起到延缓热量通过的作用。隔热涂料按隔热机理的不同主要分为（无机）阻隔型隔热涂料、反射型建筑隔热涂料、辐射隔热涂料三类。其性能如表4-47所示。

表4-47 建筑热反射隔热涂料性能

项 目	主要技术指标
太阳光反射比，≥	0.80
半球发射率，≥	0.80

注 本表摘自《建筑用反射隔热涂料》（GB/T 25261—2010）。

产品主要性能。部分企业的产品性能如表4-48所示。

表4-48 部分企业产品性能

产品名称	性能指标	厂家名称
TJY建筑反射隔热保温防水涂料	颜色：白色；太阳光反射比（白色）不小于0.80 隔热温差不小于12.5℃ 半球发射率不小于0.80；导热系数不大于0.077W/(m·K)	安徽天锦云漆业有限公司
建筑反射隔热保温防水涂料	颜色：白色；太阳光反射比（白色）：0.86 隔热温差：11℃；半球发射率：0.85；隔热温差衰减（白色）：6℃	杭州三普节能建筑涂料有限公司
ZEFFLE隔热涂料	颜色：白色；日光反射率：66% 红外线反射率：88.7%	大金氟涂料（上海）有限公司

第5章 浙江常用墙体保温隔热系统

5.1 概 述

外墙保温最初用以遮蔽墙体裂缝，同时可以减少主体墙体厚度，提高墙体防火、防潮和隔声性能，还能减低建筑能耗。20世纪70年代能源危机以后，外墙保温开始在欧洲兴起。欧洲国家主要的外墙保温形式是外贴保温板抹灰，保温材料以阻燃型膨胀聚苯板和岩棉板为主。此外，还有酚醛板、真空绝热（STP）板、硬泡聚氨酯（PU）板等。美国和日本则主要以木结构、轻钢结构内填充保温材料为主。

我国外墙保温技术起步较晚。从20世纪80年代开始，北方地区在外墙内保温方面有一些应用。在2000年以后才逐步开始重视并推广，并制定了一系列外墙保温标准和技术规程。目前，浙江常见的外墙保温系统包括外墙外保温系统、外墙内保温系统、内外复合保温系统、自保温系统和骨架复合保温系统等。浙江农村建筑则几乎没有考虑围护结构的保温隔热，墙体热工性能差、室内热环境恶劣。我国《农村居住建筑节能设计标准》（GB/T 50824—2013）中规定夏热冬冷地区农村建筑外墙的限值：传热系数K不大于1.8W/（m^2·K），热惰性指标D不小于2.5；传热系数K不大于1.5W/（m^2·K），热惰性指标D小于2.5。浙江农村大部分建筑外墙热工性能远大于该限值。

5.1.1 外墙外保温系统

外墙外保温系统是将保温层设置在外墙外侧的保温方式[图5-1（b）]，该系统具有如下优缺点：

（1）优点：保温材料包裹外墙，能防止热桥内表面结露，提高保温效果；能保护墙体主体结构不受外界环境影响，提高墙体的耐久性；不占用室内面积；能充分利用墙体的蓄热能力，保持室内温度的稳定性；便于维修；能满足不同造型的需要。

（2）缺点：相对其他保温系统，外墙外保温造价高；保温层位于室外一侧，容易受雨水侵蚀，对保温材料性能要求高；安全性能差，面层容易开裂或剥落；受外部环境影响较大，不利于施工；外保温技术要求较高，对施工人员要求较高。

目前，适用于浙江省的外墙外保温系统有无机轻集料保温砂浆外墙外保温系统、泡沫玻璃外墙外保温系统、岩棉外墙外保温系统、硬泡沫聚氨酯外墙外保温系统、模塑聚苯板外墙外保温系统、挤塑聚苯板外墙外保温系统、胶粉聚苯颗粒外墙外保温系统等。外墙保温材料的燃烧性能是引发火灾的一个重要因素。外墙外保温系统中的保温层燃烧、蔓延是引发建筑火灾的一个重要原因。我国建筑防火设计规范中对不同建筑类型、不同墙体形式和不同建筑高度中的保温材料的燃烧性能、保温材料防护层厚度和防火隔离带的设置提出了要求，具体内容如表5-1所示。

表5-1 建筑外保温系统保温材料燃烧性能选用

墙体形式	建筑类型	建筑高度H/m	保温材料燃烧性要求	说 明
非幕墙式建筑	住宅	$H \geqslant 100$	应为A级	①外保温系统应采用不燃材料作防护层,并将保温材料完全包裹; ②当选用B1、B2级保温材料时,首层的防护层厚度不应小于15mm,其他层不应小于5mm; ③当采用B1、B2级保温材料时,每层沿楼板位置设置水平防火隔离带,宽度不小于300mm,采用A级保温材料;防火隔离带与墙面应进行全面积粘贴; ④人员密集场所应选用A级保温材料
		$100>H \geqslant 27$	不应低于B1级	
		$27>H$	不应低于B2级	
	其他民用建筑	$H \geqslant 50$	应为A级	
		$50>H \geqslant 24$	不应低于B1级	
		$24>H$	不应低于B2级	
幕墙式建筑		$H \geqslant 24$	应为A级	
		$24>H$	不应低于B1级	

注 本表根据《建筑设计防火规范》(GB 50016—2014)整理而成。

5.1.2 外墙内保温系统

外墙内保温系统是将保温层设置在墙体内侧的保温方式[图5-1(c)],该系统具体有如下优缺点:

(1)优点:施工方便,无须搭建脚手架;受室外气候影响较小;安全性好。

(2)缺点:墙体直接接触室外,不受保温层保护,容易导致主体开裂、渗水;无法解决梁、柱等热桥部位的保温,易发生结露。(北方严寒地区室内外温差大,采用内保温方式容易发生结露现象。夏热冬冷地区室内外温差相对较小,居住建筑一般不会发生结露问题。张三明、王美燕在《墙体内保温体系冷桥部位结露分析》中分别研究了胶粉聚苯颗粒保温砂浆、石膏板岩棉和高强水泥珍珠岩板这3种墙体内保温系统冷桥部位在夏热冬冷的杭州地区整个典型气象年采暖期间结露情况,结果表明冷桥部位一般会发生结露现象。但是由于墙体具有一定的自调功能,结露形成的冷凝水会蒸发或吸收,不至于大量累积而导致保温层受潮、发霉。);占用室内面积,不利于节能改造及室内装修。

目前,适用于浙江地区的外墙内保温系统有聚氨酯复合板内保温系统、有机保温板内保温系统、无机保温板内保温系统、保温砂浆内保温系统、喷涂硬泡沫聚氨酯内保温系统、玻璃棉、岩棉、喷涂硬泡聚氨酯龙骨固定内保温系统等。外墙内保温系统根据不同使用部位以及人员密集情况,保温材料的燃烧性能如表5-2所示。外墙内保温系统的保温层位于室内一侧,可燃难燃材料在燃烧过程中产生的有毒有害气体以及烟雾对人体会产生极大危害。因此,在人员密集的场所不允许使用燃烧性能低于A级的保温材料;其他场所则要严格控制,保温材料的燃烧性能不应低于B1级,且要求低烟、低毒。

表5-2 建筑内保温系统保温材料燃烧性能选用

使用部位	保温材料燃烧性能	备 注
人员密集场所	应采用A级	保温系统用不燃材料做防护层
用火、燃油、燃气等具有火灾危险的场所	应采用A级	
疏散楼梯间、避难走道、避难层	应采用A级	
其他场所	低烟、低毒且不低于B1级	用不燃材料做防护层,厚度不小于10mm

注 本表根据《建筑设计防火规范》(GB 50016—2014)整理而成。

5.1.3 外墙自保温系统

外墙自保温是用导热系数较小的新型墙体材料(如烧结空心砌块、烧结保温砖、蒸压加气混凝土砌块、陶粒混凝土砌块等),辅助以节点保温构造,即可满足建筑节能要求的一种保温系统[图5-1(a)]。该系统具有以下优缺点:

(1)优点:外墙不需要使用保温材料,安全性能好;造价低廉,施工简单;不占用空间。

(2)缺点:无法遮盖墙体产生的裂缝;由于热桥存在,保温效果往往较难满足,梁、柱等部位需要特殊处理;以水泥、石灰等为原料生产的自保温墙体材料收缩性大,容易开裂。

5.1.4 骨架复合墙体保温系统

骨架复合墙体是在木骨架或金属骨架外侧覆盖石膏板或其他耐火板材,并在骨架之间填充具有保温、隔热、隔声性能的材料而构成的非承重墙体[图5-1(d)]。木骨架组合墙体可用于建筑高度在18m以下居住建筑、建筑高度不超过24m的办公建筑以及生产类别为丁类和戊类的厂房或库房(丁类、戊类是根据建筑防火规范中按照不同的生产类型分为甲、乙、丙等不同类型)的房间隔墙和外墙。该系统具有以下优缺点:

(1)优点:墙体质量轻,厚度较薄,抗震性能好;干施工(干施工是指不需要用水调配砂浆或混凝土的一种施工工艺,与"湿施工"相反);墙体安装方便,且方便拆卸。

(2)缺点:防火、防水、防潮、保温、隔声性能差;通常热桥部位不能受到保护。

目前,浙江省常见骨架组合墙体的形式为木骨架墙体包括普通木结构、轻型木结构、胶合木结构等形式。木骨架隔墙内部保温材料应选用燃烧性能为A级的刚性或半刚性成型材料,常用的有岩棉板(毡)、矿棉板(毡)、玻璃棉板(毡)。

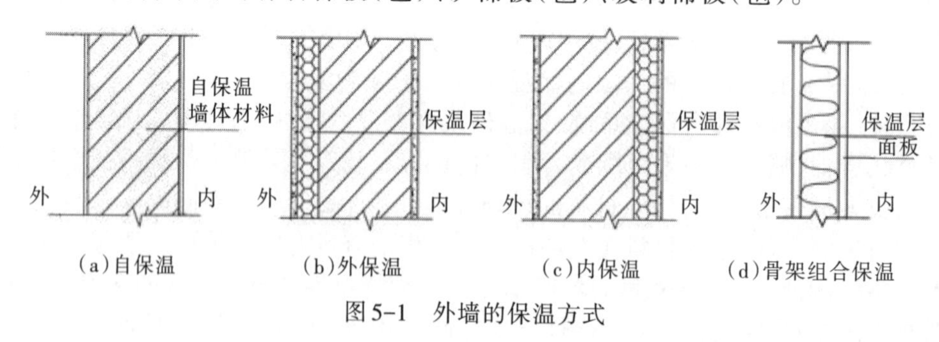

图5-1 外墙的保温方式

5.2 无机轻集料保温砂浆墙体保温系统

无机轻集料保温砂浆墙体保温系统是以无机轻集料保温砂浆为保温层,辅助界面层、抗裂防护层和饰面层构成的墙体保温系统。根据保温材料在墙体中所处的部位不同,分为外墙外保温系统、外墙内保温系统、外墙内外复合保温系统、内墙保温系统。无机轻集料保温砂浆还可用于地面或楼板的保温系统。无机轻集料保温砂浆是以无机轻质保温颗粒作为骨料,加入胶凝材料、添加剂及其他填充料制作而成的干粉砂浆。浙江地区最常见的是玻化微珠无机保温砂浆。

5.2.1　系统特点

无机轻集料保温砂浆墙体保温系统具有以下特点:

(1)防火性能好。由于无机轻集料保温砂浆为玻化微珠、陶粒等无机材料配制而成,燃烧性能为A级。并且保温材料遇高温不会产生挥发性气体,可用作防火等级要求为A级的保温工程以及建筑物防火隔离带工程。

(2)成本较低,施工简单。新建建筑墙面不需要进行抹灰找平,只需要去除表面浮灰、杂物等即可以施工。施工方法同普通砂浆的施工方法相同。

(3)保温材料导热系数较大,系统保温效果差。

(4)无机保温砂浆的强度相对较低,早期强度发展较慢。施工过程中要严格控制用水量,湿度不能太大。

(5)施工质量较难控制。无机保温砂浆是一种干粉砂浆,在施工中进行配制。施工过程中搅拌时间不能过长,机械搅拌时间不宜少于3min,且不宜大于6min。搅制好的砂浆宜在120min内用完。

(6)施工工期较长。无机保温砂浆需要分层涂抹,每层厚度不超过20mm。另外,无机保温砂浆干燥时间较慢,需要几天时间。

5.2.2　系统适用范围

无机轻集料保温砂浆墙体保温系统适用于以下情况:

(1)适用于各种新建、改建、扩建建筑的保温系统,也适用于既有建筑的节能改造。

(2)适用于各类新建砌体结构外墙和现浇混凝土墙体,也适用于节能改造中的其他基层墙面。

(3)适用于涂料饰面,采用适当措施后可贴面砖、石材,或采用干挂石材、玻璃幕墙或金属板等外饰面。

(4)适用于外墙外保温、外墙内保温、外墙内外组合保温、内墙保温、楼地面保温等。

(5)面砖饰面系统适用于建筑高度不超过54m的建筑。

5.2.3　系统性能要求

无机轻集料保温砂浆外保温系统必须满足耐候性、强度、防水、安全等方面的要求,具体如表5-3所示。

表5-3　无机轻集料保温砂浆系统性能指标

项　目	性能指标		
	Ⅰ型	Ⅱ型	Ⅲ型
耐候性	①涂料饰面:经80次高温(70℃)—淋水(15℃)和5次加热(50℃)—冷冻(-20℃)循环后不得出现开裂、空鼓或脱落; ②面砖饰面:经80次高温(70℃)—淋水(15℃)和30次加热(50℃)—冷冻(-20℃)循环后不得出现开裂、空鼓或脱落		

续表

项目		性能指标		
		Ⅰ型	Ⅱ型	Ⅲ型
拉伸黏结强度/MPa	抗裂面层与保温层，≥	0.10（破坏部位位于保温层）	0.15（破坏部位位于保温层）	0.25（破坏部位位于保温层）
	面砖饰面系统，≥	0.4		
抗冲击性	普通型	3J（单层玻纤网），且无宽度大于0.10mm的裂纹		
	加强型	10J（双层玻纤网），且无宽度大于0.10的裂纹		
抗裂面层不透水性		2h不透水		
吸水量/(g/m^2)，≤		1 000（在水中浸泡1h后）		
水蒸气湿流密度/[$g/(m^2 \cdot h)$]，≥		0.85		
冻融性能	外观	30次冻融循环后，系统无空鼓、脱落，无渗水裂缝		
	抗裂面层与保温层的拉伸黏结强度，≥	0.10MPa（破坏部位位于保温层内）	0.15MPa（破坏部位位于保温层内）	0.25MPa（破坏部位位于保温层内）

注 1. 外墙内保温系统的耐候性、耐冻融性能不做要求。

2. 本表根据《无机轻集料保温砂浆系统技术规程》（JGJ 253—2011）整理而成。

5.2.4 系统各部分组成及要求

无机轻集料保温砂浆墙体保温系统由界面层、无机轻集料保温砂浆保温层、抗裂面层及饰面层组成。各系统的基本构造组成如表5-4所示，具体构造如图5-2和图5-3所示。

表5-4 无机轻集料保温砂浆保温系统基本构造组成

构造形式	基本构造				
	基层	界面层	保温层	抗裂面层	饰面层
涂料饰面（外墙外保温系统）	混凝土墙体及各类砌体墙体	界面砂浆	无机轻集料保温砂浆（厚度不大于50mm）	抗裂砂浆（厚度3~5mm）+玻纤网（首层加设一道玻纤网）	柔性腻子+涂料饰面
面砖饰面（外墙外保温系统）	混凝土墙体及各类砌体墙体	界面砂浆	无机轻集料保温砂浆（厚度不大于50mm）	抗裂砂浆（厚度5~8mm）+玻纤网+塑料锚栓（5个/m^2）	胶黏剂+面砖+填缝剂
涂料饰面（外墙内保温系统或内墙保温系统）	混凝土墙体及各类砌体墙体	界面砂浆	无机轻集料保温砂浆（厚度不大于30mm）	抗裂砂浆（厚度3~5mm）+玻纤网	涂料饰面；面砖饰面

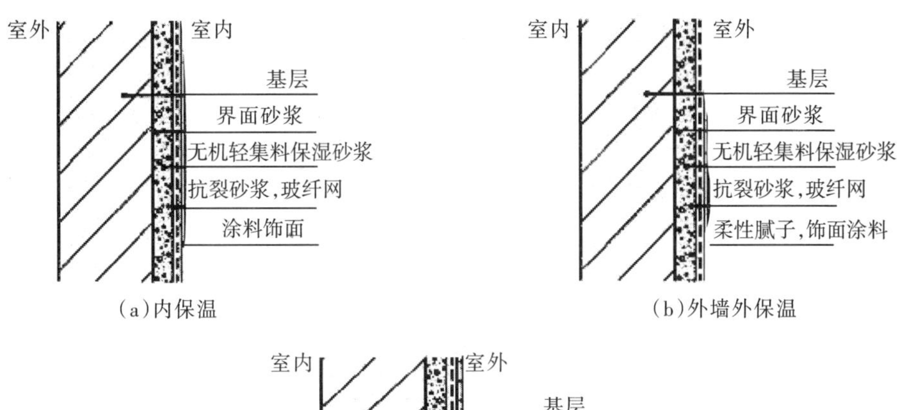

图5-2　无机保温砂浆外墙保温系统构造

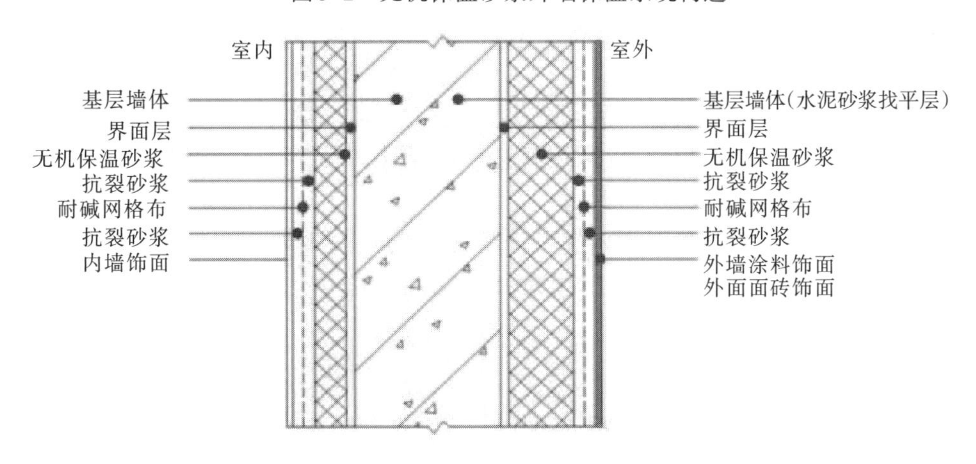

图5-3　无机保温砂浆内外复合保温系统构造

(1)界面层。该保温系统的界面层为界面砂浆，用以增加无机保温砂浆与基层墙体的黏结力。根据基层不同，分为Ⅰ型和Ⅱ型两种，分别适用于水泥混凝土基层(包括混凝土墙、灰砂砖砌墙体和硅酸盐砖砌墙体)和蒸压加气混凝土基层。蒸压加气混凝土制品应采用专用界面砂浆。

(2)保温层。常用的无机轻集料保温砂浆是以玻化微珠、陶砂为骨料生产的保温砂浆。按照干密度、抗压强度和导热系数等不同，分为Ⅰ型、Ⅱ型、Ⅲ型三种。其中，Ⅰ型主要用于内保温；Ⅱ型主要用于外墙外保温、内外复合保温和楼地面保温；Ⅲ型不宜单独用于外墙外保温，主要用于辅助保温、复合保温和楼地面保温。

当无机轻集料保温砂浆作为外墙外保温设计时，其导热系数和蓄热系数如表5-5所示。无机轻集料保温砂浆系统宜优先选用外墙外保温，保温砂浆厚度不宜大于

50mm。当墙体平均传热系数无法满足时，宜采用内外复合保温。外墙内侧保温砂浆厚度不宜大于30mm。

表5-5　无机轻集料保温砂浆热工参数

保温砂浆类型	蓄热系数/[W/(m²·K)]	导热系数/[W/(m·K)]	修正系数
Ⅰ型	1.20	0.070	1.25
Ⅱ型	1.50	0.085	1.25
Ⅲ型	1.80	0.100	1.25

注　本表摘自《无机轻集料保温砂浆系统技术规程》(JGJ 253—2011)。

(3)抗裂面层。抗裂面层将抹面胶浆涂抹在保温砂浆上，中间嵌入耐碱玻纤增强网格布。由于保温砂浆线收缩率大，抗裂面层是其重要的抗裂措施，具有防裂、防水、抗冲击和防火等作用。

抗裂面层应根据饰面材料不同严格控制其厚度。当采用涂料饰面时，复合有玻纤网的抗裂面层厚度不应小于3mm，且不宜超过5mm；采用面砖饰面时，其厚度不应小于5mm，且不宜超过8mm。建筑的首层以及门窗洞口四周等容易受人活动影响，应力较集中的部位应增设一道玻纤网。

(4)饰面层。无机保温砂浆外墙外保温系统宜选用涂料饰面。当饰面层为面砖时，应采用锚栓锚固的加强措施，且建筑高度不超过54mm。塑料锚栓设置在抗裂面层的玻纤网的外侧，每平方米不少于五个。

无机保温砂浆用于墙体内侧时，饰面层可以采用涂料、墙纸和面砖等。由于保温层线收缩率大，容易导致涂层龟裂，应采用弹性腻子或柔性腻子，不能选用普通腻子。另外，面砖饰面不需要使用腻子。

无机轻集料保温砂浆外墙保温系统各主要部分的性能指标如表5-6所示。

表5-6　无机轻集料保温砂浆外墙保温系统各主要部分的性能指标

构造层次	材料名称	项　目		性能指标		
界面层	界面砂浆	拉伸黏结强度	抗压强度损失率/%，≤	20		
			质量损失率/%，≤	5		
		可操作时间/h		1.5~4.0		
保温层	无机轻集料保温砂浆	类型		Ⅰ型	Ⅱ型	Ⅲ型
		干密度(kg/m³)，≤		350	450	550
		抗压强度/MPa，≥		0.50	1.00	2.50
		拉伸黏结强度/MPa，≥		0.10	0.15	0.25
		导热系数(平均温度25℃)/[W/(m·K)]，≤		0.070	0.085	0.100
		稠度保留率(1h)/%，≥		60		
		线性收缩率/%，≤		0.25		
		软化系数，≥		0.60		

续表

构造层次	材料名称	项目		性能指标
保温层	无机轻集料保温砂浆	抗冻性能	抗压强度损失率/%,≤	20
			质量损失率/%,≤	5
		石棉含量		不含石棉纤维
		放射性		同时满足 I_{Ra}≤1.0 和 I_r≤1.0
		燃烧性		A2级

注 本表根据《无机轻集料保温砂浆系统技术规程》(JGJ 253—2011)整理而成。

5.2.5 系统设计依据及材料选用标准

(1)系统设计应符合以下标准:

《无机轻集料保温砂浆系统技术规程》(JGJ 253—2011)

《无机轻集料保温砂浆及系统技术规程》(DB33/T 1054—2008)

《外墙外保温构造详图(一)》(2009浙J54)

(2)主体材料参考的标准:

《膨胀玻化微珠保温隔热砂浆》(GB/T 26000—2010)

5.3 泡沫玻璃外墙外保温系统

5.3.1 系统特点

泡沫玻璃外墙外保温系统是以黏结方式为主、锚固方式为辅,将泡沫玻璃保温板固定在外墙外侧的保温系统。该系统具有以下特点:

(1)优点:泡沫玻璃属于无机材料,燃烧性能可达到A1级,属于不燃烧材料,防火性能好;泡沫玻璃是所有保温材料中线膨胀系数最小的材料,接近水泥、钢材等的膨胀收缩率,尺寸稳定,保温系统不会出现开裂;绝热泡沫玻璃内部75%以上为密闭气泡,渗透系数几乎为0,系统防水性能好;泡沫玻璃耐久性好,与建筑同寿命;不会老化、霉变、虫蚀;无放射性侵害,且不会产生任何有毒气体,对人体无毒无害。

(2)缺点:泡沫玻璃导热系数较大,系统保温效果差;泡沫玻璃机械强度低、抗热冲击性差、易破碎。

5.3.2 系统适用范围

泡沫玻璃外墙外保温系统适用于以下场合:

(1)适用于各种新建、改建、扩建建筑的外墙外保温,也适用于既有建筑的节能改造。

(2)适用于各类新建砌体结构外墙和现浇混凝土墙体,也适用于节能改造中的其他基层墙面。

(3)适用于高层建筑的防火隔离带。

(4)适用于涂料饰面,采用适当措施后可贴面砖、石材,或采用干挂石材、玻璃幕墙或金属板等外饰面。

(5)适用于外墙内保温、屋面保温、楼地面保温、地下室外墙保温、架空或外挑楼板保温、地下室顶板保温等。

(6)适用于游泳池池壁及池底、通风管道、冷库、机房、牛奶场等要求恒温环境的保温保冷。

5.3.3 系统性能要求

泡沫玻璃外墙外保温系统的系统性能要求如表5-7所示。

表5-7 泡沫玻璃外墙外保温系统性能指标

项 目	性能指标
吸水量(浸水24h后)/(g/m^2),≤	500
抗拉强度/MPa	普通型不小于0.1;加强型不小于0.3
抗冲击强度	普通型:3J(单层玻纤网);加强型:10J(双层玻纤网)
抗风压值	不小于工程项目的风荷载设计值
耐冻融	表面无裂纹、空鼓、起泡、剥离现象
水蒸气湿流密度/[$g/(m^2·h)$],≥	0.85
不透水性	防护层内侧无渗水
耐候性	表面无裂纹、粉化、剥落现象

注 本表根据《泡沫玻璃建筑外墙外保温体积技术规程》(DB 33/1072—2010)整理而成。

5.3.4 系统各部分组成及要求

泡沫玻璃外墙外保温系统的基本构造层次由内到外依次为:基层、界面层、黏结层、泡沫玻璃保温层、护面层、饰面层。系统基本构造组成如表5-8所示,具体构造如图5-4所示。

表5-8 泡沫玻璃外墙外保温系统基本构造组成

构造形式	基本构造					
	基层	界面层	黏结层	保温层	护面层	饰面层
泡沫玻璃外墙外保温系统	混凝土墙体及各类砌体墙体	水泥砂浆找平层	黏结砂浆(3~4mm)	泡沫玻璃(居住建筑厚度不小于25mm;公共建筑厚度不小于30mm)	抹面胶浆(3~4mm)+耐碱玻纤网(首层加设一道玻纤网)	防水腻子(2~3mm)+涂料饰面

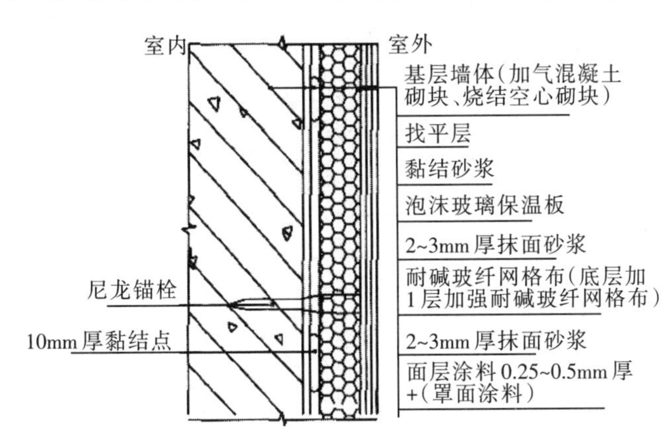

图5-4　泡沫玻璃外墙外保温系统

(1)界面层。界面层是用以改善泡沫玻璃保温层与基层墙面的黏结。特别是钢筋混凝土基础,必须用界面剂处理。其他砌体墙面可用1:3水泥砂浆找平。

(2)黏结层。黏结层将泡沫玻璃保温板固定在基层墙面上,厚度约为3~4mm。

(3)泡沫玻璃保温层。泡沫玻璃保温层是一种块状闭孔型泡沫玻璃绝热制品,常用尺寸规格(长×宽)为600mm×600mm、600mm×450mm、450mm×300mm、300mm×225mm、225mm×150mm,厚度为25mm、30mm、40mm、45mm等。泡沫玻璃保温板用于外墙外保温工程中时,居住建筑的最小保温层厚度不小于25mm,公共建筑不小于30mm。泡沫玻璃保温板宜采用点粘法、条粘法和满粘法。采用点粘法时,面积为板材的40%~70%。泡沫玻璃保温板的热工参数如表5-9所示。

表5-9　泡沫玻璃保温板的热工参数

蓄热系数/[W/(m²·K)]	导热系数/[W/(m·K)]	修正系数α
0.81	0.062	1.10

(4)抹面层。抹面层是为保证保温层平整,防止开裂和破损的措施。抹面层分为两层:一层是抹面胶浆,分两层涂抹,总厚度约3~4mm;另一层是耐碱玻璃纤维网格布,压入第一道抹面胶浆中。耐碱纤维网格布根据单位面积质量和拉伸断裂强力分为加强型和普通型两种。加强型用于建筑首层离地2m范围易受人活动干扰的区域,以及墙体容易受碰撞的转角、门窗洞口及不同材料基体交接处等应力集中部位。

除此以外,泡沫玻璃保温层的固定方式与建筑高度和所处部位有关,应采用锚栓、卡钉、托架等固定件进行辅助固定(表5-10),固定点的数量不少于4~7只/m²。

表5-10　泡沫玻璃保温板的固定方式

建筑高度及部位	基本固定方式	辅助固定方式
墙体转角、门窗洞口四周、不同材料交接处	抹面胶浆+耐碱纤维网格布(加强型,加设一层)	—
建筑首层离室外地坪2m范围	抹面胶浆+耐碱纤维网格布(加强型,加设一层)	—
高度超过4m不分格	抹面胶浆+耐碱纤维网格布(普通型)	固定卡钉或尼龙锚栓
高于室外地坪20~28m	抹面胶浆+耐碱纤维网格布(普通型)	固定卡钉或尼龙锚栓
室外地坪28m以上	抹面胶浆+耐碱纤维网格布(普通型)	金属托架(每2层设置一圈)+尼龙锚栓

(5)饰面层。泡沫玻璃保温板强度较低,外墙外保温系统适宜用涂料饰面。防水腻子总厚度约2~3mm。外饰面不适宜用面砖、石材饰面。若采用面砖、石材等饰面,需要采取相应的加固措施并进行论证。泡沫玻璃外墙保温系统各部分性能要求如表5-11所示。

表5-11 泡沫玻璃外墙保温系统各部分性能要求

构造层次	材料名称	项 目	性能指标
保温层	泡沫玻璃保温板	导热系数/[W/(m·K)],≤	0.062
		体积密度/(kg/m³),≤	160
		抗压强度/MPa,≥	0.55
		抗折强度/MPa,≥	0.45
		水蒸气渗透系数/[ng/(Pa·m·s)],≤	0.05
		体积吸水率/%,≤	0.5
		燃烧性能等级	不燃A级

注 本表根据《泡沫玻璃建筑外墙外保温体系技术规程》(DB 33/1072—2010)整理而成。

5.3.5 系统设计依据及材料选用标准

(1)系统设计应符合的标准:

《泡沫玻璃建筑外墙外保温体系技术规程》(DB 33/1072—2010)

(2)主体材料参考的标准:

《泡沫玻璃绝热制品》(JC/T 647—2005)

5.4 模塑聚苯板薄抹灰外墙外保温系统

5.4.1 系统特点

模塑聚苯板薄抹灰外墙外保温系统是以黏结方式为主、锚钉锚固方式为辅,将模塑聚苯板固定在外墙外侧的墙体保温系统。该系统具有以下特点:

(1)优点:国际上使用最普遍,技术最成熟的保温系统;模数聚苯板导热系数较小,保温效果好;系统性价比高。

(2)缺点:模数聚苯板属于有机材料,燃烧性能较差,存在火灾安全隐患;安全性较差,特别是抗负风压性能较差,容易造成板面剥落;模数聚苯板易老化、粉化;尺寸稳定性差,长期热胀冷缩作用下会发生变形。

5.4.2 系统适用范围

模塑聚苯板薄抹灰外墙外保温系统适用于以下情况:

(1)适用于各种新建、改建、扩建建筑的外墙外保温,也适用于既有建筑的节能改造。

(2)适用于各类新建砌体结构外墙和现浇混凝土墙体,也适用于节能改造中的其他基层墙面。

（3）适用于涂料饰面。做好适当措施后采用面砖、石材等外饰面。

（4）适用于建筑高度不超过27m的民用建筑。

5.4.3　系统性能要求

模塑聚苯板薄抹灰外墙外保温系统耐候性、强度、防水、安全等方面的性能要求如表5-12所示。

表5-12　模塑聚苯板外墙保温系统性能要求

<table>
<tr><th colspan="3" rowspan="2">项　目</th><th colspan="2">性能指标</th></tr>
<tr><th>涂料饰面</th><th>面砖饰面</th></tr>
<tr><td rowspan="3">耐候性</td><td colspan="2">外观</td><td colspan="2">无可见裂缝，无粉化、空鼓、剥落现象</td></tr>
<tr><td rowspan="2">拉伸黏结强度/MPa</td><td>抹面层与模塑板，≥</td><td>0.10</td><td>0.10</td></tr>
<tr><td>抹面层与面砖，≥</td><td>—</td><td>0.4</td></tr>
<tr><td colspan="3">吸水量/（g/m²），≤</td><td colspan="2">500</td></tr>
<tr><td rowspan="2">抗冲击性</td><td colspan="2">两层及以上</td><td>3J级</td><td>—</td></tr>
<tr><td colspan="2">首层</td><td>10J级</td><td>—</td></tr>
<tr><td colspan="3">水蒸气透过湿流密度/［g/（m²·h）］，≥</td><td colspan="2">0.85</td></tr>
<tr><td rowspan="3">耐冻融</td><td colspan="2">外观</td><td colspan="2">无可见裂缝，无粉化、空鼓、剥落现象</td></tr>
<tr><td rowspan="2">拉伸黏结强度/MPa</td><td>抹面层与模塑板，≥</td><td>0.10</td><td>—</td></tr>
<tr><td>抹面层与面砖，≥</td><td>—</td><td>0.4</td></tr>
</table>

注　本表根据《模塑聚苯板薄抹灰外墙外保温系统材料》（GB/T 29906—2013）整理而成。

5.4.4　系统各部分组成及要求

该系统由模塑聚苯板、胶粘剂、抹面胶浆、玻璃纤维网布及饰面材料等组成。另外，必要时还应采取锚栓、护角、托架等配件以及防火构造措施。饰面材料包括面砖和涂料，饰面材料不同性能要求也不同。模塑聚苯板外墙外保温系统的基本构造组成如表5-13所示，构造如图5-5和图5-6所示。

表5-13　模塑聚苯板薄抹灰外墙外保温系统基本构造组成

<table>
<tr><th rowspan="2">构造形式</th><th colspan="6">基本构造</th></tr>
<tr><th>基层</th><th>界面层</th><th>黏结层</th><th>保温层</th><th>护面层</th><th>饰面层</th></tr>
<tr><td>模塑聚苯板薄抹灰外墙外保温系统（涂料饰面）</td><td>混凝土墙体及各类砌体墙体</td><td>水泥砂浆找平层</td><td>胶黏剂（3~4mm）+锚栓</td><td>模塑板</td><td>抹面胶浆（首层15mm，其他层5mm）+耐碱玻纤网（首层加设一道玻纤网）</td><td>防水腻子（2~3mm）+涂料饰面</td></tr>
<tr><td>模塑聚苯板薄抹灰外墙外保温系统（面砖饰面）</td><td>混凝土墙体及各类砌体墙体</td><td>水泥砂浆找平层</td><td>胶黏剂（3~4mm）+锚栓</td><td>模塑板</td><td>抹面胶浆（首层15mm，其他层5mm）+耐碱玻纤网（首层加设一道玻纤网）</td><td>面砖胶黏剂+面砖+面砖填缝剂</td></tr>
</table>

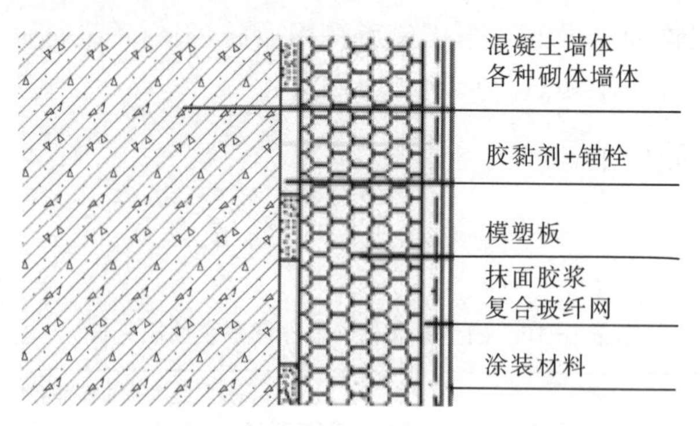

图5-5 模塑聚苯板外墙外保温系统(涂料饰面)

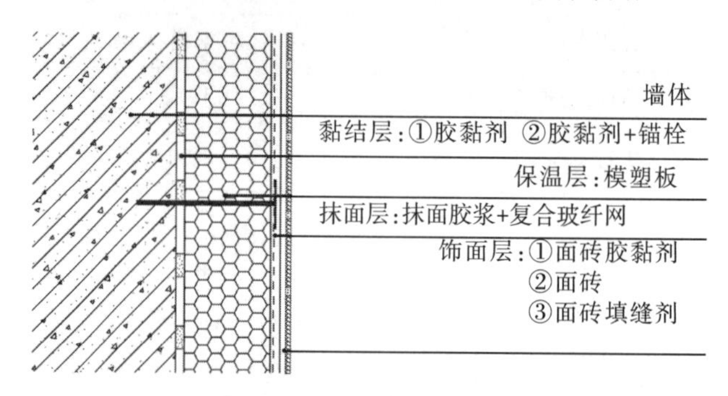

图5-6 模塑聚苯板外墙外保温系统(面砖饰面)

(1)黏结层。模塑聚苯板薄抹灰外墙外保温系统的黏结层为黏结剂。黏结剂是由水泥基胶凝材料、高分子聚合物材料以及填料和添加剂等组成,专用于将模塑聚苯板粘贴在基层墙体上的黏结材料。胶黏剂主要有两种:一种是工厂生产的液状胶黏剂,使用时加入一定比例的水泥或由厂商提供的干粉料,搅拌均匀即可使用。另一种是在工厂里预混合好的干粉状胶黏剂,使用时与一定比例的拌和用水混合,搅拌均匀即可使用。锚栓起到辅助固定作用。当建筑高度超过20m,保温板需要用锚栓固定。固定时锚栓圆盘位于网格布外侧。

(2)保温层。该系统的保温层为阻燃型模塑聚苯板,根据导热系数不同分为039级和033级两种。模塑聚苯板燃烧性能为B2级,防火性能较差。近年来,出现了一种加入石墨等无机材料复合制成的模塑聚苯板(又称真金板)。这种模塑聚苯板的防火等级可达到B1级以上,耐老化性能、尺寸稳定性更好。模塑聚苯板的热工参数如表5-14所示。

表5-14 模塑聚苯板的热工参数

保温材料类型	导热系数/[W/(m·K)]	蓄热系数/[W/(m²·K)]	修正系数α
039级	0.039	0.36	1.2
033级	0.033	0.36	1.2
真金板	0.037~0.04	0.76	—

(3)抹面层。抹面层用抹面胶浆复合玻纤网涂抹在模塑板外表面,起到保护模塑聚苯板的作用,同时还能起到防裂、防火、防水和抗冲击等作用。模塑聚苯板防火性能差,抹面层起到防火作用。建筑首层厚度为15mm,其他层厚度为5mm。

(4)饰面层。模塑聚苯板外墙外保温系统适宜采用涂料饰面。当采用面砖时,面砖可为陶瓷砖和陶瓷马赛克等,应优先选用背面有燕尾槽的面砖,燕尾槽深度不宜小于0.5mm。按《建筑气候区划标准》(GB 50178—93)的区域划分,浙江省属于Ⅲ类气候区。模塑聚苯板外墙保温系统各部分热工参数如表5-15所示。

表5-15　模塑聚苯板外墙保温系统各部分热工参数

构造层次	材料名称	项　目	性能指标	
保温层	模塑板	类型	039级	033级
		导热系数/[W/(m·K)],≤	0.039	0.033
		表观密度/(kg/m³)	18~22	
		垂直于板面方向的抗拉强度/MPa,≥	0.10	
		尺寸稳定性/%,≤	0.3	
		弯曲变形/mm,≥	20	
		水蒸气渗透系数/[ng/(Pa·m·s)],≤	4.5	
		吸水率/%,≤	3	
		燃烧性能等级	不低于B2级	B1级

注　本表根据《模塑聚苯板薄抹灰外墙外保温系统材料》(GB/T 29906—2013)整理而成。

5.4.5　系统设计依据及材料选用标准

(1)系统设计应符合以下标准:

《模塑聚苯板薄抹灰外墙外保温系统材料》(GB/T 29906—2013)

《外墙外保温工程技术规程》(JGJ 144—2004)

《膨胀聚苯板薄抹灰外墙外保温系统》(JG 149—2003)

(2)主体材料参考的标准:

《绝热用模塑聚苯乙烯泡沫塑料》(GB/T 10801.1—2002)

5.5　挤塑聚苯板薄抹灰外墙外保温系统

5.5.1　系统特点

挤塑聚苯板薄抹灰外墙外保温系统是将经过阻燃处理的挤塑聚苯板,通过黏结并辅助锚栓锚固的方式固定在外墙外侧的保温系统。该系统具有以下特点:挤塑聚苯板的闭孔及蜂窝状结构使其导热系数较模塑聚苯板更小,抗压、抗剪强度更高,吸水率更低;挤塑聚苯板属于有机材料,燃烧性能较差;挤塑聚苯板相对模塑聚苯板柔韧性较差,板面与基层墙面的附着力差;挤塑聚苯板的密度和强度较模塑聚苯板更大,尺寸稳定性较差,变形产生的应力大,容易造成板缝应力集中。用锚钉锚固时容易出现挤塑板开裂的危险情况,保温系统安全性较差;施工性能较差,板面无法打磨,平整度较差,容易造成板面开裂。

5.5.2 系统适用范围

挤塑聚苯板薄抹灰外墙外保温系统适用于以下情况：

(1)适用于各种新建、改建、扩建建筑的外墙外保温，也适用于既有建筑的节能改造。

(2)适用于各类新建砌体结构外墙和现浇混凝土墙体，也适用于节能改造中的其他基层墙面。

(3)适用于涂料饰面。采用适当措施后可贴面砖、石材等外饰面。

(4)适用于建筑高度不超过27m的民用建筑。

5.5.3 系统性能要求

挤塑聚苯板薄抹灰外墙外保温系统的性能要求应满足表5-16的要求。

表5-16 挤塑聚苯板外墙外保温系统性能要求

项 目		性能指标
耐候性	外观	无可见裂缝，无粉化、空鼓、剥落现象
	抹面层与挤塑板拉伸黏结强度原强度/MPa，≥	0.15
吸水量/(g/m^2)，≤		500
抗冲击性	两层及以上	3J级
	首层	10J级
水蒸气透过湿流密度/[$g/(m^2 \cdot h)$]，≥		0.85
耐冻性	外观	无可见裂缝，无粉化、空鼓、剥落现象
	抹面层与挤塑板拉伸黏结强度原强度/MPa，≥	0.15
抹面层不透水性		墙体内侧无水渗透
热阻		符合设计要求

注 本表摘自《挤塑聚苯板薄抹灰外墙外保温系统材料》(GB/T 30595—2014)。

5.5.4 系统各部分组成及要求

该系统由黏结层、保温层、抹面层和饰面层组成。其构造如图5-7所示，该系统的基本构造组成如表5-17所示。

表5-17 挤塑聚苯板薄抹灰外墙外保温系统基本构造组成

构造形式	基本构造					
	基层	界面层	黏结层	保温层	护面层	饰面层
挤塑聚苯板薄抹灰外墙外保温系统(涂料饰面)	混凝土墙体及各类砌体墙体	水泥砂浆找平层	胶黏剂(3~4mm)+锚栓	挤塑聚苯板	抹面胶浆(首层15mm，两层及以上5mm)+耐碱玻纤网(首层加设一道玻纤网)	防水腻子(2~3mm)+涂料饰面

(1)黏结层。黏结层采用胶黏剂黏结，黏结面积不少于挤塑板面积的40%。锚栓起到辅助加固的作用，每平方米不少于4个。挤塑板要避免使用含有挥发性成分的胶合

物，避免遭受溶剂侵蚀。

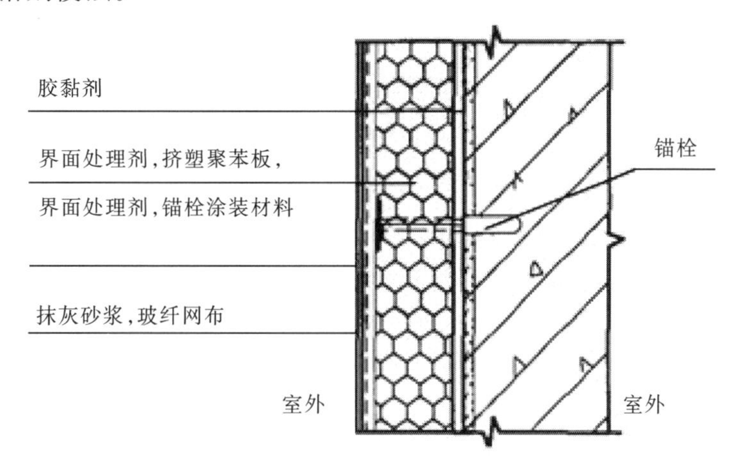

图5-7　挤塑聚苯板外墙外保温系统（涂料饰面）

（2）保温层。保温层为阻燃型挤塑聚苯板，包括不带表皮的毛面板和带表皮的开槽板。并非所有挤塑板都适用于外墙外保温，适用于外墙外保温的挤塑板密度和压缩强度不宜过大。挤塑板的密度宜不大于35kg/m³，压缩强度宜控制在200~250kPa之间。为保证黏结强度，挤塑板在粘贴之前表面需要进行处理。常用处理方法为去皮、开槽，并在使用前用界面剂进行涂刷。全部用回收料生产的挤塑板不能用于外墙外保温系统。挤塑聚苯板的热工参数如表5-18所示。

表5-18　挤塑聚苯板的热工参数

保温材料类型	导热系数/[W/(m·K)]	蓄热系数/[W/(m²·K)]	修正系数α
不带表皮	0.032	0.36	1.2
带表皮开槽	0.030	0.36	1.2

（3）抹面层。抹面层采用抹面胶浆，建筑首层厚度为15mm，其他层为5mm，中间嵌入玻纤网格布。

（4）饰面层。饰面层为涂装饰面，具体包括水性外墙涂料、饰面砂浆和柔性面砖等。如果采用石材、面砖等饰面，需要采取相应措施。

挤塑聚苯板外墙外保温系统各组成材料的性能如表5-19所示。

表5-19　挤塑聚苯板外墙外保温系统各组成材料的性能

构造层次	材料名称	项　目	性能指标
保温层	挤塑板	表观密度/(kg/m³)	22~35
		导热系数(25℃)/[W/(m·K)]	不带表皮的毛面板，≤0.032 带表皮的开槽板，≤0.030
		垂直与板方向的抗拉强度/MPa，≥	0.20
		压缩强度/MPa，≥	0.20
		弯曲变形/mm，≥	20
		尺寸稳定性/%，≤	1.2
		吸水率(V/V)/%，≤	1.5

续表

构造层次	材料名称	项　目	性能指标
保温层	挤塑板	水蒸气渗透系数/[ng/(Pa·m·s)]	3.5~1.5
		氧指数/%,≥	26
		燃烧性能等级	不低于B2级
		对带表皮的开槽板,弯曲试验的方向应与开槽方向平行	
	界面处理剂	容器中状态	色泽均匀,无杂质,无沉淀,不分层
		冻融稳定性(3次)	无异常
		储存稳定性	无硬块,无絮凝,无明显分层和结皮
		最低成膜温度/℃,≤	0
		不挥发物含量/%	不带表皮的毛面板,≥18 带表皮的开槽板,≥22

注　本表根据《挤塑聚苯板薄抹灰外墙外保温系统材料》(GB/T 30595—2014)整理而成。

5.5.5　系统设计依据及材料选用标准

(1)系统设计应符合以下标准:

《挤塑聚苯板薄抹灰外墙外保温系统材料》(GB/T 30595—2014)

《膨胀聚苯板薄抹灰外墙外保温系统》(JG149—2003)

(2)主体材料参考的标准:

《绝热用挤塑聚苯乙烯泡沫塑料》(GB/T 10801.2—2002)

5.6　硬泡聚氨酯外墙外保温系统

5.6.1　系统特点

根据施工工艺、硬泡聚氨酯保温材料形式不同,硬泡聚氨酯有三种不同外墙外保温系统:现场喷涂硬泡聚氨酯外墙外保温系统、硬泡聚氨酯复合板外墙外保温系统和硬泡聚氨酯保温装饰板外墙外保温系统。这些系统具有以下特点:硬泡聚氨酯成型后形成闭孔结构,是当前常用有机保温材料中导热系数最低的,保温性能好;硬泡聚氨酯复合板、硬泡聚氨酯保温装饰板在保温材料表面覆盖面板,提高了保温材料的抗压强度;硬泡聚氨酯保温装饰板表面装饰类型丰富,且在工厂加工成型,尺寸精度高,施工方便,工期短;现场喷涂硬泡聚氨酯外墙外保温系统采用现场喷涂工艺,与墙体黏结强度高、黏结牢固,无须使用其他黏结剂和锚钉锚固。并且,连续喷涂的保温层能够阻断热桥;现场喷涂硬泡聚氨酯外墙外保温系统现场施工要求高,对施工人员的施工技术要求也高,容易造成保温层喷涂不均匀;硬泡聚氨酯属于易燃材料,燃烧性能较差。

5.6.2　系统适用范围

硬泡聚氨酯外墙外保温系统适用于以下情况：

（1）适用于新建建筑的外墙，也适用于既有建筑的节能改造。

（2）现场喷涂硬泡聚氨酯外墙外保温系统适用于建筑高度不大于27m的建筑。

（3）硬泡聚氨酯外墙外保温系统适用于建筑高度不大于27m的建筑。

（4）以粘贴为主、锚钉固定为辅的硬泡聚氨酯外墙外保温系统适用于建筑高度不大于54m的建筑。

（5）以薄石材为饰面的硬泡聚氨酯保温装饰外墙外保温系统适用于建筑高度不大于12m的建筑。

5.6.3　系统性能要求

硬泡聚氨酯外墙外保温系统是以黏结为主、锚固为辅的方式将硬泡沫聚氨酯板固定在外墙外侧，或者在建筑外墙上直接喷涂硬泡聚氨酯保温材料的保温系统。该系统性能应满足表5-20的要求。

表5-20　硬泡聚氨酯板外保温系统主要性能指标

项　目		性能指标
耐候性	外观	无可见裂缝，无粉尘、空鼓、剥离现象，无2mm以上起棱
	拉伸黏结强度/MPa，≥	0.10（破坏发生在硬泡聚氨酯芯材中）
吸水量/（g/m^2），≤		500
抗冲击性	两层及以上	3J级
	首层	10J级
水蒸气透过湿流密度/［$g/(m^2 \cdot h)$］，≥		0.85
耐冻融性	外观	无可见裂缝，无粉尘、空鼓、剥离现象
	拉伸黏结强度/MPa，≥	0.10（破坏发生在硬泡聚氨酯芯材中）

注　本表摘自《硬泡聚氨酯板薄抹灰外墙外保温系统材料》（JG/T 420—2013）。

5.6.4　系统各组成及要求

硬泡聚氨酯三种不同外墙外保温系统的基本构造组成如表5-21所示，具体构造如图5-8所示。

表5-21　硬泡聚氨酯外墙外保温系统基本构造组成

构造形式	基本构造					
	基层	黏结层	保温层	机械固定件	护面层	饰面层
现场喷涂硬泡聚氨酯外墙外保温系统	混凝土墙体及各类砌体墙体，20mm水泥砂浆找平层	—	喷涂硬泡聚氨酯	—	抹面胶浆+耐碱玻纤网格布（首层增设一道玻纤网）	柔性耐水腻子+外墙涂料
						胶黏剂+柔性饰面砖
						面砖胶黏剂+饰面砖

续表

构造形式	基本构造					
	基层	黏结层	保温层	机械固定件	护面层	饰面层
硬泡聚氨酯复合板外墙外保温系统	混凝土墙体及各类砌体墙体,20mm水泥砂浆找平层	胶黏剂	硬泡聚氨酯复合板	锚栓（板缝之间）	抹面胶浆+复合玻纤网（首层加设一道玻纤网）	柔性耐水腻子+外墙涂料
						胶黏剂+柔性饰面砖
						面砖胶黏剂+饰面砖
硬泡聚氨酯保温装饰板外墙外保温系统		黏结砂浆（厚度3~6mm）	硬泡聚氨酯保温装饰板（保温芯材厚度大于20mm）	锚栓（板缝之间）	—	—

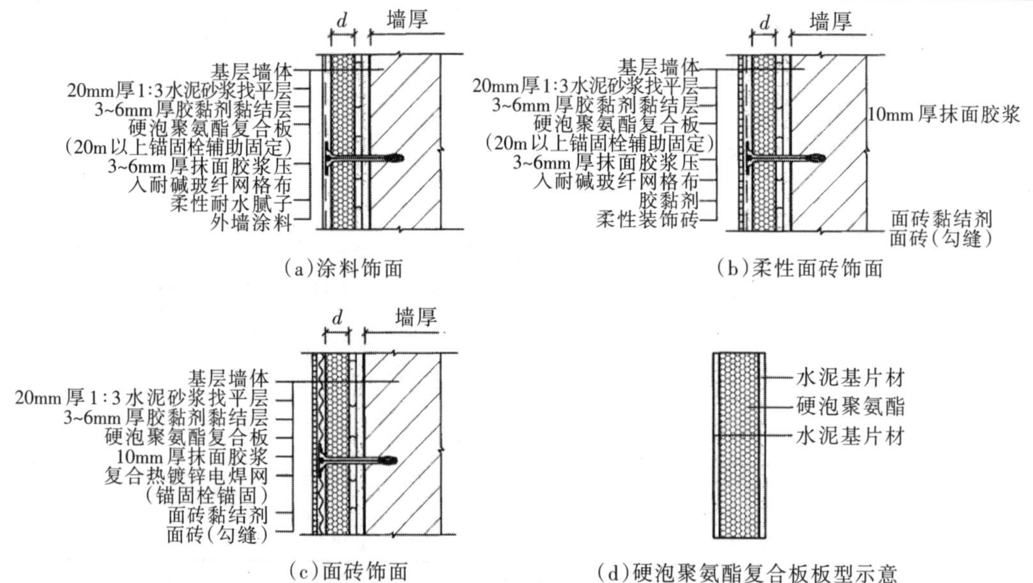

(a)涂料饰面　(b)柔性面砖饰面　(c)面砖饰面　(d)硬泡聚氨酯复合板板型示意

图5-8　硬泡聚氨酯复合板外墙外保温系统

(1)黏结层。硬泡聚氨酯复合板外墙外保温系统和硬泡聚氨酯保温装饰板外墙外保温系统,以硬泡聚氨酯板专用粘胶剂为主要黏结材料。粘胶剂是由水泥基胶凝材料、高分子材料,并掺入适量填充料和添加剂组成的,专门用于粘贴硬泡聚氨酯板的黏结材料。黏结砂浆厚度为3~6mm。用条粘法或点框法粘贴,点框法黏结面积不小于总面积的40%。60m及以上优先选用条粘法,粘贴面积不小于总面积的60%。现场喷涂硬泡聚氨酯外墙外保温系统则不需要用黏结层黏结。

(2)保温层。聚氨酯泡沫塑料根据内部结构不同,分为聚异氰脲酸硬质泡沫塑料和聚氨酯硬质泡沫塑料两种。聚异氰脲酸硬质泡沫塑料(PIR)是由多亚甲基多苯基多异氰脲酸自身三聚反应生成的聚异氰酸酯环状结构,与多元醇及助剂反应生成的改性硬质泡沫塑料。聚氨酯硬质泡沫塑料(PUR)是由多亚甲基多苯基多异氰脲酸与多元醇及助剂反应生成的以聚氨酯甲酸酯为主要结构的硬质泡沫塑料。

根据保温材料施工工艺不同、板面特征不同,分为现场喷涂硬泡聚氨酯、硬泡聚氨酯复合板和硬泡聚氨酯保温装饰板三种。硬泡聚氨酯复合板是以硬泡聚氨酯为芯材，在工厂加工制成的双面带有界面层的复合保温材料。硬泡聚氨酯保温装饰板是在工厂加工制作而成,集保温、装饰于一体的复合板材。

硬泡聚氨酯保温材料类型及性能如表5-22所示。

表5-22 硬泡聚氨酯保温材料类型及性能

名 称	类 型
现场喷涂硬泡聚氨酯	I型,用于外墙外保温
硬泡聚氨酯复合板	双面附聚合物水泥面层
硬泡聚氨酯保温装饰板	合成树脂乳液外墙涂料型(H)、金属板外墙涂料型(J)、纤维水泥板外墙涂料型(Q)、薄石材型(S)

(3)抹面层。用抹面胶浆涂抹在硬泡聚氨酯板的外侧,起到保护保温层的作用,同时能够起到防火、防裂、防水和防冲击的作用。在抹面层中嵌入玻璃纤维网格布,能够提高抹面层的抗裂性。首层抹面层厚度为15mm,两层及以上厚度不小于5m。

(4)饰面层。饰面层适宜采用涂装饰面,如涂料、饰面砂浆和柔性面砖等。

硬泡聚氨酯板薄抹灰外墙外保温系统的性能要求如表5-23所示。

表5-23 硬泡聚氨酯板薄抹灰外墙外保温系统的性能要求

构造层次	材料名称	项 目		性能指标		
复合硬泡聚氨酯板	聚合物砂浆增强卷材或专用界面剂	单面厚度/mm,≤		1		
		拉伸黏结强度(与硬泡聚氨酯板)/MPa,≥		0.10,且破坏部位应位于硬泡聚氨酯板内		
	硬泡聚氨酯板芯材	表观密度/(kg/m^3),≥		35	35	45
		导热系数(25℃)/[W/(m·K)],≤		0.024		
		垂直于板面方向的抗拉强度/MPa,≥		0.10,且破坏部位应位于硬泡聚氨酯板内		
		压缩强度(形变10%)/kPa,≥		150	150	250
		吸水率/%,≤		3		
		尺寸稳定性(70℃±2℃,48h)/%,≤		1.0		
		燃烧性能	等级	B级或C级		
			氧指数,≥	30		
			烟密度(SDR)/%,≤	75		

注 本表根据《硬泡聚氨酯板薄抹灰外墙外保温系统材料》(JG/T 420—2013)整理而成。

5.6.5 系统设计及材料选用依据

(1)系统设计应符合以下标准:

《硬泡聚氨酯保温防水工程技术规范(附条文说明)》(GB 50404—2007)

《聚氨酯硬泡保温装饰一体化板外墙外保温系统技术规程》(DB 33/1069—2010)

《硬泡聚氨酯板薄抹灰外墙外保温系统材料》(JG/T 420—2013)

(2)主要材料应符合的标准:

《聚氨酯硬泡复合保温板》(JG/T 314—2012)

5.7 岩棉外墙外保温系统

5.7.1 系统特点

岩棉外墙外保温系统在国外已经有成熟的应用,但在国内却是一种新的保温系统。该系统以岩棉板或岩棉带为保温材料,用黏结和锚栓将保温材料固定在外墙外侧。岩棉外墙外保温系统根据构造方式不同,分为两种保温系统:岩棉薄抹灰外墙外保温系统和非透明幕墙岩棉外墙外保温系统。该系统具有以下特征:岩棉属于A级无机不燃材料,耐火性能好,保温系统防火性能高。岩棉耐久性好、化学稳定性好,与建筑同寿命。岩棉吸湿性较强,防潮性能较差。保温材料容易受潮,影响墙体保温性能。岩棉板拉伸强度低,需要锚栓辅助连接。

5.7.2 系统适用范围

岩棉外墙外保温系统适用于以下场合:

(1)适用于新建建筑,也适用于既有建筑节能改造。

(2)适用于实体墙的外墙外保温,也适用于非透明幕墙结构的外墙外保温。

(3)适用于高层建筑的外墙外保温和防火等级要求较高的建筑。

(4)适用于100m以内建筑外墙外保温。

(5)适用于墙体主体部位的外墙外保温,也适用于其他外墙外保温防火隔离带。

5.7.3 系统性能要求

岩棉外墙外保温系统的性能要求如表5-24所示。

表5-24 岩棉板外墙外保温系统的性能要求

<table>
<tr><th colspan="3">项 目</th><th>性能指标</th></tr>
<tr><td rowspan="3">耐候性</td><td colspan="2">耐候性试验后外观</td><td>不得出现饰面层起泡或剥落、保护层空鼓或脱落等破坏现象,不得产生渗水裂缝</td></tr>
<tr><td rowspan="2">抹面层与保温层拉伸黏结强度/kPa</td><td>岩棉板,≥</td><td>0.010,破坏面在保温层内</td></tr>
<tr><td>岩棉带,≥</td><td>0.10,破坏面在保温层内</td></tr>
<tr><td colspan="3">吸水量/(g/m^2),≤</td><td>1000</td></tr>
<tr><td rowspan="2">抗冲击性/J</td><td colspan="2">普通型(建筑物两层以上墙面等不易受碰撞部位),≥</td><td>3</td></tr>
<tr><td colspan="2">加强型(建筑物首层墙面等易受碰撞部位),≥</td><td>10</td></tr>
<tr><td colspan="3">水蒸气透过湿流密度/[g/(m^2·h)],≥</td><td>1.8</td></tr>
<tr><td rowspan="3">耐冻融性能/kPa</td><td colspan="2">冻融后外观</td><td>30次冻融循环后保护层无空鼓、脱落,无渗水裂缝</td></tr>
<tr><td rowspan="2">保护层与保温层拉伸黏结强度</td><td>岩棉板</td><td>破坏面在保温层内</td></tr>
<tr><td>岩棉带,≥</td><td>100,破坏面在保温层内</td></tr>
<tr><td colspan="3">不透水性</td><td>2h 不透水(试样抹面层内侧无水渗透)</td></tr>
<tr><td colspan="3">抗风压值/kPa</td><td>不小于工程项目的风荷载设计值,
抗风压安全系数K应不小于1.5</td></tr>
</table>

注 本表摘自《岩棉板(带)薄抹灰外墙外保温系统应用技术规程》(DG/TJ 08—2126—2013)。

5.7.4　系统各组成及要求

岩棉外墙外保温系统由黏结层、保温层、抹面层和饰面层组成。根据外饰面不同，分为两种保温系统：岩棉薄抹灰外墙外保温系统和非透明幕墙岩棉外墙外保温系统。不同外墙外保温系统的基本构造组成如表5-25所示，构造如图5-9和图5-10所示。

表5-25　岩棉板外墙外保温系统基本构造组成

<table>
<tr><th rowspan="2">构造形式</th><th colspan="5">基本构造</th></tr>
<tr><th>基层</th><th>黏结层</th><th>保温层</th><th>护面层</th><th>饰面层</th></tr>
<tr><td rowspan="6">实体墙岩棉外墙外保温系统</td><td rowspan="6">混凝土墙体及各类砌体墙体（不应采用蒸压加气混凝土砌块），20mm水泥砂浆找平</td><td rowspan="2">胶黏剂（黏结面积不小于岩棉板面积的60%）</td><td rowspan="2">岩棉板（厚度30~60mm，门窗洞口四周不小于20mm）</td><td rowspan="2">抹面胶浆（5~7mm）+耐碱玻纤网（两层）+锚栓（两层网布之间）</td><td>底涂+饰面砂浆</td></tr>
<tr><td>柔性耐水腻子（2~3mm）+底涂+透气性外墙涂料</td></tr>
<tr><td rowspan="2">胶黏剂（满粘，厚度不小于3mm）</td><td rowspan="2">岩棉带（双面涂刷界面剂）</td><td rowspan="2">抹面胶浆（5~7mm）+耐碱涂覆网布（两层）+锚栓（两层网布之间）</td><td>底涂+饰面砂浆</td></tr>
<tr><td>柔性耐水腻子（2~3mm）+底涂+透气性外墙涂料</td></tr>
<tr><td rowspan="2">胶黏剂（满粘，厚度不小于3mm）</td><td rowspan="2">岩棉带组合板</td><td rowspan="2">锚栓（组合板外侧）+抹面胶浆（3~5mm）+耐碱涂覆网布（一层）</td><td>底涂+饰面砂浆</td></tr>
<tr><td>柔性耐水腻子（2~3mm）+底涂+透气性外墙涂料</td></tr>
<tr><td rowspan="2">非透明幕墙外墙外保温系统</td><td rowspan="2">混凝土墙体及各类砌体墙体，20mm水泥砂浆找平+龙骨</td><td>胶黏剂（同实体墙外墙外保温）</td><td>岩棉板（带）</td><td>抹面胶浆（3~5mm）+耐碱玻纤网（一层）+锚栓（网布外）</td><td>非透明幕墙板（干挂）</td></tr>
<tr><td>胶黏剂（满粘，厚度不小于3mm）</td><td>岩棉带组合板</td><td>锚栓（组合板外侧）+抹面胶浆（3~5mm）+耐碱涂覆网布（一层）</td><td>非透明幕墙板（干挂）</td></tr>
</table>

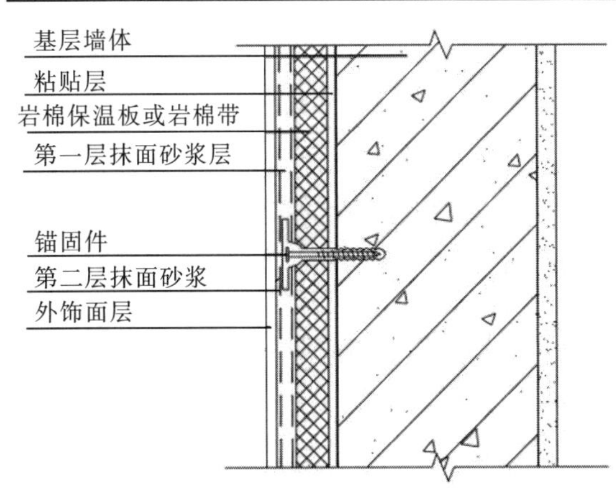

图5-9　岩棉板外墙外保温薄抹灰系统

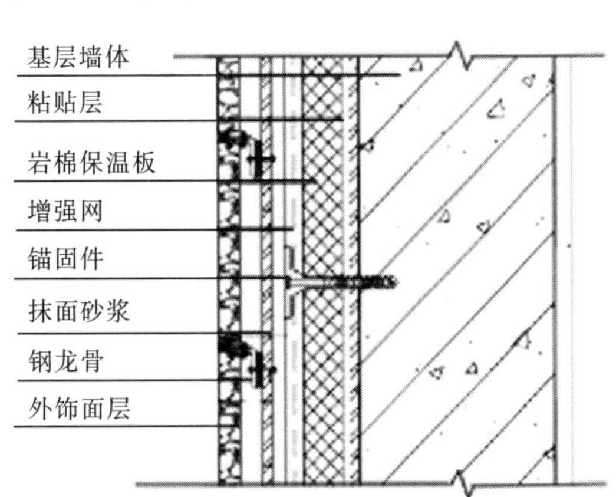

图5-10　岩棉板外墙外保温幕墙系统

（1）黏结层。岩棉的结构比较疏松，力学性能差，采用黏结和锚固相结合的方式将保温层与基层固定在一起。岩棉板采用粘贴加锚固的方式进行固定，粘贴面积不小于保温板面积的60%。岩棉带和岩棉带组合板采用满粘法固定。

（2）保温层。根据保温材料不同，分为岩棉带、岩棉板和岩棉带组合板。岩棉带是由岩棉板加工而成，纤维垂直板面的带状保温板。岩棉带组合板式是由若干块岩棉带两面涂刷抹面胶浆，并内置一层耐碱涂覆中碱玻璃纤维网布为保护层，在工厂加工而成的保温板。岩棉板、岩棉带的热工性能如表5-26所示。

表5-26　岩棉板、岩棉带的热工参数

保温材料名称	密度/(kg/m^3)	导热系数/[W/(m·K)]	蓄热系数/[$W/(m^2·K)$]	修正系数α
岩棉板	≥140	0.040	0.70	1.2
岩棉带	≥80	0.048	0.75	1.2
岩棉组合板	≥80	0.048	0.75	1.2

注　1. 岩棉组合板只计算保温芯材的厚度。
2. 本表摘自《岩棉板(带)薄抹灰外墙外保温系统应用技术规程》(DG/TJ 08—2126—2013)。

(3)抹面层。抹面层起到防止开裂的作用，抹面胶浆的厚度不大于7mm。纤维网格布起到抗裂作用。岩棉比较松软，力学性能差。因此，在薄抹灰系统中应采用两层纤维网格布，并在第一次网格布铺设后进行锚固。在幕墙系统中，岩棉受到幕墙的保护，可设置一层网格布，抹面层也可适当减薄，但不得少于3mm。

(4)饰面层。外墙外保温系统饰面层包括薄抹灰系统和幕墙系统两种。薄抹灰系统饰面应采用涂料、装饰砂浆和柔性面砖等，优先选用透气性好的装饰砂浆，不能采用弹性涂料和面砖。岩棉板外墙外保温系统各组成材料的性能要求如表5-27所示。

表5-27　岩棉板外墙外保温系统各组成材料的性能要求

材料名称	项　目		技术要求		
岩棉板和岩棉带	密度/(kg/m^3)		岩棉板	岩棉带	岩棉组合板
	厚度/mm，≥		140	80	80
	导热系数/[W/(m·K)]，≤		0.040	0.048	0.048
	垂直于板面方向的抗拉强度/kPa，≥		10	100	100
	压缩强度(≥50mm)/kPa，≥		40	40	40
	吸水量(部分浸泡)/(kg/m^2)，≤	24h	0.5	0.5	0.5
		28d	1.5	1.5	1.5
	渣球含量(≥0.25mm的渣球)/%，≤		7	10	10
	酸度系数，≥		1.8		
	质量吸湿率/%，≤		0.5		
	尺寸稳定性(长/宽/厚)/%，≤		1.0		
	憎水率/%，≥		98.0		
	燃烧性能		不小于A2(A)级		

注　本表根据上海《岩棉板(带)薄抹灰外墙外保温系统应用技术规程》(DG/TJ 08—2126—2013)和江苏《岩外墙外保温系统应用技术规程》(苏JG/T 046—2011)整理。

5.7.5　系统设计及材料选用依据

(1)系统设计应符合以下标准：

《岩棉板(带)薄抹灰外墙外保温系统应用技术规程》(DG/TJ 08—2126—2013)

《岩外墙外保温系统应用技术规程》(苏JG/T 046—2011)

岩棉外墙外保温系统在国外已经有成熟的应用，目前我国却还没有全国统一的岩棉板外墙外保温系统的国家规范。但上海、江苏等省份已经制定了一些地方标准。安徽、上海、江苏等参考《外墙外保温系统应用技术规程》中的相关模塑聚苯板的相关规定；而北京则参考挤塑聚苯板的相关技术性能要求。

(2)主体材料参考以下标准：

《建筑外墙外保温用岩棉制品》(GB/T 25975—2010)

《建筑用岩棉、矿渣棉绝热制品》(GB/T 19686—2005)

《绝热用岩棉、矿渣棉及其制品》(GB/T 11835—2007)

5.8　保温装饰板及其墙体保温系统

5.8.1　系统特点

保温装饰板外墙外保温系统是通过以粘贴或机械锚固的方式，将保温装饰板固定在外墙外侧的一种集保温装饰与一体的保温系统。该系统具有以下特征：保温装饰板兼有保温、装饰功能，是一种高档保温系统；保温装饰板各道工序在工厂完成，尺寸精度高，装饰效果好；保温装饰板有多种保温芯材可供选择，能够满足不同保温和防火要求；保温装饰板具有多种装饰面层，可以代替各种非透明幕墙；安装方便快捷，施工周期短；板缝密封不严、老化会造成漏水，影响保温和装饰效果。

5.8.2　系统适用范围

保温装饰板外墙外保温系统适用于以下情况：

(1)适用于各类新建建筑的外墙外保温、装饰工程以及既有建筑节能改造和装修改造。

(2)适用于混凝土及各类砌体墙体。

(3)适用于抗震设防烈度小于等于8度的地区。

(4)薄石材保温装饰板外墙外保温系统适用于建筑高度不超过12m的建筑。

(5)以粘为主、锚固为辅的保温装饰板外墙外保温系统适用于建筑高度不超过54m的建筑。

5.8.3　系统性能要求

保温装饰板外墙外保温系统应满足表5-28中规定的系统要求。

表5-28 保温装饰板外保温系统性能指标

项　目		性能指标	
		Ⅰ型	Ⅱ型
耐候性	外观	无粉化、起鼓、起泡、脱落等现象，无宽度大于0.10mm的裂缝	
	面板与保温材料拉伸黏结强度/MPa，≥	0.10	0.15
拉伸黏结强度/MPa，≥		0.10，破坏发生在保温材料中	0.15，破坏发生在保温材料中
单点锚固力/kN，≥		0.30	0.60
热阻		按照设计	
水蒸气透过性能		防护层透过量大于保温层透过量	

注　本表根据《保温装饰外墙外保温系统材料》(JG/T 287—2013)整理而成。

5.8.4　系统各部分组成及要求

根据安装方式不同，保温装饰板外墙外保温系统分为粘锚法和机械锚锚固法两种。粘锚法安装是系统由保温装饰板、黏结层、锚固件、嵌缝材料和密封胶等组成，如图5-11(a)所示。机械锚锚固法安装是系统由保温装饰板、金属龙骨及配件、专用机械锚固件、嵌缝材料和密封胶等组成，如图5-11(b)所示。

岩棉板外墙外保温系统基本构造组成如表5-29所示。

表5-29 岩棉板外墙外保温系统基本构造组成

构造形式	基本构造			
	基层	黏结层	金属固定件	保温层
粘锚系统	混凝土墙体及各类砌体墙体(不应采用蒸压加气混凝土砌块)，20mm水泥砂浆找平	胶黏剂(黏结面积不小于板面积的50%~60%)	锚栓+金属锚板	保温装饰板(厚度30~70mm)+嵌缝材料+密封胶
机械锚固系统		—	锚栓+金属扣件+金属龙骨	保温装饰板(厚度30~70mm)+嵌缝材料+密封胶

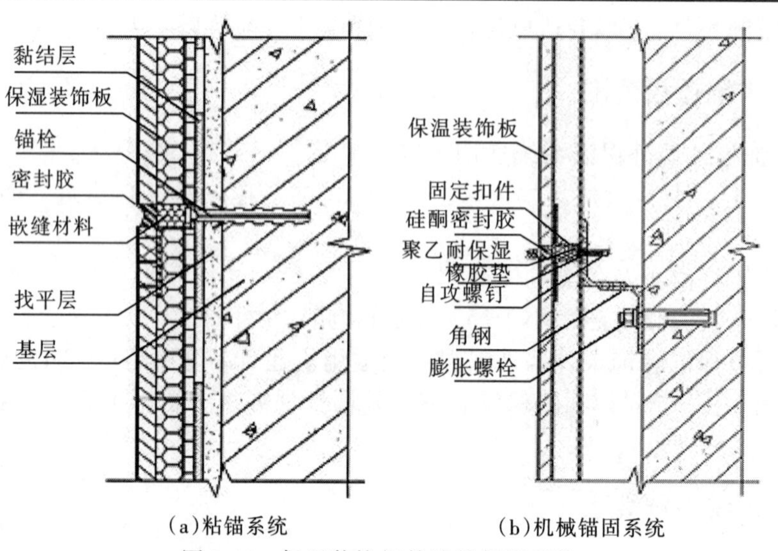

图5-11　保温装饰板外墙外保温系统

保温装饰板有不同类型，具体如表5-30所示。

表5-30　保温装饰板分类

分类方式	特　征
密度	Ⅰ型（单位体积质量小于20kg/m³）、Ⅱ型单位体积质量20~30kg/m³
饰面效果	超薄型天然石材、氟碳涂料、真石漆、弹性涂料等
装饰面板材质	无机板材：硅钙板、水泥压力板、石材、瓷板 金属板材：涂层铝板、涂层钢板、金属复合板或其他金属或金属复合板
保温芯材	挤塑聚苯乙烯（XPS）、模塑聚苯乙烯（EPS）、硬质聚氨酯泡沫（PUR）、改性酚醛树脂泡沫（MPF）、纵向纤维岩棉条（RWS）
安装方式	粘贴为主，锚固为辅；干挂

保温装饰板的热工性能取决于保温芯材，常见的保温芯材包括挤塑聚苯乙烯（XPS）、模塑聚苯乙烯（EPS）、硬质聚氨酯泡沫（PUR）、改性酚醛树脂泡沫（MPF）、纵向纤维岩棉条（RWS）等，其热工计算如表5-31所示。

表5-31　保温装饰板的热工参数

保温材料	导热系数/[W/(m·K)]	蓄热系数/[W/(m²·K)]	修正系数
PF板	0.035	0.32	1.20
岩棉带	0.048	0.75	1.30
PU板	0.024	0.36	1.20
XPS板	0.030	0.54	1.15
EPS板	0.041	0.36	1.20
TPS板	0.036	0.32	1.10

5.8.5　系统设计及材料选用标准

（1）系统设计应符合以下标准：

《外墙外保温工程技术规范》（JGJ 144—2004）

《保温装饰板外墙外保温系统材料》（JG/T 287—2013）

《聚氨酯硬泡保温装饰一体化板外墙外保温系统技术规程》（DB33/T 1069—2010）

《楼艺保温装饰机械连接复合板外墙外保温系统应用技术规程》（DBJ/CJ 169—2013）

《楼艺板外墙外保温系统应用技术规程》（Q/1004—2012）

（2）主体材料参考以下标准：

《金属装饰保温板》（JG/T 360—2012）

《聚氨酯硬泡复合保温板》（JG/T 314—2012）

5.9 外墙内保温系统

5.9.1 系统特点

外墙内保温系统是指保温层位于墙体内侧的保温方式，常见外墙内保温系统包括保温砂浆内保温系统、复合板内保温系统、有机保温板内保温系统、无机保温板内保温系统、喷涂硬泡聚氨酯内保温系统、龙骨固定内保温系统等。外墙内保温系统具有以下特征：施工方便，无须搭建脚手架，施工进度快；受室外气候影响较小；安全性好，对保温材料和外墙饰面材料要求较低；墙体直接接触室外，不受保温层保护，容易导致主体开裂、渗水；无法解决梁、柱等热桥部位的保温，易发生结露。由于墙体具有一定的自调功能，结露形成的冷凝水会蒸发或吸收，在浙江地区气候条件下，不会导致保温层受潮、发霉。占用室内面积，不利于节能改造及室内装修，室内温度波动相对较大。

5.9.2 系统适用范围

外墙内保温系统适用于以下情况：

（1）适用于各类新建、扩建的公共建筑和居住建筑，以及既有建筑节能改造。

（2）特别适用于需要快速升温或降温的场所。

（3）适用于混凝土及各种砌体墙体。

（4）适用新建的精装修建筑以及装修改造项目。

5.9.3 系统性能要求

外墙内保温系统的性能应满足表5-32的要求。

表5-32 外墙内保温系统性能要求

项目		性能指标
耐久性		不产生裂缝、空鼓和剥离现象
系统拉伸黏结强度/MPa，≥		0.035
系统抗冲击性/次，≥		10
吸水量/(kg/m^2)		系统在水中浸泡1h后的吸水量≤1.0
热阻/[($m^2·K$)/W]		符合设计要求
不透水性		面板内侧2h不透水
防护层水蒸气渗透阻		符合设计要求
燃烧性		不低于B级
燃烧性能附加分级	产烟量	不低于s2级
	燃烧滴落物/微粒	不低于d1级
	产烟毒性	不低于t1级

注 1. 对于玻璃棉、岩棉、喷涂硬泡聚氨酯龙骨固定内保温系统，当玻璃棉板（毡）和岩棉棉板（毡）主要依靠塑料钉固定在基层墙体上时，不要求做系统拉伸黏结强度。

2. 用于厨房、卫生间等潮湿环境，吸水量、不透水性和防护层水蒸气渗透阻要求满足上表要求。

3. 根据《外墙内保温工程技术规程》（JGJ/T 261—2011）和《外墙内保温复合板系统》（GB/T 30593—2014）整理而成。

5.9.4 系统各部分组成及性能要求

1. 保温砂浆内保温系统

（1）保温砂浆内保温系统基本构造组成。保温砂浆内保温系统基本构造组成如表5-33所示。

表5-33 保温砂浆内保温系统基本构造组成

构造形式	基本构造				
	基层	界面层	保温层	护面层	饰面层
涂料、墙纸饰面	混凝土墙体及各类砌体墙体	界面砂浆（混凝土墙及砖墙用Ⅰ型界面砂浆；加气混凝土墙体用Ⅱ型界面砂浆）	无机保温砂浆	抹面胶浆（厚度不小于3mm）+耐碱纤维网布	弹性腻子+弹性涂料、墙纸（布）
面砖饰面				抹面胶浆（厚度不小于5mm）+耐碱纤维网布	面砖黏结剂+面砖+勾缝材料
涂料、墙纸饰面			聚苯颗粒保温砂浆	抹面胶浆（厚度不小于10mm）+耐碱纤维网布	弹性腻子+弹性涂料、墙纸（布）
面砖饰面				抹面胶浆（厚度不小于10mm）+耐碱纤维网布	面砖黏结剂+面砖+勾缝材料

（2）系统主要材料。用于建筑内保温系统中的保温砂浆主要为无机保温砂浆和胶粉聚苯颗粒保温砂浆。其中，无机保温砂浆主要为Ⅰ型（C型）保温砂浆。其主要性能如表5-34所示。保温砂浆线性收缩较大且不易干燥，应分层涂抹、压实，每层厚度不超过20mm。为防止由于保温砂浆收缩导致涂料面层龟裂，涂料应选用弹性腻子和弹性涂料。

表5-34 保温砂浆性能要求

类 型		无机轻集料保温砂浆Ⅰ型	聚苯颗粒保温砂浆
干密度/（kg/m³），≤		350	
抗压强度/MPa，≥		0.20	
抗拉强度/MPa，≥		0.10	
压剪黏结强度/MPa（与水泥砂浆块）	原强度，≥	0.05	
	耐水强度，≥		
导热系数（平均温度25℃）/[W/（m·K）]，≤		0.070	0.060
蓄热系数/[W/（m²·K）]，≥		1.2	0.95
稠度保留率（1h）/%，≥		60	—
线性收缩率/%，≤		0.30	
软化系数，≥		0.60	0.55
石棉含量		不含石棉纤维	
放射性	内照射指数I_{Ra}，≤	1.0	
	外照射指数I_r，≤	1.0	
燃烧性		A2级	不低于B1级

注 本表根据《外墙内保温工程技术规程》（JGJ/T 261—2011）和《建筑设计防火设计规范》（GB 50016—2014）整理而成。

2. 复合板内保温系统

(1)复合板内保温系统基本构造组成。复合板内保温系统是以粘贴为主、粘锚结合的方式将复合板固定在墙体内侧的保温系统。其基本构造组成如表5-35所示,构造如图5-12所示。

表5-35　复合板内保温系统基本构造组成

<table>
<tr><th rowspan="3">构造形式</th><th colspan="5">基本构造</th></tr>
<tr><th rowspan="2">基层</th><th rowspan="2">黏结层</th><th colspan="2">保温层(复合板)</th><th rowspan="2">饰面层</th></tr>
<tr><th>保温层</th><th>面板</th></tr>
<tr><td rowspan="2">有机保温板复合板系统</td><td rowspan="5">混凝土墙体及各类砌体墙体,水泥砂浆找平</td><td>胶黏剂或黏结石膏+锚栓(黏结面积不小于复合板的30%)</td><td rowspan="2">EPS板、XPS板、PU板(XPS板、PU板表面做界面处理)</td><td rowspan="2">纸面石膏板(厚度不小于9.5);无石棉硅酸钙板(厚度不小于6);无石棉纤维水泥平板(厚度不小于6)</td><td>防水腻子+涂料、墙纸</td></tr>
<tr><td>胶黏剂(黏结面积不小于复合板的40%)</td><td>面砖黏结剂+面砖+勾缝材料</td></tr>
<tr><td rowspan="2">纸蜂窝填充憎水型膨胀珍珠岩复合板系统</td><td>胶黏剂或黏结石膏+锚栓(黏结面积不小于复合板的30%)</td><td rowspan="2">纸蜂窝填充憎水型膨胀珍珠岩板</td><td rowspan="2">纸面石膏板(厚度不小于9.5);无石棉硅酸钙板(厚度不小于6);无石棉纤维水泥平板(厚度不小于6)</td><td>防水腻子+涂料、墙纸</td></tr>
<tr><td>胶黏剂(黏结面积不小于复合板的40%)</td><td>面砖黏结剂+面砖+勾缝材料</td></tr>
<tr><td>保温装饰复合板</td><td>胶黏剂或黏结石膏+锚栓(黏结面积不小于复合板的30%)</td><td colspan="2">保温装饰复合板</td><td>—</td></tr>
</table>

注　黏结石膏不能用于厨房、卫生间等潮湿环境;也不能用于面砖饰面。

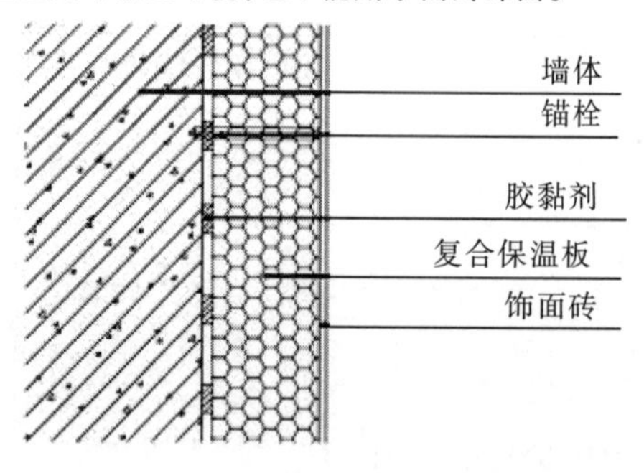

图5-12　复合板内保温系统构造

复合板的性能要求如表5-36所示。

表5-36　复合板性能要求

<table>
<tr><th>类　别</th><th>纸面石膏板面层</th><th>无石棉硅酸钙板面层</th><th>无石棉纤维水泥平板面层</th></tr>
<tr><td>抗弯荷载/N</td><td>宽度方向≥160
长度方向≥400</td><td colspan="2">≥板材重量
(保温层为EPS、XPS、PU时,不宜大于15kg/m²)</td></tr>
<tr><td>拉伸黏结强度/MPa</td><td>≥0.035且纸面与保温板界面破坏</td><td colspan="2">≥0.10且保温板破坏</td></tr>
<tr><td>抗冲击性/次,≥</td><td colspan="3">10</td></tr>
</table>

续表

类　别	纸面石膏板面层	无石棉硅酸钙板面层	无石棉纤维水泥平板面层
面板收缩率/%，≤	—	0.06	
最小厚度/mm，≥	9.5	6	
燃烧性能	不低于B1级		
燃烧性能附加分级	产烟量不低于s2级；燃烧滴落物/微粒不低于d1级；产烟毒性不低于t1级		

注　本表根据《外墙内保温工程技术规程》(JGJ/T 261—2011)和《建筑设计防火设计规范》(GB 50016—2014)整理而成。

(2)系统主要材料。外墙内保温复合板在工厂预制成型，保温材料复合在无机面板一侧，兼有保温隔热和防护功能。常见的无机面板材料有纸面石膏板(包括普通纸面石膏板、耐水纸面石膏板)、无石棉硅酸钙板、无石棉纤维水泥平板等。复合保温板由于有保温层做衬板，面板厚度相对较小。石膏板的厚度不小于9.5mm，无石棉硅酸钙板面层、无石棉纤维水泥平板的厚度不小于6mm。当面板采用装饰性面板时，则表面可以不再做饰面层。复合的保温材料主要有EPS板、XPS板、PU板等。复合板外墙内保温系统复合板宽度尺寸宜为600mm、900mm、1 200mm，其他宽度尺寸和高度根据供需双方确定。

纸蜂窝填充憎水型膨胀珍珠岩板是用瓦楞纸加工成无数个相互连接的正六角型结构，内部用机械振动方式填充憎水型膨胀珍珠岩，振捣填实后两侧粘贴阻燃纸得到的一种复合保温板材，其性能如表5-37所示，构造如图5-13所示。

表5-37　纸蜂窝填充憎水型膨胀珍珠岩板性能要求

项　目	指　标	项　目	指　标
密度/(kg/m³)	≤100	燃烧性能	不应低于B1级
当量导热系数/[W/(m·K)]	≤0.049	抗拉强度/MPa	≥0.035

注　本表根据《外墙内保温工程技术规程》(JGJ/T 261—2011)和《建筑设计防火设计规范》(GB 50016—2014)整理而成。

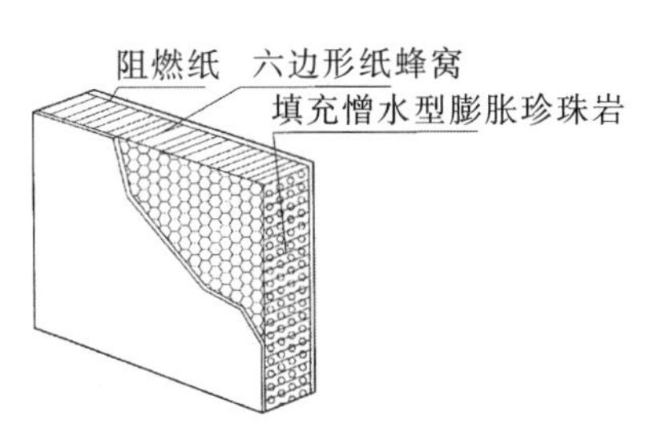

图5-13　憎水型膨胀珍珠岩复合板

3. 有机保温板内保温系统

(1)有机保温板基本构造组成。有机保温板外墙内保温系统是在基层墙体找平的基础上，将有机保温板以黏结方式固定在墙体内侧的一种保温系统。有机保温板内保温系统的基本构造组成如表5-38所示。该系统由黏结层、保温层、抹面层和饰面层组成，具体构造如图5-14和图5-15所示。

表5-38 有机保温板内保温系统的基本构造组成

构造形式	基本构造				
	基层	黏结层	保温层	护面层	饰面层
涂料、墙纸饰面	混凝土墙体及各类砌体墙体，水泥砂浆找平	胶黏剂或黏结石膏+锚栓（黏结面积不小于有机板的30%）	有机保温板（XPS板、PU板两面涂刷界面剂）	10mm抹面胶浆；复合涂塑中碱玻璃纤维布	防水腻子+涂料、墙纸（布）
面砖饰面		胶黏剂或黏结石膏+锚栓（黏结面积不小于有机板的40%）		10mm抹面胶浆；复合涂塑中碱玻璃纤维布	面砖黏结剂+面砖+勾缝材料
涂料、墙纸饰面		胶黏剂或黏结石膏+锚栓（黏结面积不小于有机板的30%）		10mm粉刷石膏；横向压入A型中碱玻璃纤维网格	防水腻子+涂料、墙纸（布）

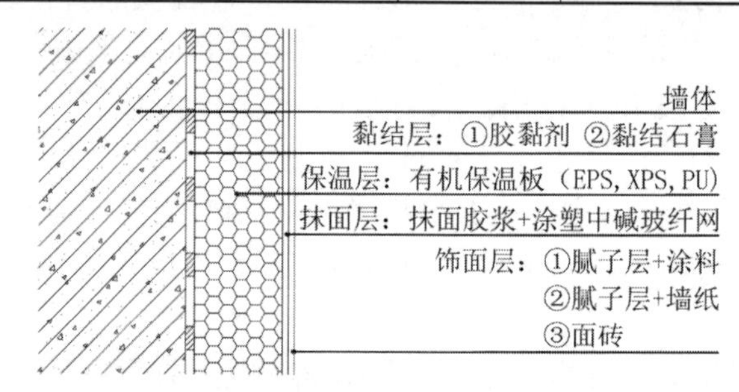

图5-14 有机保温板外墙内保温系统构造

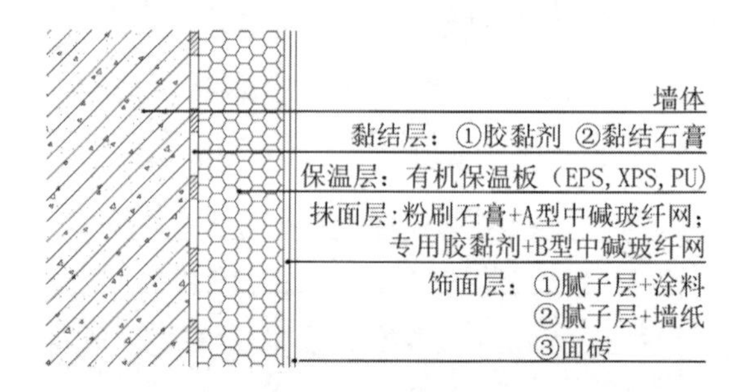

图5-15 有机保温板外墙内保温系统构造

（2）系统主要材料。有机保温板的种类有模塑聚苯板（EPS）、挤塑聚苯板（XPS）和发泡聚氨酯板（PU）。在潮湿环境中，应选用防水性能较好的XPS板或PU板。当保温层为XPS板和PU板时，在黏结层和抹面层施工前需要做涂刷界面剂。有机保温板尺寸过大，可能会因基层和保温板不平整而导致粘贴不牢固且不容易调整。因此，保温板宽度不大于1 200mm，高度不大于600mm。有机保温板的性能要求如表5-39所示。

表5-39 有机保温板的性能要求

类 别	EPS板	XPS板	PU板
密度/（kg/m^3）	18~22	22~35	35~45
导热系数/［W/（m·K）］，≤	0.039	0.032	0.024
垂直于面板方向抗拉强度/MPa，≥	0.10		

续表

类　别	EPS板	XPS板	PU板
尺寸稳定性/%，≤	1.0	1.5	1.5
氧指数/%，≥	30	26	26
燃烧性能	不低于B1级		

注　本表根据《外墙内保温工程技术规程》(JGJ/T 261—2011)和《建筑设计防火设计规范》(GB 50016—2014)整理而成。

4. 无机保温板内保温系统

(1)无机保温板基本构造组成。无机保温板外墙内保温系统是采用条粘法或点粘法将无机保温板粘贴在体墙内表面的一种保温系统。该系统由黏结层、保温层、防护层和饰面层组成，基本构造组成如表5-40所示。

表5-40　无机保温板内保温系统基本构造组成

<table>
<tr><th rowspan="2">构造形式</th><th colspan="5">基本构造</th></tr>
<tr><th>基层</th><th>黏结层</th><th>保温层</th><th>防护层</th><th>饰面层</th></tr>
<tr><td>涂料、墙纸饰面</td><td rowspan="2">混凝土墙体及各类砌体墙体，水泥砂浆找平</td><td rowspan="2">胶黏剂(外墙阳角、阴角以及门窗洞口四周满粘；其他部位条粘或点粘，黏结面积不小于板面的40%)</td><td rowspan="2">无机保温板</td><td rowspan="2">10mm抹面胶浆+耐碱玻璃纤维布</td><td>防水腻子+涂料、墙纸(布)</td></tr>
<tr><td>面砖饰面</td><td>面砖黏结剂+面砖+勾缝材料</td></tr>
</table>

(2)系统主要材料。无机保温板是以无机轻骨料或发泡水泥、泡沫玻璃等为保温材料，在工厂预制成型的保温板。此外，还包括发泡水泥保温板、KMPS防火保温板等。无机保温板常见的尺寸规格为300mm×300mm、300mm×450mm、300mm×600mm、450mm×450mm、450mm×600mm，厚度不大于50mm。具体性能如表5-41所示。

表5-41　无机保温板性能要求

<table>
<tr><td colspan="2">干密度/(kg/m³)，≤</td><td>350</td></tr>
<tr><td colspan="2">导热系数/[W/(m·K)]，≤</td><td>0.070</td></tr>
<tr><td colspan="2">蓄热系数/[W/(m²·K)]，≥</td><td>1.2</td></tr>
<tr><td colspan="2">抗拉强度/MPa，≥</td><td>0.40</td></tr>
<tr><td colspan="2">垂直于面板方向抗拉强度/MPa，≥</td><td>0.10</td></tr>
<tr><td colspan="2">吸水率(V/V)/%，≤</td><td>12</td></tr>
<tr><td colspan="2">软化系数，≥</td><td>0.60</td></tr>
<tr><td colspan="2">干燥收缩值/(mm/m)，<</td><td>0.80</td></tr>
<tr><td colspan="2">燃烧性能</td><td>不低于A2级</td></tr>
<tr><td rowspan="2">放射性核素限量</td><td>内照射指数 I_{Ra}，≤</td><td>1.0</td></tr>
<tr><td>外照射指数 I_r，≤</td><td>1.0</td></tr>
</table>

注　本表摘自《外墙内保温工程技术规程》(JGJ/T 261—2011)。

5. 喷涂硬泡聚氨酯内保温系统

(1)系统的基本构造组成。喷涂硬泡沫聚氨酯内保温系统是指用机械喷涂方式,将保温材料固定在内墙上的一种保温系统。该系统由界面层、保温层、找平层、抹面层和饰面层组成,基本构造如表5-42所示,具体构造如图5-16所示。

表5-42 喷涂硬泡聚氨酯内保温系统基本构造组成

构造形式	基本构造						
	基层	界面层	保温层	界面层	找平层	防护层	饰面层
涂料、墙纸饰面	混凝土墙体及各类砌体墙体	水泥砂浆聚氨酯防潮底漆(基层含水率较高时)	喷涂硬泡聚氨酯(平整度不大于6mm)	专用界面砂浆或界面剂	保温砂浆或聚合物水泥砂浆	10mm抹面胶浆+涂塑中碱玻璃纤维布	防水腻子+涂料、墙纸(布)
面砖饰面							面砖黏结剂+面砖+勾缝材料

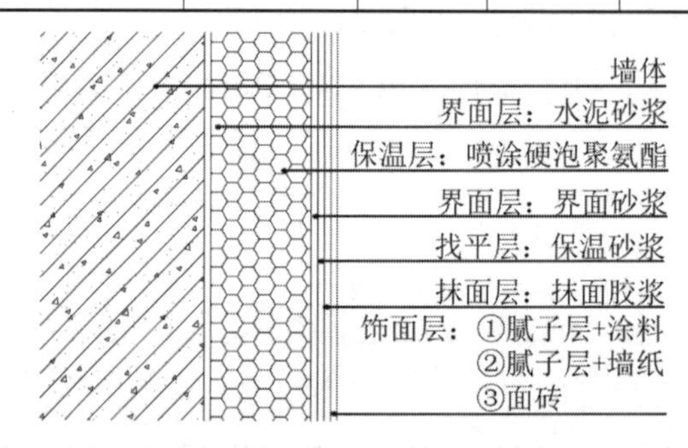

图5-16 喷涂硬泡沫聚氨酯外墙内保温系统构造

(2)系统主要材料。喷涂硬泡聚氨酯要求在环境温度不低于10℃,相对湿度不小于85%的条件下进行。硬泡聚氨酯分层喷涂,每层厚度不大于15mm,喷涂后的保温层平整度不应大于6mm。喷涂硬泡聚氨酯保温层表面平整度与施工水平有关,表面平整度难以满足要求。因此,需要在保温层上面用保温砂浆或聚合物水泥砂浆找平,避免出现起鼓、脱皮、开裂,提高防火性能。喷涂硬泡聚氨酯的性能如表5-43所示。

表5-43 喷涂硬泡聚氨酯性能要求

项目	指标
密度/(kg/m³),≥	35
导热系数/[W/(m·K)],≤	0.024
压缩性能(变形10%)/kPa,≥	0.10
尺寸稳定性/%,≤	1.5
拉伸黏结强度(与水泥砂浆,常温)/MPa,≥	0.10,且破坏部位不得位于黏结界面
吸水率/%,≤	3
燃烧性能	不低于B1级
氧指数/%,≥	26

注 本表摘自《外墙内保温工程技术规程》(JGJ/T 261—2011)。

界面层是用以改善不同材料表面黏结性能。在该系统内,有两个界面层:基层墙体与保温层之间;保温层与找平层之间。喷涂硬化之前的聚氨酯本身具有黏结性,清洁、干燥的基层与保温层之间的界面层可不设置界面层。当基层含水率较高时,需要使用水泥砂浆聚氨酯防潮底漆，以增加基层与保温层之间的黏结力。喷涂硬泡聚氨酯表面必须使用界面砂浆，以确保保温层与找平层之间的黏结强度，避免出现起鼓、脱皮、开裂等现象。界面层可采用专用的界面砂浆或界面剂。

6. *玻璃棉、岩棉、喷涂硬泡聚氨酯龙骨固定内保温系统*

(1)系统基本构造组成。龙骨固定外墙内保温系统先将玻璃棉或岩棉用塑料钉固定在基层上，或在基层墙面上喷涂聚氨酯；然后用敲击式或旋入式塑料锚栓将轻钢龙骨或断热龙骨固定在墙面上的一种内保温系统。基本构造层次包括保温层、隔汽层、龙骨体系、面板、饰面层。根据龙骨形式不同，可以分为两种系统：①先在基层固定保温材料，再固定普通轻钢龙骨（龙骨与保温层之间形成空气间层），再将面板固定在龙骨上（图5-17）；②先在基层固定断热龙骨，在龙骨之间填充固定保温层（保温层与龙骨齐平），再将面板固定在龙骨上（图5-18）。

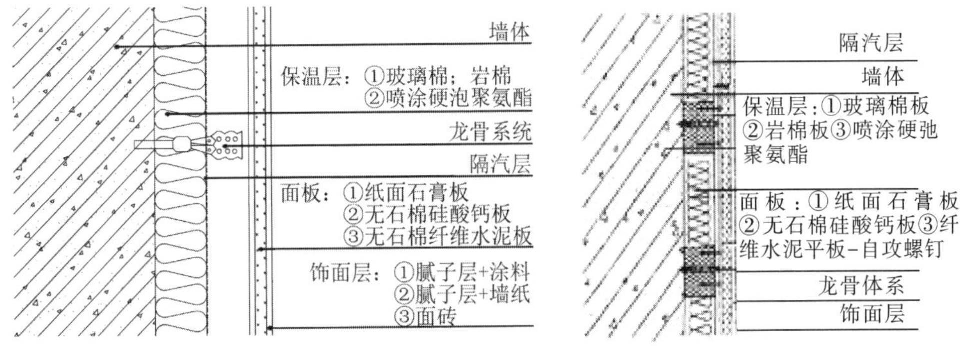

图5-17　龙骨固定外墙内保温系统构造　　　图5-18　龙骨固定外墙内保温系统构造

龙骨固定内保温系统基本构造组成如表5-44所示。

表5-44　龙骨固定内保温系统基本构造组成

构造形式	基本构造						
	基层	保温层	隔汽层	龙骨	龙骨固定件	面板	饰面层
普通轻钢龙骨系统	混凝土墙体及各类砌体墙体	离心玻璃棉板（毡）或摆锤法岩棉板（毡），用塑料钉固定在墙面上	PVC、聚丙烯薄膜、铝箔等（靠近室内一侧，连续铺设）	建筑用轻钢龙骨	敲击式固定锚栓（实心墙体）；旋入式固定锚栓（实心墙体或空心砌块）	纸面石膏板（厚度不小于12mm）或无石棉硅酸钙板（高密度板不小于6mm、中密度板不小于7.5mm、低密度板不小于8mm）	防水腻子+涂料、墙纸(布)面砖
		喷涂硬泡聚氨酯	—				
复合龙骨系统	混凝土墙体及各类砌体墙体	离心玻璃棉板（毡）或摆锤法岩棉板（毡），用塑料钉固定在墙面上	PVC、聚丙烯薄膜、铝箔等（靠近室内一侧，连续铺设）	断热龙骨	敲击式固定锚栓（实心墙体）；旋入式固定锚栓（实心墙体或空心砌块）	纸面石膏板（厚度不小于12mm）或无石棉硅酸钙板（高密度板不小于6mm、中密度板不小于7.5mm、低密度板不小于8mm）	防水腻子+涂料、墙纸（布）；黏结砂浆+面砖
		喷涂硬泡聚氨酯	—				

(2)系统主要材料。该系统的保温材料为离心玻璃棉板(毡)、摆锤法岩棉板(毡)和喷涂硬泡聚氨酯。离心玻璃棉(毡)、摆锤法岩棉(毡)与基层用塑料钉固定,以避免出现热桥。当保温层材料为吸湿性较大的玻璃棉、岩棉时,在靠近室内一侧设置隔汽层。当岩棉已经用抗水蒸气渗透的外覆层六面包覆,则可不需要再连续铺设隔汽层。保温层为喷涂硬泡聚氨酯,也可不设隔汽层。玻璃棉板的密度为32~48kg/m³,玻璃棉毡的密度为24~48kg/m³,其他性能要求如表5-45所示。岩棉板的密度为120~150kg/m³,岩棉毡的密度为80~100kg/m³,其他性能要求如表5-46所示。

表5-45　龙骨固定内保温系统用玻璃棉板(毡)的性能要求

项　目	性能要求			
标称密度/(kg/m³)	24	32	40	48
粒径大于0.25mm渣球含量/%,≤	0.3			
纤维平均直径/μm,≤	7.0			
质量吸湿率/%,≤	5.0			
憎水率/%,≥	98.0			
导热系数/[W/(m·K)],≤	0.043	0.040	0.037	0.034
压缩性能(变形10%)/kPa,≥	0.10			
有机物含量/%,≤	8.0			
甲醛释放量/(mg/L),≤	1.5			
基棉燃烧性能	不低于A2级			

注　本表摘自《外墙内保温工程技术规程》(JGJ/T 261—2011)。

表5-46　龙骨固定内保温系统用岩棉板(毡)的性能要求

项　目	性能要求	项　目	性能要求
标称密度/(kg/m³)	岩棉板120~150 岩棉毡80~100	导热系数/[W/(m·K)],≤	≤0.045
粒径大于0.25mm渣球含量/%,≤	4.0	压缩性能(变形10%)/kPa,≥	0.10
纤维平均直径/μm,≤	5.0	有机物含量/%,≤	4.0
酸度系数,≥	1.6	甲醛释放量/(mg/L),≤	1.5 (可通过包覆达到)
质量吸湿率/%,≤	1.0	基棉燃烧性能	不低于A2级
憎水率/%,≥	98.0	—	—

注　本表摘自《外墙内保温工程技术规程》(JGJ/T 261—2011)。

该系统的龙骨系统由龙骨和龙骨固定件组成。龙骨体系包括两种:一种是建筑用轻钢龙骨;另一种是断热轻钢龙骨。建筑用轻钢龙骨的基本尺寸规格为2 700mm×50mm×10mm。轻钢龙骨间距为600mm或610mm。断热轻钢龙骨是由挤塑聚苯乙烯泡沫塑料条板和双面镀锌轻钢龙骨复合而成的(图5-19),其性能具体如表5-47所示。

表5-47 断热轻钢龙骨性能及尺寸规格允许偏差

项目		指标
断热轻钢龙骨组成	轻钢龙骨	双面镀锌量不小于100g/m²
	挤塑聚苯乙烯泡沫条	压缩强度为250~500kPa，燃烧性能不低于D级
断面尺寸/mm	轻钢龙骨	2 700×50（A）×10（C）
	挤塑聚苯乙烯泡沫条	2 700×50（A）×30（B）
	尺寸偏差	±2.0（A）；±1.0（B）；±0.3（C）
轻钢龙骨厚度		公差应符合相应材料的国家标准要求

注 本表根据《外墙内保温工程技术工程》（JGJ/T 261—2011）整理而成。

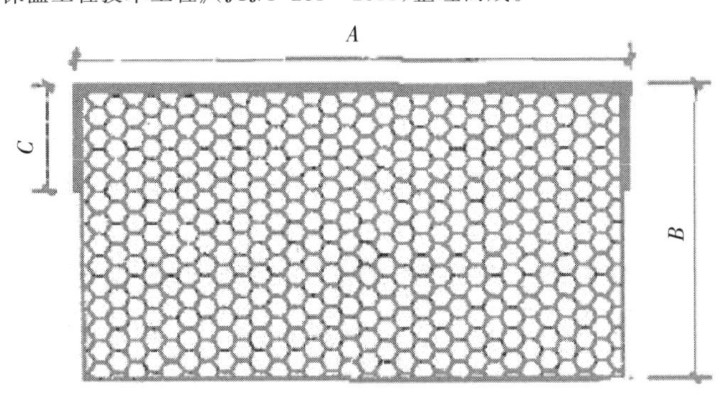

图5-19 复合龙骨

5.9.5 系统设计及材料选用标准

（1）系统设计应符合以下标准：
《外墙内保温工程技术规程》（JGJ/T 261—2011）
《外墙内保温复合板系统》（GB/T 30593—2014）
《外墙内保温建筑构造》（11J 122）
（2）主体材料参考以下标准：
《聚氨酯硬泡复合保温板》（JG/T 314—2012）
《外墙内保温板》（JG/T 159—2004）

5.10 外墙自保温系统

自保温系统是指用自保温墙体材料砌筑而成，不需要在外侧或内侧附加保温材料的墙体保温系统。自保温墙体材料是指导热系数不大于0.23W/（m·K）（均质材料）或导热系数不大于0.28W/（m·K）（非均质材料）的墙体材料，包括蒸压加气混凝土砌块、陶粒增强加气砌块、泡沫混凝土砌块、烧结保温砖、烧结保温砌块、复合保温砌块（砖）等。

5.10.1 系统特点

自保温系统具有施工简单、安全性好、耐久性好、防火安全等特点，是最适宜在浙江农村推广的墙体保温系统。

5.10.2 系统适用范围

（1）适用于各种结构形式建筑的承重墙、非承重墙。

（2）适用于低层、多层和高层建筑墙体，特别适用于农村的低层、多层建筑。

（3）适用于有保温隔热要求的分户墙、楼梯间隔墙。

5.10.3 系统材料性能要求

（1）主体部位。墙体主体部位用自保温墙体材料砌筑而成，其基本构造如表5-48所示。

目前，浙江省的自保温墙体材料种类丰富，常见的有蒸压加气混凝土砌块、蒸压粉煤灰加气混凝土砌块、陶粒增强加气混凝土砌块、烧结保温砖（砌块）、复合保温砖（砌块）等，其选用如表5-49所示。

砌筑砂浆包括普通砌筑砂浆和保温砌筑砂浆。保温砌筑砂浆以无机轻集料为骨料，以水泥为胶凝材料，并掺入高分子聚合物及其他添加料配制而成，用于砌筑用的保温砂浆。如砌筑型膨胀玻化微珠轻质砂浆，其性能如表5-50所示。

表5-48 墙体自保温系统基本构造组成

<table>
<tr><th colspan="2" rowspan="2">构造形式</th><th colspan="5">基本构造</th></tr>
<tr><th>基层</th><th>界面层</th><th>保温层</th><th>抗裂面层</th><th>饰面层</th></tr>
<tr><td rowspan="6">外墙</td><td rowspan="2">外侧做法1</td><td rowspan="6">自保温墙体</td><td rowspan="2">普通抹灰砂浆</td><td rowspan="2">—</td><td>增强网（设计要求时，设置耐碱纤维网格布）</td><td>涂料</td></tr>
<tr><td>增强网（设计要求时，设置热镀锌电焊钢丝网）</td><td rowspan="3">面砖</td></tr>
<tr><td rowspan="2">外侧做法2</td><td rowspan="2">—</td><td>辅助外保温层（保温砂浆）</td><td>抗裂砂浆（厚度3~5mm）+增强网</td></tr>
<tr><td>辅助外保温层（保温抹灰砂浆）</td><td>保温抹灰砂浆厚度大于50mm采取抗裂措施</td></tr>
<tr><td>内侧做法1</td><td>普通抹灰砂浆或挂腻子</td><td>—</td><td>—</td><td>涂料、面砖</td></tr>
<tr><td>内侧做法2</td><td>—</td><td>辅助内保温层</td><td>增强网</td><td>涂料、面砖</td></tr>
<tr><td rowspan="2">内墙、分户墙</td><td>做法1</td><td rowspan="2">自保温墙体</td><td>普通抹灰砂浆或刮腻子</td><td>—</td><td>—</td><td>涂料、面砖</td></tr>
<tr><td>做法2</td><td>—</td><td>保温抹灰砂浆</td><td>增强网</td><td>涂料、面砖</td></tr>
</table>

表5-49　墙体自保温材料热工性能及选用要点

材料名称	密度级别	热工性能			选用要点
		导热系数/[W/(m·K)]	蓄热系数/[W/(m²·K)]	修正系数	
蒸压加气混凝土砌块、蒸压粉煤灰加气混凝土砌块	B05	0.14	2.80	1.25	①不能使用部位：±0.000标高以下建筑物内外墙(地下室内填充墙除外)；长期浸水或经常受干湿交替的部位；受化学侵蚀环境；砌块表面温度高于80℃的环境； ②外墙采用B07或B06优等品，强度等级不低于A5，厚度不小于200mm； ③内墙、分户墙采用B06合格品或B05优等品，强度等级不低于A3.5； ④不得直接干挂或湿贴石材等重质饰面材料； ⑤砌筑宜采用专用砂浆，强度等级不低于M2.5； ⑥外墙采用普通抹灰砂浆，强度等级不低于M5；采用保温砂浆抹灰，强度不低于M2.5
	B06	0.16	3.28	1.25	
	B07	0.18	3.59	1.25	
陶粒增强加气混凝土砌块	B05	0.14	3.80	1.20	
	B06	0.16	4.05	1.20	
	B07	0.18	4.45	1.20	
泡沫混凝土	B05	0.14	2.41	1.36	①不能使用部位：同蒸压加气混凝土砌块； ②外墙采用B07、B06，厚度不小于200mm； ③内墙、分户墙采用B05； ④不得直接干挂或湿贴石材等重质饰面材料
	B06	0.16	2.83	1.36	
	B07	0.18	3.25	1.36	
非黏土烧结保温砖	700	0.22	3.45	1.0	①用于填充墙或非承重墙； ②外墙强度等级不低于MU5.0； ③非潮湿环境中的内墙、分户墙采用MU3.5； ④潮湿环境中的内墙、分户墙采用MU5； ⑤不得直接干挂或湿贴石材等重质饰面材料； ⑥用普通砌筑砂浆砌筑时，强度等级不低于M5； ⑦外墙采用普通抹灰砂浆，强度等级不低于M5；采用保温砂浆抹灰，强度不低于M2.5
	800	0.25	3.93	1.0	
	900	0.28	4.41	1.0	
藻土类烧结保温砖	700	0.22	3.69	1.0	
	800	0.25	4.17	1.0	
	900	0.28	4.65	1.0	
非黏土烧结保温砌块	800	0.25	3.93	1.0	
	900	0.28	4.41	1.0	
填充型混凝土复合砌块	800	0.16	3.23	1.1	
	900	0.17	3.52	1.1	
	1000	0.18	3.82	1.1	

表5-50　砌筑型膨胀玻化微珠轻质砂浆性能

项　目	指　标	项　目	指　标
均匀性/%，≤	5	拉伸黏结强度/MPa(与水泥砂浆)，≥	0.2(原强度) 0.2(耐水强度)
分层度/%，≤	20	抗压强度/MPa，≥	3.0
干表观密度/(kg/m²)，≤	800	软化系数，≥	0.8
导热系数/[W/(m·K)]，≤	0.20	抗冻性	质量损失率不应大于5%，抗压强度损失率不应大于20%
线性收缩率/%，≤	0.3		

注　1. 当使用部位无耐水要求时，耐水压剪黏结强度、软化系数、抗冻性可不做要求。

2. 本表摘自《膨胀玻化微珠轻质砂浆》(JG/T 283—2010)。

(2)热桥部位。建筑围护结构中热量容易散失的部位称为热桥,包括钢筋混凝土梁、板、柱、剪力墙等结构性热桥以及雨棚、空调板、窗台板等构造性热桥。大量实践表明,浙江省热桥部位不会发生结露。但是,当外墙平均传热系数和热惰性指标不能满足相关节能和热工要求时,需要用无机保温材料对热桥进行处理(图5-20)。具体做法是用无机保温砂浆进行抹灰处理;或是用无机保温薄片进行粘贴。保温砂浆类主要有抹灰型膨胀玻化微珠轻质保温砂浆、Ⅲ型无机轻集料保温砂浆,厚度为30~50mm。当保温抹灰砂浆厚度大于50mm时,需要采取抗裂措施。保温薄片主要包括蒸压砂加气混凝土薄片、蒸压粉煤灰加气混凝土薄片、陶粒增强加气混凝土薄片、泡沫玻璃薄片、发泡水泥薄片等。保温薄片材质宜与主墙体块材相同,强度不宜太低,密度等级一般为B03~B07;厚度不宜太厚,约30~80mm。自保温系统热桥部位基本构造组成和热桥保温处理材料分别如表5-51和表5-52所示。

表5-51 自保温系统热桥部位基本构造组成

构造形式		基本构造						
		基层	找平层	界面层	保温层	抹灰层	抗裂面层	饰面层
外侧	构造1	钢筋混凝土梁、板、柱	水泥砂浆	界面剂	—	普通抹灰砂浆	抗裂砂浆+增强网	涂料、面砖
	构造2			界面剂	保温砂浆	—	抗裂砂浆+增强网	涂料、面砖
					保温抹灰砂浆	—	抗裂砂浆+增强网(仅交界面处设置)	
	构造3			黏结砂浆	保温薄板	—	抗裂砂浆+增强网	涂料、面砖
内侧				界面剂	—	普通抹灰砂浆	与主墙体交界面250mm范围内设增强网	涂料、面砖、墙纸

表5-52 热桥保温处理材料

类　型	材料名称	密度级别	导热系数/[W/(m·K)]	蓄热系数/[W/(m²·K)]	修正系数
抹灰类	抹灰型膨胀玻化微珠轻质保温砂浆	≤300kg/m³	0.15	2.60	1.25
	Ⅲ型无机轻集料保温砂浆	≤550kg/m³	0.10	1.80	1.25
粘贴类	蒸压砂加气混凝土薄片	B03	0.10	1.83	1.25
		B04	0.12	2.32	1.25
		B05	0.14	2.80	1.25
		B06	0.16	3.28	1.25
		B07	0.18	3.59	1.25
	蒸压粉煤灰砂加气混凝土薄片	B04	0.12	2.32	1.25
		B05	0.14	2.80	1.25
		B06	0.16	3.28	1.25
		B07	0.18	3.59	1.25
	陶粒增强加气薄片	B05	0.14	3.80	1.25
		B06	0.16	4.05	1.25
		B07	0.18	4.45	1.25

续表

类 型	材料名称	密度级别	导热系数/[W/(m·K)]	蓄热系数/[W/(m²·K)]	修正系数
粘贴类	泡沫混凝土薄片	B04	0.12	2.00	1.36
		B05	0.14	2.41	1.36
		B06	0.16	2.83	1.36
		B07	0.18	3.25	1.36

注 本表根据《墙体自保温系统应用技术规程》(DB 33/T 1102—2014)整理而成。

抹灰型膨胀玻化微珠保温砂浆性能和Ⅲ型无机轻集料保温砂浆性能分别如表5-53和表5-54所示。

表5-53 抹灰型膨胀玻化微珠保温砂浆性能

项 目	指 标	项 目	指 标
均匀性/%,≤	5	抗拉强度/MPa,≥	0.4
分层度/%,≤	20	抗折强度/MPa,≥	0.8
干表观密度/(kg/m²),≤	600	抗压强度/MPa,≥	2.5
导热系数/[W/(m·K)],≤	0.15	软化系数,≥	0.7
线性收缩率/%,≤	0.3	拉伸黏结强度/MPa(与水泥砂浆),≥	0.2
燃烧性能	不得低于A2级	抗冻性	质量损失率不应大于5%,抗压强度损失率不应大于20%

注 1. 当使用部位无耐水要求时,耐水压剪黏结强度、软化系数、抗冻性可不做要求。
2. 本表摘自《膨胀玻化微珠轻质砂浆》(JG/T 283—2010)。

表5-54 Ⅲ型无机轻集料保温砂浆性能

项 目		主要技术指标
干密度/(kg/m³),≤		550
抗压强度/MPa,≥		2.50
拉伸黏结强度/MPa,≥		0.25
导热系数(平均温度25℃)/[W/(m·K)],≤		0.100
稠度保留率(1h)/%,≥		60
线性收缩率/%,≤		0.25
软化系数,≥		0.60
抗冻性能	抗压强度损失率/%,≤	20
	质量损失率/%,≤	5
石棉含量		不含石棉纤维
放射性		同时满足I_{Ra}≤1.0和I_r≤1.0
燃烧性		A2级

注 本表根据《无机轻集料保温砂浆系统技术规程》(JGJ 253—2011)整理而成。

保温薄片的主要技术指标如表5-55所示。

表5-55 保温薄片的主要技术指标

项目		主要技术指标				
干密度级别		B03	B04	B05	B06	B07
干密度/(kg/m³),≤		350	450	550	650	750
强度级别		A1.0	A2.0	A3.5	A5.0	A7.5
抗压强度/MPa	平均值,≥	1.0	2.0	3.5	5.0	7.5
	最小值,≥	0.8	1.6	2.8	4.0	6.0
抗冻性	质量损失/%,≤	5.0				
	冻后强度/MPa,≥	0.8	1.6	2.8	4.0	6.0
干燥收缩值	标准法/(mm/m),≤	0.5				
	快速法/(mm/m),≤	0.8				
导热系数λ/[W/(m·K)],≤		0.10	0.12	0.14	0.16	0.18

注　本表根据《墙体自保温系统应用技术规程》(DB33/T 1102—2014)整理而成。

外贴保温薄片的固定方式如表5-56所示。

表5-56 外贴保温薄片的固定方式

建筑高度及部位	基本固定方式	辅助固定方式
建筑高度不大于8m或层数不大于2层	粘贴砂浆粘贴	—
建筑高度大于8m且不大于24m		每两层支承在外挑水平结构件上或金属托角条上
建筑高度大于24m		每层支承在外挑水平结构件上或金属托角条上

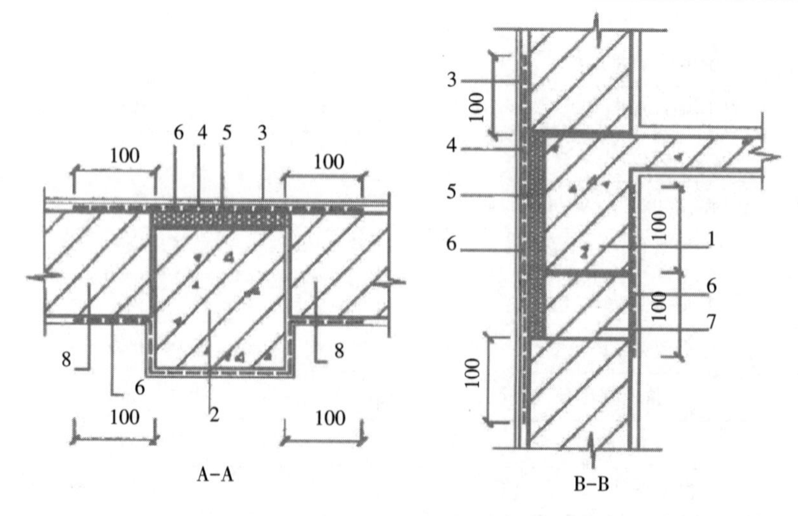

图5-20　自保温墙体热桥部位保温处理

1—混凝土梁;2—混凝土柱;3—饰面层;4—抗裂砂浆;5—保温材料;6—增强网;7—后斜砌自保温砌块;8—自保温砌块砌体

5.10.4　系统设计及材料选用标准

(1)系统设计应符合以下标准:
《墙体自保温系统应用技术规程》(DB33/T 1102—2014)
《蒸压砂加气混凝土砌块应用技术规程》(DB33/T 1022—2005)
《蒸压粉煤灰加气混凝土砌块应用技术规程》(DB33/T 1027—2006)
《陶粒增强加气混凝土砌块墙体建筑构造》(2014浙J69)
《陶粒混凝土砌块墙体建筑构造》(2010浙J60)
《自保温混凝土复合砌块墙体》(JGJ/T 323—2014)
《蒸压加气混凝土建筑应用技术规程》(JGJ/T 17—2008)
(2)主体材料参考以下标准:
《烧结保温砖和保温砌块》(GB 26538—2011)
《复合保温砖和复合保温砌块》(GB/T 29060—2012)
《自保温混凝土复合砌块》(JG/T 407—2013)
《蒸压加气混凝土砌块》(GB 11968—2006)
《泡沫混凝土砌块》(JC/T 1062—2007)
《轻集料混凝土小型砌块》(GB/T 15229—2011)
《混凝土小型空心砌块和混凝土砖砌筑砂浆》(JC 860—2008)
(3)主要辅助材料参考以下标准:
《膨胀玻化微珠轻质砂浆》(JG/T 283—2010)
《无机轻集料保温砂浆及系统应用技术规程》(DB33/T 1054—2008)

5.11　外墙外保温防火隔离带

5.11.1　防火隔离带的设置要求

防火隔离带是水平方向设置在可燃、难燃性外墙外保温系统中,用以阻止火灾蔓延的防火构造措施。防火隔离带应沿楼板设置,宽度不小于300mm,厚度与墙体保温材料相同,设置部位与建筑类型、墙体形式和建筑高度有关。

防火隔离带应与基层有可靠连接,不能有渗透、裂缝和空鼓等会导致火灾蔓延的情况;同时,还要具有一定承受自重、外力作用和耐候性等要求,具体如表5-57所示。

表5-57　防火隔离带系统的性能要求

项　目		性能指标
耐候性	外观	无裂缝,无粉化、空鼓、剥落现象
	抗风压性/MPa	无断裂、分层、脱开、拉出现象
	防护层与保温层拉伸黏结强度/kPa,≥	80
吸水量/(g/m²),≤		500

续表

项目		性能指标
抗冲击性	两层及以上	3.0J级冲击合格
	首层	10.0J级冲击合格
水蒸气透过湿流密度/[g/(m²·h)],≥		0.85
耐冻性	外观	无可见裂缝,无粉化、空鼓、剥落现象
	抹面层与挤塑板拉伸黏结强度原强度/MPa,≥	80
抹面层不透水性		试样抹面层内侧无水渗透
热阻		不小于外墙外保温系统热阻的40%

注 本表根据《建筑外墙外保温防火隔离带技术规程》(JGJ 289—2012)整理而成。

5.11.2 防火隔离带的构造组成

防火隔离带的基本构造由保温板、胶黏剂、抹面胶浆、玻璃纤维网格布、锚栓和饰面层组成。主要材料性能如表5-58所示,构造如图5-21所示。

表5-58 防火隔离带的基本构造组成

构造形式	基本构造					
	基层	界面层	黏结层	保温层	护面层	饰面层
防火隔离带	混凝土墙体及各类砌体墙体	水泥砂浆找平层	胶黏剂(3~4mm)+锚栓	防火隔离带保温板(宽度不小于300mm,与外墙外保温同厚)	抹面胶浆(3~4mm)+耐碱玻纤网	饰面层(同主体部位)

防火保温板应选用不燃烧材料,燃烧性能等级为A级,常见有岩棉、发泡水泥板、泡沫玻璃板等。防火保温板用全面积粘贴方式固定在基层上。岩棉带应用界面剂或界面砂浆进行表面处理,防火隔离带的抹面胶浆、玻璃纤维网格布与外墙外保温系统相同。粘贴保温板防火隔离带做法和防火隔离带各组成材料及性能要求分别如表5-59和表5-60所示。

表5-59 粘贴保温板防火隔离带做法

防火隔离带保温板及宽度	外墙外保温系统保温材料及厚度	系统抹面层平均厚度
岩棉带,宽度不小于300mm	EPS板,厚度不大于120mm	≥4.0mm
岩棉带,宽度不小于300mm	XPS板,厚度不大于90mm	≥4.0mm
发泡水泥板,宽度不小于300mm	EPS板,厚度不大于120mm	≥4.0mm
泡沫玻璃板,宽度不小于300mm	EPS板,厚度不大于120mm	≥4.0mm

注 本表摘自《建筑外墙外保温防火隔离带技术规程》(JGJ 289—2012)。

表5-60 防火隔离带各组成材料及性能要求

项　目			性能指标		
保温板	类型		岩棉带	发泡水泥板	泡沫玻璃板
	密度/(kg/m³),≥		100	250	160
	导热系数/[W/(m·K)],≤		0.048	0.070	0.052
	垂直于表面的抗拉强度/kPa,≥		80	80	80
	短期吸水量/(kg/m²),≤		1.0	—	—
	体积吸水率/%,≤		—	10	—
	软化系数,≥		—	0.8	—
	酸度系数,≥		1.6	—	—
	匀温灼烧性能(750℃,0.5h)	线性收缩/%,≤	8	8	8
		质量损失率/%,≤	10	25	5
	燃烧性能等级		A	A	A

注　本表根据《建筑外墙外保温防火隔离带技术规程》(JGJ 289—2012)整理而成。

防火隔离带沿外墙水平方向封闭设置,一般设置在门窗洞口上方不超过500mm的范围内。当门窗与洞口齐平时,门窗洞口上沿的防火隔离带用玻纤网格布翻包,并超出防火隔离带保温板100mm。当门窗缩进洞口内部时,外露部分用防火隔离带包裹,且不小于300mm。

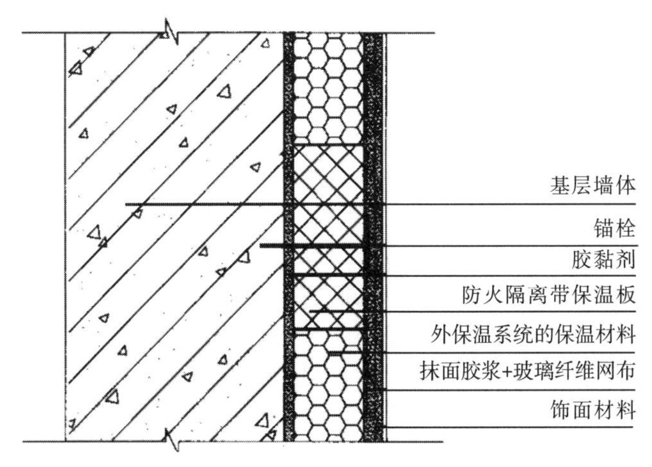

图5-21 防火隔离带构造

5.11.3 系统设计及材料选用标准

(1)系统设计应符合的标准:

《建筑外墙外保温防火隔离带技术规程》(JGJ 289—2012)

(2)主体材料参考以下标准:

《建筑外墙外保温用岩棉制品》(GB/T 25975—2010)

《泡沫玻璃绝热制品》(JC/T 647—2005)

5.12 骨架复合墙体保温系统

5.12.1 骨架复合墙体构造组成及性能

骨架复合墙体是在木骨架或金属骨架外侧覆盖石膏板或其他耐火板材，并在骨架之间填充具有保温、隔热、隔声性能的材料而构成的非承重墙体。骨架复合墙体根据使用部位不同，分为外墙和内墙。外墙应满足承重要求外，还要满足保温、隔热、隔声、防火、防潮、防风、防雨、密封等功能。内墙包括隔墙和分户墙，应满足承载、隔声、防火、防潮、密封等功能，分户墙还应该满足保温性能。木骨架组合墙体的非承重外墙应为难燃性构件，耐火极限不低于0.75h；房间隔墙应为难燃性构件，耐火极限不低于0.5h。此外，还应满足表5-61和表5-62所示的热工性能要求。

表5-61 居住建筑骨架复合墙体热工性能要求

墙体部位	体型系数不大于0.4		体型系数大于0.4	
	传热系数/[W/(m²·K)]	热惰性指标D	传热系数/[W/(m²·K)]	热惰性指标D
外墙	1.0	$D\leqslant 2.5$	0.8	$D\leqslant 2.5$
分户墙、楼梯间隔墙、外走廊隔墙	2.0	—	2.0	—

表5-62 公共建筑骨架复合墙体热工性能要求

墙体部位	不同建筑类型的传热系数/[W/(m²·K)]，≤		
	甲类	乙类	丙类
外墙	0.7	1.0	1.5

5.12.2 骨架复合墙体构造组成及性能

骨架复合墙体外墙由骨架、面板、保温材料、隔声材料、外墙面挡风防潮材料、防护材料、密封材料和连接件组成。隔墙的基本构造由面板、骨架、密封材料、连接件组成，根据需要附加保温材料、隔声材料层。骨架复合墙体系统基本构造组成和龙骨尺寸规格分别如表5-63和表5-64所示。

表5-63 骨架复合墙体系统基本构造组成

构造形式	基本构造		
	面板	骨架	保温层
木骨架组合墙体	纸面石膏板（隔墙、分户墙、外墙内侧）； 防潮型纸面石膏板（外墙外侧，厚度不小于9.5mm）	木龙骨	岩棉、矿棉、玻璃棉
轻钢龙骨骨架复合墙体	定向刨花板（不低于2级，甲醛释放量1级）； 钢丝网水泥板（厚度不小于15mm）； 水泥纤维板、水泥压力板（内配钢筋网）； 石膏板（厚度不小于12mm，防水、防火）	轻钢龙骨（壁厚不小于0.5mm）	EPS板、XPS板、PU板、岩棉、玻璃棉

表5-64　龙骨尺寸规格　　单位：mm

龙骨截面尺寸	宽×高
木龙骨	40×40、40×65、40×90、40×115、40×140、40×185、40×235、40×285
木龙骨(速生树种)	45×75、45×90、45×140、45×190、45×240、45×290

5.12.3　系统设计及材料选用标准

(1)系统设计应符合以下标准：
《木骨架组合墙体技术规范》(GB 50361—2005)
《轻型钢结构住宅技术规程》(JGJ 209—2010)
《建筑设计防火规范》(GB 50016—2014)
《夏热冬冷地区居住建筑节能设计标准》(JGJ 134—2010)
(2)主体材料参考以下标准：
《建筑用岩棉、矿渣棉绝热制品》(GBT 19686—2005)
《绝热用岩棉、矿渣棉及其制品》(GBT 11835—2007)

第6章 浙江农村墙体材料及构造选用

6.1 浙江农村墙体材料选用表

序号	墙体材料名称	尺寸规格/mm	孔型	孔洞率/%	表观密度/（kg/m³）	导热系数/[W/（m·K）]	蓄热系数/[W/（m²·K）]	修正系数	资料来源	备注
1	烧结页岩多孔砖和空心砖	13排孔	矩形孔	50	800	0.25	3.90	1.0	《烧结页岩砖、砌块墙体建筑构造》（14J 105）	①孔洞率小于35%的多孔砖适用于承重墙； ②孔洞率大于40%的空心砖适用于非承重墙； ③多孔砖孔洞灌浆后可用于防潮层以下砌体； ④空心砖不能用于防潮层及以下砌体
		13排孔	矩形孔	50	900	0.25	4.13	1.0		
		11排孔	矩形孔	50	800	0.25	4.13	1.0		
		11排孔	矩形孔	50	900	0.25	4.13	1.0		
		9排孔	矩形孔	50	800	0.25	4.13	1.0		
		9排孔	矩形孔	50	900	0.25	4.13	1.0		
		7排孔	矩形孔	45	900	0.30	4.53	1.0		
		7排孔	矩形孔	45	1000	0.30	4.77	1.0		
		—	矩形孔	25	1000~1200	0.54	5.78	1.0		
2	混凝土多孔砖	240×115×90	2排8孔（圆孔）	≥30	1450	0.748	7.35	1.0	《混凝土多孔砖建筑技术规程》（DB 33/1014—2003）	①孔洞率小于35%的多孔砖适用于承重墙，强度等级不低于M15； ②外承重墙、潮湿环境中的内承重墙、地下及防潮层以下砌体强度等级不低于MU20； ③干燥收缩率大，容易引起墙体开裂，必须保证出厂期达到28天； ④砌筑时不宜浇水
		190×190×90	3排8孔（圆孔）	≥30	1250	0.63	5.55	1.0		
		190×90×90	2排6孔（圆孔）	≥30	1570	0.36	6.93	1.0		

续表

序号	墙体材料名称	尺寸规格/mm	孔　型	孔洞率/%	表观密度/(kg/m³)	导热系数/[W/(m·K)]	蓄热系数/[W/(m²·K)]	修正系数	资料来源	备　注
3	普通混凝土小型空心砌块	90厚	单排孔	30	1500	0.12(Rma)	0.85(Dma)	0.12	《混凝土小型空心砌块建筑技术规程》(JGJ/T 14—2011)	①Rma、Dma值不包括两侧粉刷； ②用于地下及防潮层以下时，强度不低于M7.5
		190厚	单排孔	40	1280	0.17(Rma)	1.47(Dma)	0.17		
		190厚	双排孔	40	1280	0.22(Rma)	1.70(Dma)	0.22		
		240厚	三排孔	45	1200	0.35(Rma)	2.31(Dma)	0.35		
4	陶粒混凝土空心砌块	240厚	三排孔	—	1200	0.35	4.4	1.0	《陶粒混凝土砌块墙体建筑构造》(2010浙J60)	质量轻、保温性能、干燥收缩性能均优于普通混凝土小型空心砌块
5	陶粒混凝土复合砌块	240厚	单排孔	保温层为90厚EPS板	900	0.19	3.5	1.10		适用于有保温要求的非承重部位
6	蒸压灰砂砖	240×115×53	—	实心	1900	1.10	12.72	1.0	《浙江省居住建筑节能设计标准》(DB 33/1015—2003)	①适用于承重墙； ②收缩较大，易开裂，不适用于建筑等级高的建筑； ③不得用于长期温度在200℃以上，受急冷急热和酸性介质侵蚀的建筑部位
7	蒸压粉煤灰砖	240×115×53	—	实心	—	0.75	11.25	1.0	《蒸压粉煤灰砖建筑技术规范》(附条文说明)(CECS 256—2009)	
8	蒸压粉煤灰多孔砖	240厚	—	圆孔	—	0.41	6	1.0		
9	填充型混凝土复合砌块	800级	—	实心	710~800	0.16	3.23	1.10	《墙体自保温系统应用技术规程》(DB33/T 1102—2014)	①用于外墙时，强度等级不低于MU5.0；用于内墙时，强度等级不低于MU3.5； ②热工性能较普通混凝土空心砌块好； ③干缩开裂较大
		900级	—	实心	810~900	0.17	3.52	1.10		
		1 000级	—	实心	910~1000	0.18	3.82	1.10		

续表

序号	墙体材料名称	尺寸规格/mm	孔　型	孔洞率/%	表观密度/（kg/m^3）	导热系数/[W/（m·K）]	蓄热系数/[$W/(m^2·K)$]	修正系数	资料来源	备　注
10	蒸压砂加气混凝土砌块	B05	—	实心	≤500	0.14	2.80	1.25	《墙体自保温系统应用技术规程》（DB33/T 1102—2014）	①作为承重墙时，厚度不宜小于250mm，强度等级不小于A5.0；作为非承重墙体，强度等级不低于A2.5；用于外填充墙时强度等级要求达到A3.5； ②外墙采用B07级或B06级优等品，内墙或分隔墙适宜采用B06级合格品或B05级优等品； ③干缩开裂较大
		B06	—	实心	600~625	0.16	3.28	1.25		
		B07	—	实心	700~725	0.18	3.59	1.25		
11	蒸压粉煤灰加气混凝土砌块	B05	—	实心	≤500	0.14	2.80	1.25	《墙体自保温系统应用技术规程》（DB33/T 1102—2014）	
		B06	—	实心	600~625	0.16	3.28	1.25		
		B07	—	实心	700~725	0.18	3.59	1.25		
12	陶粒增强加气混凝土砌块	B05	—	实心	≤500	0.14	3.80	1.20	《墙体自保温系统应用技术规程》（DB33/T 1102—2014）	①B06、B07主要用于外墙、分户墙和内隔墙； ②外填充墙宜采用干密度级别为B07的砌块，强度等级不低于A5.0；内隔墙的砌块强度等级不低于A3.5； ③B05级砌块的热工性能好，主要用于建筑物外墙保温、防火墙或保温薄片
		B06	—	实心	600~650	0.16	4.05	1.20		
		B07	—	实心	700~750	0.18	4.45	1.20		
13	泡沫混凝土	B05	—	实心	530	0.14	2.41	1.36	《墙体自保温系统应用技术规程》（DB33/T 1102—2014）	外墙应采用B06、B07级，内隔墙、分户墙宜采用B05级
		B06	—	实心	630	0.16	2.83	1.36		
		B07	—	实心	730	0.18	3.25	1.36		

续表

序号	墙体材料名称	尺寸规格/mm	孔　型	孔洞率/%	表观密度/（kg/m³）	导热系数/［W/（m·K）］	蓄热系数/［W/（m²·K）］	修正系数	资料来源	备　注
14	烧结保温砖	700级	矩形孔	≥25	700	0.22	3.45	1	《墙体自保温系统应用技术规程》（DB33/T 1102—2014）	①MU10及以上用于承重墙；②MU15及以上用于砖混结构的外承重墙和潮湿环境中的内墙；③MU5.0及以上用于外填充墙；④MU3.5用于非潮湿环境中的内隔墙
		800级	矩形孔	≥25	701~800	0.25	3.93	1		
		900级	矩形孔	≥25	801~900	0.28	4.41	1		
15	硅藻土类烧结保温砖	700级	矩形孔	≥25	700	0.22	3.69	1	《墙体自保温系统应用技术规程》（DB33/T 1102—2014）	①MU5及以上用于外墙；②MU3.5用于内墙或分户墙
		800级	矩形孔	≥25	800	0.25	4.17	1		
		900级	矩形孔	≥25	900	0.28	4.65	1		
16	烧结保温砌块	800级	矩形孔	≥50	≤800	0.25	3.93	1	《墙体自保温系统应用技术规程》（DB33/T 1102—2014）	①MU5及以上用于外墙；②MU3.5用于内墙或分户墙
		900级	矩形孔	≥50	810~900	0.28	4.41	1		
17	烧结多孔砖（KP1砖）	240×115×90	圆孔	25	1400	0.58	7.92	1.0	《浙江省居住建筑节能设计标准》（DB 33/1015—2003）	①适用于6层及6层以下砖混结构的承重墙，强度等级不低于MU10；②外承重墙、潮湿环境的内墙，强度等级不低于MU15；③城市已经限制使用

6.2 浙江农村保温材料选用表

序号	保温材料名称	型号	密度/(kg/m³)	导热系数/[W/(m·K)]	蓄热系数/[W/(m²·K)]	吸水率/%	修正系数	燃烧性能	资料来源	备注
1	无机轻集料保温砂浆	Ⅰ型	≤350	0.070	1.20	—	1.25	A2	《无机轻集料保温砂浆系统技术规程》(JGJ 253—2011)	适用于内保温，厚度不超过30mm
		Ⅱ型	≤450	0.085	1.50	—	1.25	A2		①用于外墙保温、内外复合保温和楼地面保温； ②用于外墙外保温时，厚度不超过50mm
		Ⅲ型	≤550	0.100	1.80	—	1.25	A2		不宜单独用于外墙外保温，主要用于辅助保温、复合保温和楼地面保温
2	膨胀玻化微珠轻质保温砂浆	保温隔热型	≤300	0.07	1.5	—	1.25	A2	《膨胀玻化微珠轻质砂浆》(JG/T 283—2010)；《玻化微珠保温隔热砂浆应用技术规程》(JC/T 2164—2013)；抹灰型砂浆的蓄热系数和修正系数选自《墙体自保温系统应用技术规程》(DB33/T 1102—2014)	①适用于建筑墙体、屋面和楼地面保温隔热； ②外墙外侧、屋面及楼地面保温隔热砂浆的厚度不宜小于25mm； ③外墙内侧、内墙面及顶棚面保温隔热砂浆的厚度不宜小于20mm
		抹灰型	≤600	0.15	2.60	—	1.25	A2		适用于建筑墙体及热桥部位表面抹灰，具有辅助保温隔热作用
		砌筑型	≤800	0.20	—	—	—	A2		适用于需减少砌缝热桥影响的非承重砌体墙体

续表

序号	保温材料名称	型　号	密度/(kg/m³)	导热系数/[W/(m·K)]	蓄热系数/[W/(m²·K)]	吸水率/%	修正系数	燃烧性能	资料来源	备　注
3	泡沫玻璃保温板	—	≤160	0.062	0.81	≤0.5	1.1	A	《泡沫玻璃建筑外墙外保温体积技术规程》(DB 33/1072—2010)	①适用于屋面、墙体的保温隔热；②用于居住建筑，保温板厚度不宜小于25mm；用于公共建筑，厚度不宜小于30mm
4	岩棉外墙外保温板	岩棉板	≥140	0.040	0.70	≤0.5	1.2	不低于A2	《岩棉板(带)薄抹灰外墙外保温系统应用技术规程》(DG/TJ 08—2126—2013)(上海标准，浙江省目前没有相关标准)	①适用于非透明幕墙、薄抹灰外墙外保温(不得用于面砖面层、屋面及地下室外墙)；②岩棉带用于防火隔离带，密度不小于100kg/m³
		岩棉带	≥80	0.048	0.75					
		岩棉组合板	≥80	0.048	0.75					
5	现场喷涂硬泡聚氨酯	I 型	≥35	0.024	0.36	≤3	1.2	B1	《硬泡聚氨酯保温防水工程技术规范》(GB 50404—2007)；蓄热系数、修正系数参照《浙江省居住建筑节能设计标准》(DB 33/1015—2003)	适用于屋面、外墙的保温层
		II 型	≥45	0.024	0.36	≤2	1.2	B1		适用于屋面复合保温防水层
		III 型	≥55	0.024	0.36	≤1	1.2	B1		适用于屋面保温防水层
	硬泡聚氨酯复合板	双面复合	≥35	0.024	0.36	≤3	1.2	B1		适用于屋面、外墙的保温层
	硬泡聚氨酯保温装饰板	双面复合金属面板、非金属面板	≥35	0.024	0.36	≤3	1.1	B2	《硬泡聚氨酯保温装饰一体化板外墙外保温系统技术规程》(DB 33/1069—2010)	①适用于外墙；②保温层厚度不小于20mm
6	保温装饰一体化板(楼艺板)	PF 板	40~80	0.035	0.32	≤7.5	1.20	B1	《楼艺保温装饰机械连接复合板外墙外保温系统应用技术规程》(DBJ/CJ 169—2013)	①适用于外墙外保温；②保温层厚度不小于20mm
		岩棉带	100~160	0.048	0.75	≤1(质量)	1.30	A		
		PU 板	≥35	0.024	0.36	≤3	1.20	B1		
		XPS 板	25~35	0.030	0.54	≤1.5	1.15	B1		
		EPS 板	18~22	0.041	0.36	≤4	1.20	B1		
		TPS 板	35~50	0.036	0.32	≤3	1.10	B1		

续表

序号	保温材料名称	型号		密度/(kg/m³)	导热系数/[W/(m·K)]	蓄热系数/[W/(m²·K)]	吸水率/%	修正系数	燃烧性能	资料来源	备注
7	憎水性珍珠岩板	纸蜂窝填充憎水膨胀珍珠岩复合板		≤100	≤0.049	1.08	—	1.2	B1	《外墙内保温工程技术规程》(JGJ/T 261—2011)	适用于外墙内保温
		膨胀珍珠岩保温板	I型	≤250	≤0.058	0.8	≤5	1.20	A1	《膨胀珍珠岩保温板薄抹灰外墙外保温工程技术规程》(CECS 380:2014);修正系数参照《浙江省居住建筑节能设计标准》(DB 33/1015—2003)	适用于外墙内保温
			II型	≤300	≤0.070	0.8	≤8	1.20	A1		
8	反射隔热涂料	当量热阻形式节能计算等效热阻:外墙:0.26(m²·K/)W,屋面:0.3(m²·K)/W								《建筑反射隔热涂料保温系统应用技术规程》(DGJ32/TJ 165—2014)	适用于外墙且隔热涂料与保温腻子一般同时使用
	保温腻子	—		400	0.065	1.5	—	1.15	A	中国工程建设协会标准《厚层腻子墙体隔热保温系统应用技术规程》(CECS 346:2013)	
9	胶粉聚苯颗粒保温砂浆	保温浆料		180~250	0.06	1.02	—	1.15	B1	《胶粉聚苯颗粒外墙外保温系统材料》(JG/T 158—2013)	①适用于建筑墙体保温; ②外墙外保温不适用面砖系统
		贴砌筑浆料		250~350	0.08	1.02	—	1.30	A		粘贴、找平和砌筑

续表

序号	保温材料名称	型 号	密度/(kg/m³)	导热系数/[W/(m·K)]	蓄热系数/[W/(m²·K)]	吸水率/%	修正系数	燃烧性能	资料来源	备 注
10	膨胀聚苯板	039级	18~22	0.039	0.36	≤3	1.2	B2	《模塑聚苯板薄抹灰外墙外保温系统材料》(GB/T 29906—2013)	适用于外墙保温
		033级	18~22	0.033	0.36	≤3	1.2	B1		适用于外墙保温
		真金板	25~50	≤0.036	0.76	≤1	—	A或A2	《亚士创能热固性改性聚苯板外墙外保温系统应用技术规程》(DBJ/CT 172—2013)	适用于外墙保温
11	挤塑聚苯板	不带表皮	22~35	0.032	0.36	≤1.5	1.2	B2	《挤塑聚苯板薄抹灰外墙外保温系统材料》(GB/T 30595—2014)	适用于外墙
		带表皮开槽	22~35	0.030	0.36	≤1.5	1.2	B2		适用于外墙
12	真空绝热板(STP)	Ⅰ型	15	0.005	0.73	≤100(表面吸水量)	1.2	A	《建筑用真空绝热板》(JG/T 438—2014);蓄热系数、修正系数参照厂家资料	适用于外墙、屋面
		Ⅱ型		0.008	0.73		1.2	A		
		Ⅲ型		0.012	0.73		1.2	A		
13	玻璃棉	玻璃棉板	24~96	0.033~0.043	0.77	≤1.0	1.30	A	《建筑绝热用玻璃棉制品》(GB/T 17795—2008);蓄热系数、修正系数参照《浙江省居住建筑节能设计标准》(DB 33/1015—2003)	适用于墙体、屋面保温隔热 适用于建筑隔声
		玻璃棉毡	10~48	0.034~0.050	0.77	≤1.0	1.30	A		
14	草砖	—	≥112	≤0.072	—	—	—	B	《农村单体居住建筑节能设计标准》(CECS 332:2012)	适用于墙体
15	轻质黏土	—	1200	0.47	6.37	—	—	B	《民用建筑热工设计规范》(GB 50176—93)	适用于屋面保温隔热

6.3 浙江农村新型节能墙体选用表

6.3.1 烧结多孔砖

1. 外承重墙

无机轻集料保温砂浆外墙外保温墙体构造	墙体(保温层)厚度/mm	墙体面密度/(kg/m²)	墙体热工性能		不同热桥比例的外墙平均传热系数(K_m)/热惰性指标(D_m)								
					性能	10%	15%	20%	25%	30%	35%	40%	45%
外 内 1234 5 6 1—饰面层; 2—抗裂面层(抗裂砂浆+耐碱玻纤网); 3—保温层(无机保温砂浆Ⅱ型); 4—界面砂浆; 5—基层墙体(烧结多孔砖240mm); 6—界面层(混合砂浆20mm)	280	310~382	主体墙体	K=1.57 D=3.06	K_m	1.71	1.78	1.85	1.93	2.00	2.07	2.14	2.21
			热桥部分	K=3.01 D=2.86	D_m	3.04	3.03	3.02	3.01	3.00	2.99	2.98	2.97
	285(20mm)	292~364	主体墙体	K=1.23 D=3.16	K_m	1.31	1.35	1.38	1.42	1.46	1.50	1.53	1.57
			热桥部分	K=1.98 D=2.96	D_m	3.14	3.13	3.12	3.11	3.10	3.09	3.08	3.07
	285(25mm)	294~366	主体墙体	K=1.17 D=3.23	K_m	1.23	1.26	1.29	1.33	1.36	1.39	1.42	1.46
			热桥部分	K=1.81 D=3.03	D_m	3.21	3.20	3.19	3.18	3.17	3.16	3.15	3.14
	尺寸规格:240mm×115mm×90mm		说明:①烧结多孔砖的导热系数为0.54W/(m·K),蓄热系数为5.78W/(m²·K),修正系数为1.0; ②无机保温砂浆Ⅰ型的导热系数为0.07W/(m·K),蓄热系数为1.2W/(m²·K),修正系数为1.25; ③本表中,K_m≤1.5W/(m²·K)时满足《浙江省居住建筑节能设计标准》(DB 33/1015—2015)中体型系数≤0.4,北区建筑外墙热工设计要求;K_m≤1.8W/(m²·K)时,满足体型系数≤0.4,南区建筑外墙热工设计要求;否则,需要进行建筑围护结构热工性能权衡判断; ④本表中,K_m≤1.2W/(m²·K)时满足《浙江省居住建筑节能设计标准》(DB 33/1015—2015)中体型系数>0.4,北区建筑外墙热工设计要求;K_m≤1.5W/(m²·K)时,满足体型系数>0.4,南区建筑外墙热工设计要求;否则,需要进行建筑围护结构热工性能权衡判断; ⑤本表中,K_m≤1.8W/(m²·K)时,满足《农村居住建筑节能设计标准》(GB/T 50824—2013)中规定的分散独立式、分户独立式(双拼、联排)低层建筑的外墙热工设计要求										

续表

无机轻集料保温砂浆外墙外保温墙体构造	墙体（保温层）厚度/mm	墙体面密度/（kg/m²）	墙体热工性能		不同热桥比例的外墙平均传热系数（K_m）/热惰性指标（D_m）								
					性能	10%	15%	20%	25%	30%	35%	40%	45%
外 内 1234 5 6 1—饰面层； 2—抗裂面层（抗裂砂浆+耐碱玻纤网）； 3—保温层（无机保温砂浆Ⅱ型）； 4—界面砂浆； 5—基层墙体（烧结多孔砖240mm）； 6—界面层（混合砂浆20mm）	295（30mm）	297~369	主体墙体	K=1.10 D=3.30	K_m	1.16	1.19	1.22	1.25	1.27	1.30	1.33	1.36
			热桥部分	K=1.67 D=3.10	D_m	3.28	3.27	3.26	3.25	3.24	3.23	3.22	3.21
	300（40mm）	310~373	主体墙体	K=1.00 D=3.44	K_m	1.04	1.07	1.09	1.11	1.13	1.16	1.18	1.20
			热桥部分	K=1.44 D=3.25	D_m	3.42	3.41	3.40	3.39	3.38	3.37	3.36	3.35
	305（50mm）	306~315	主体墙体	K=0.91 D=3.58	K_m	0.95	0.97	0.99	1.00	1.02	1.04	1.06	1.07
			热桥部分	K=1.27 D=3.39	D_m	3.56	3.55	3.54	3.53	3.52	3.51	3.50	3.49
	尺寸规格：240mm×115mm×90mm		见下方说明										

说明：①烧结多孔砖的导热系数为0.54W/（m·K），蓄热系数为5.78W/（m²·K），修正系数为1.0；

②无机保温砂浆Ⅱ型的导热系数为0.085W/（m·K），蓄热系数为1.5W/（m²·K），修正系数为1.25，密度为450kg/m³；

③本表中，K_m≤1.5W/（m²·K））时满足《浙江省居住建筑节能设计标准》（DB 33/1015—2015）中体型系数≤0.4，北区建筑外墙热工设计要求；K_m≤1.8W/（m²·K）时，满足体型系数≤0.4，南区建筑外墙热工设计要求；否则，需要进行建筑围护结构热工性能权衡判断；

④本表中，K_m≤1.2W/（m²·K）时满足《浙江省居住建筑节能设计标准》（DB 33/1015—2015）中体型系数>0.4，北区建筑外墙热工设计要求；K_m≤1.5W/（m²·K）时，满足体型系数>0.4，南区建筑外墙热工设计要求；否则，需要进行建筑围护结构热工性能权衡判断；

⑤本表中，K_m≤1.8W/（m²·K）时，满足《农村居住建筑节能设计标准》（GB/T 50824—2013）中规定的分散独立式、分户独立式（双拼、联排）低层建筑的外墙热工设计要求

续表

无机轻集料保温砂浆外墙内保温墙体构造	墙体(保温层)厚度/mm	墙体面密度/(kg/m²)	墙体热工性能		性能	10%	15%	20%	25%	30%	35%	40%	45%
	285(20mm)	292~364	主体墙体	K=1.17 D=3.15	K_m	1.24	1.27	1.30	1.33	1.37	1.40	1.43	1.46
			热桥部分	K=1.82 D=2.95	D_m	3.13	3.12	3.11	3.10	3.09	3.08	3.07	3.06
	290(25mm)	294~366	主体墙体	K=1.10 D=3.22	K_m	1.15	1.18	1.21	1.24	1.26	1.29	1.32	1.35
			热桥部分	K=1.65 D=3.02	D_m	3.20	3.19	3.18	3.17	3.16	3.15	3.14	3.13
	285(30mm)	296~368	主体墙体	K=1.03 D=3.29	K_m	1.08	1.10	1.13	1.15	1.17	1.20	1.22	1.25
			热桥部分	K=1.51 D=3.09	D_m	3.27	3.26	3.25	3.24	3.23	3.22	3.21	3.20

外 内

1 2 3456

1—界面层(水泥砂浆 20mm);
2—基层墙体(烧结多孔砖 240mm);
3—界面层(界面砂浆);
4—保温层(无机保温砂浆Ⅰ型);
5—抗裂面层(抗裂砂浆+耐碱玻纤网);
6—饰面层

尺寸规格:240mm×115mm×90mm

说明:①烧结多孔砖的导热系数为0.54W/(m·K),蓄热系数为5.78W/(m²·K),修正系数为1.0;

②无机保温砂浆Ⅰ型的导热系数为0.07W/(m·K),蓄热系数为1.2W/(m²·K),修正系数为1.25;

③本表中,K_m≤1.5W/(m²·K)时满足《浙江省居住建筑节能设计标准》(DB 33/1015—2015)中体型系数≤0.4,北区建筑外墙热工设计要求;K_m≤1.8W/(m²·K)时,满足体型系数≤0.4,南区建筑外墙热工设计要求;否则,需要进行建筑围护结构热工性能权衡判断;

④本表中,K_m≤1.2W/(m²·K)时满足《浙江省居住建筑节能设计标准》(DB 33/1015—2015)中体型系数>0.4,北区建筑外墙热工设计要求;K_m≤1.5W/(m²·K)时,满足体型系数>0.4,南区建筑外墙热工设计要求;否则,需要进行建筑围护结构热工性能权衡判断;

⑤本表中,K_m≤1.8W/(m²·K)时,满足《农村居住建筑节能设计标准》(GB/T 50824—2013)中规定的分散独立式、分户独立式(双拼、联排)低层建筑的外墙热工设计要求

续表

岩棉板薄抹灰外墙外保温墙体构造	墙体（保温层）厚度/mm	墙体面密度/（kg/m²）	墙体热工性能		不同热桥比例的外墙平均传热系数（K_m）/热惰性指标（D_m）								
					性能	10%	15%	20%	25%	30%	35%	40%	45%
外 内 12345 6 7 1—饰面层（涂装饰面）； 2—抗裂面层（抗裂砂浆+耐碱玻纤网+弹性底涂）； 3—保温层（岩棉带）； 4—胶黏剂； 5—水泥砂浆找平层20mm； 6—基层墙体（烧结多孔砖240mm）； 7—界面层（混合砂浆20mm）	295（30mm）	288~356	主体墙体	K=0.88 D=3.49	K_m	0.91	0.93	0.94	0.95	0.97	0.98	0.99	1.01
			热桥部分	K=1.16 D=3.33	D_m	3.48	3.47	3.46	3.45	3.44	3.43	3.43	3.42
	305（40mm）	289~361	主体墙体	K=0.77 D=3.62	K_m	0.79	0.80	0.81	0.82	0.83	0.84	0.85	0.86
			热桥部分	K=0.96 D=3.46	D_m	3.60	3.59	3.58	3.58	3.57	3.56	3.55	3.55
	315（50mm）	291~363	主体墙体	K=0.69 D=3.74	K_m	0.70	0.71	0.72	0.72	0.73	0.74	0.74	0.75
			热桥部分	K=0.83 D=3.59	D_m	3.72	3.72	3.71	3.70	3.70	3.69	3.68	3.67
	尺寸规格：240mm×115mm×90mm		说明：①烧结多孔砖的导热系数为0.54W/（m·K），蓄热系数为5.78W/（m²·K），修正系数为1.0； ②岩棉带的导热系数为0.048W/（m·K），蓄热系数为0.77W/（m²·K），修正系数为1.30，密度为150kg/m³； ③本表中，K_m≤1.5W/（m²·K）时满足《浙江省居住建筑节能设计标准》（DB 33/1015—2015）中体型系数≤0.4，北区建筑外墙热工设计要求；K_m≤1.8W/（m²·K）时，满足体型系数≤0.4，南区建筑外墙热工设计要求；否则，需要进行建筑围护结构热工性能权衡判断； ④本表中，K_m≤1.2W/（m²·K）时满足《浙江省居住建筑节能设计标准》（DB 33/1015—2015）中体型系数>0.4，北区建筑外墙热工设计要求；K_m≤1.5W/（m²·K）时，满足体型系数>0.4，南区建筑外墙热工设计要求；否则，需要进行建筑围护结构热工性能权衡判断； ⑤本表中，K_m≤1.8W/（m²·K）时，满足《农村居住建筑节能设计标准》（GB/T 50824—2013）中规定的分散独立式、分户独立式（双拼、联排）低层建筑的外墙热工设计要求										

续表

模塑聚苯板薄抹灰外墙外保温墙体构造	墙体（保温层）厚度/mm	墙体面密度/（kg/m²）	墙体热工性能		不同热桥比例的外墙平均传热系数（K_m）/热惰性指标（D_m）								
					性能	10%	15%	20%	25%	30%	35%	40%	45%
外 内 12345 6 7 1—饰面层（涂料）； 2—抗裂面层（抗裂砂浆+耐碱玻纤网+弹性底涂）； 3—保温层（EPS 板 33 系列）； 4—胶黏剂； 5—水泥砂浆找平层 10mm； 6—基层墙体（烧结多孔砖 240mm）； 7—界面层（混合砂浆 20mm）	295（20mm）	302~374	主体墙体	K=0.87 D=3.18	K_m	0.91	0.92	0.94	0.95	0.97	0.99	1.00	1.02
			热桥部分	K=1.19 D=2.98	D_m	3.16	3.15	3.14	3.13	3.12	3.11	3.10	3.09
	305（30mm）	302~374	主体墙体	K=0.72 D=3.27	K_m	0.74	0.75	0.76	0.77	0.78	0.79	0.80	0.81
			热桥部分	K=0.92 D=3.08	D_m	3.25	3.24	3.23	3.22	3.21	3.20	3.19	3.18
	315（40mm）	302~374	主体墙体	K=0.61 D=3.36	K_m	0.62	0.63	0.63	0.64	0.65	0.66	0.66	0.67
			热桥部分	K=0.75 D=3.17	D_m	3.34	3.33	3.32	3.31	3.30	3.29	3.28	3.27
	尺寸规格：240mm×115mm×90mm		说明：①烧结多孔砖的导热系数为 0.54W/（m·K），蓄热系数为 5.78W/（m²·K），修正系数为 1.0； ②EPS 板 33 系列的导热系数为 0.033W/（m·K），蓄热系数为 0.36W/（m²·K），修正系数为 1.20，密度为 22kg/m³； ③本表中，K_m≤1.5W/（m²·K）时满足《浙江省居住建筑节能设计标准》（DB 33/1015—2015）中体型系数≤0.4，北区建筑外墙热工设计要求；K_m≤1.8W/（m²·K）时，满足体型系数≤0.4，南区建筑外墙热工设计要求；否则，需要进行建筑围护结构热工性能权衡判断										

续表

挤塑聚苯板薄抹灰外墙外保温墙体构造	墙体（保温层）厚度/mm	墙体面密度/（kg/m²）	墙体热工性能		不同热桥比例的外墙平均传热系数（K_m）/热惰性指标（D_m）								
					性能	10%	15%	20%	25%	30%	35%	40%	45%
外　内 12345　6　7 1—饰面层（涂料）； 2—抗裂面层（抗裂砂浆+耐碱玻纤网+弹性底涂）； 3—保温层（EPS板33系列）； 4—胶黏剂； 5—水泥砂浆找平层10mm； 6—基层墙体（烧结多孔砖240mm）； 7—界面层（混合砂浆20mm）	295（20mm）	301~374	主体墙体	K=0.84 D=3.30	K_m	0.87	0.88	0.90	0.91	0.92	0.94	0.95	0.97
			热桥部分	K=1.13 D=3.00	D_m	3.18	3.17	3.16	3.15	3.14	3.13	3.12	3.11
	305（30mm）	302~374	主体墙体	K=0.68 D=3.30	K_m	0.70	0.71	0.72	0.72	0.73	0.74	0.75	0.76
			热桥部分	K=0.86 D=3.10	D_m	3.28	3.27	3.26	3.25	3.24	3.23	3.22	3.21
	315（40mm）	303~375	主体墙体	K=0.57 D=3.40	K_m	0.58	0.59	0.60	0.60	0.61	0.61	0.62	0.63
			热桥部分	K=0.69 D=3.20	D_m	3.38	3.37	3.36	3.35	3.34	3.33	3.32	3.31
	尺寸规格：240mm×115mm×90mm												

说明：①烧结多孔砖的导热系数为0.54W/（m·K），蓄热系数为5.78W/（m²·K），修正系数为1.0；

②带表皮开槽XPS板33系列的导热系数为0.03W/（m·K），蓄热系数为0.36W/（m²·K），修正系数为1.20，密度为35kg/m³；

③本表中，K_m≤1.5W/（m²·K）时满足《浙江省居住建筑节能设计标准》（DB 33/1015—2015）中体型系数≤0.4，北区建筑外墙热工设计要求；K_m≤1.8W/（m²·K）时，满足体型系数≤0.4，南区建筑外墙热工设计要求；否则，需要进行建筑围护结构热工性能权衡判断；

④本表中，K_m≤1.2W/（m²·K）时满足《浙江省居住建筑节能设计标准》（DB 33/1015—2015）中体型系数>0.4，北区建筑外墙热工设计要求；K_m≤1.5W/（m²·K）时，满足体型系数>0.4，南区建筑外墙热工设计要求；否则，需要进行建筑围护结构热工性能权衡判断；

⑤本表中，K_m≤1.8W/（m²·K）时，满足《农村居住建筑节能设计标准》（GB/T 50824—2013）中规定的分散独立式、分户独立式（双拼、联排）低层建筑的外墙热工设计要求

2. 填充墙

无机轻集料保温砂浆外墙外保温墙体构造	墙体（保温层）厚度/mm	墙体面密度/（kg/m²）	墙体热工性能		不同热桥比例的外墙平均传热系数（K_m）/热惰性指标（D_m）								
					性能	35%	40%	45%	50%	55%	60%	65%	70%
外 内 1234 5 6 1—饰面层； 2—抗裂面层（抗裂砂浆+耐碱玻纤网）； 3—保温层（无机保温砂浆Ⅱ型/B型）； 4—界面砂浆； 5—基层墙体（烧结多孔砖200mm）； 6—界面层（混合砂浆20mm）	240	270~330	主体墙体	K=1.77 D=2.63	K_m	2.20	2.27	2.33	2.39	2.45	2.51	2.57	2.64
			热桥部分	K=3.01 D=2.86	D_m	2.71	2.73	2.74	2.75	2.76	2.77	2.78	2.79
	245（20mm）	252~312	主体墙体	K=1.36 D=2.73	K_m	1.61	1.64	1.68	1.72	1.75	1.79	1.82	1.86
			热桥部分	K=2.08 D=2.57	D_m	2.67	2.67	2.66	2.65	2.64	2.63	2.62	2.62
	250（25mm）	254~314	主体墙体	K=1.28 D=2.80	K_m	1.49	1.52	1.55	1.58	1.61	1.65	1.68	1.71
			热桥部分	K=1.89 D=2.64	D_m	2.74	2.74	2.73	2.72	2.71	2.70	2.70	2.69

尺寸规格：190mm×190mm×90mm

说明：①烧结多孔砖的导热系数为0.54W/（m·K），蓄热系数为5.78W/（m²·K），修正系数为1.0；

②带表皮开槽XPS板33系列的导热系数为0.03W/（m·K），蓄热系数为0.36W/（m²·K），修正系数为1.20，密度为450kg/m³；

③本表中，K_m≤1.2W/（m²·K）时满足《浙江省居住建筑节能设计标准》（DB 33/1015—2015）中体型系数≤0.4，北区建筑外墙热工设计要求；K_m≤1.5W/（m²·K）时，满足体型系数≤0.4，南区建筑外墙热工设计要求；否则，需要进行建筑围护结构热工性能权衡判断；

④本表中，K_m≤1.0W/（m²·K）时满足《浙江省居住建筑节能设计标准》（DB 33/1015—2015）中体型系数>0.4，北区建筑外墙热工设计要求；K_m≤1.2W/（m²·K）时，满足体型系数>0.4，南区建筑外墙热工设计要求；否则，需要进行建筑围护结构热工性能权衡判断；

⑤本表中，K_m≤1.8W/（m²·K）时，满足《农村居住建筑节能设计标准》（GB/T 50824—2013）中规定的分散独立式、分户独立式（双拼、联排）低层建筑的外墙热工设计要求

续表

无机轻集料保温砂浆外墙外保温墙体构造	墙体（保温层）厚度/mm	墙体面密度/（kg/m^2）	墙体热工性能		不同热桥比例的外墙平均传热系数（K_m）/热惰性指标（D_m）								
					性能	35%	40%	45%	50%	55%	60%	65%	70%
外 内 1234 5 6 1—饰面层； 2—抗裂面层（抗裂砂浆+耐碱玻纤网）； 3—保温层（无机保温砂浆Ⅱ型）； 4—界面砂浆； 5—基层墙体（烧结多孔砖200mm）； 6—界面层（混合砂浆20mm）	255（30mm）	257~317	主体墙体	K=1.20 D=2.87	K_m	1.39	1.42	1.44	1.47	1.50	1.52	1.55	1.58
			热桥部分	K=1.74 D=2.71	D_m	2.82	2.81	2.80	2.79	2.78	2.77	2.77	2.76
	260（35mm）	259~319	主体墙体	K=1.14 D=2.94	K_m	1.30	1.33	1.35	1.37	1.40	1.42	1.44	1.47
			热桥部分	K=1.61 D=2.78	D_m	2.89	2.88	2.87	2.86	2.85	2.84	2.84	2.83
	265（40mm）	261~321	主体墙体	K=1.08 D=3.01	K_m	1.23	1.25	1.27	1.29	1.31	1.33	1.35	1.37
			热桥部分	K=1.49 D=2.95	D_m	2.96	2.95	2.94	2.93	2.92	2.92	2.91	2.90
	尺寸规格：190mm×190mm×90mm		说明：①烧结多孔砖的导热系数为0.54W/（m·K），蓄热系数为5.78W/（m^2·K），修正系数为1.0； ②带表皮开槽XPS板33系列的导热系数为0.03W/（m·K），蓄热系数为0.36W/（m^2·K），修正系数为1.20，密度为450kg/m^3； ③本表中，K_m≤1.2W/（m^2·K）时满足《浙江省居住建筑节能设计标准》（DB 33/1015—2015）中体型系数≤0.4，北区建筑外墙热工设计要求；K_m≤1.5W/（m^2·K）时，满足体型系数≤0.4，南区建筑外墙热工设计要求；否则，需要进行建筑围护结构热工性能权衡判断； ④本表中，K_m≤1.0W/（m^2·K）时满足《浙江省居住建筑节能设计标准》（DB 33/1015—2015）中体型系数>0.4，北区建筑外墙热工设计要求；K_m≤1.2W/（m^2·K）时，满足体型系数>0.4，南区建筑外墙热工设计要求；否则，需要进行建筑围护结构热工性能权衡判断； ⑤本表中，K_m≤1.8W/（m^2·K）时，满足《农村居住建筑节能设计标准》（GB/T 50824—2013）中规定的分散独立式、分户独立式（双拼、联排）低层建筑的外墙热工设计要求										

3. 分户墙

<table>
<tr><th rowspan="2">分户墙构造</th><th rowspan="2">墙体厚度/mm</th><th rowspan="2">墙体面密度/（kg/m²）</th><th rowspan="2" colspan="2">墙体热工性能</th><th colspan="8">不同热桥比例的分户墙平均传热系数（K_m）/热惰性指标（D_m）</th></tr>
<tr><th>性能</th><th>10%</th><th>15%</th><th>20%</th><th>25%</th><th>30%</th><th>35%</th><th>40%</th></tr>
<tr><td rowspan="5">12 3 45
1—饰面层；
2—界面层（混合砂浆 20mm）；
3—基层墙体（烧结多孔砖 240mm）；
4—界面层（混合砂浆 20mm）；
5—饰面层</td><td rowspan="4">280</td><td rowspan="4">356</td><td rowspan="2">主体墙体</td><td>K=1.45</td><td rowspan="2">K_m</td><td rowspan="2">1.49</td><td rowspan="2">1.54</td><td rowspan="2">1.59</td><td rowspan="2">1.65</td><td rowspan="2">1.70</td><td rowspan="2">1.75</td><td rowspan="2">1.80</td></tr>
<tr><td>D=3.77</td></tr>
<tr><td rowspan="2">热桥部分</td><td>K=2.42</td><td rowspan="2">D_m</td><td rowspan="2">3.04</td><td rowspan="2">3.03</td><td rowspan="2">3.02</td><td rowspan="2">3.01</td><td rowspan="2">3.00</td><td rowspan="2">2.99</td><td rowspan="2">2.98</td></tr>
<tr><td>D=2.87</td></tr>
<tr><td colspan="2">尺寸规格：240mm×115mm×90mm</td><td colspan="10">说明：①烧结多孔砖的导热系数为0.54W/（m·K），蓄热系数为5.78W/（m²·K），修正系数为1.0；
②当$K_m \le 2.0$W/（m²·K）时，满足《浙江省居住建筑节能设计标准》（DB 33/1015—2015）中分户墙的热工性能要求</td></tr>
<tr><td rowspan="5">12 3 45
1—饰面层；
2—界面层（混合砂浆 20mm）；
3—基层墙体（烧结多孔砖 190mm）；
4—界面层（混合砂浆 20mm）；
5—饰面层</td><td rowspan="4">230</td><td rowspan="4">296</td><td rowspan="2">主体墙体</td><td>K=1.59</td><td rowspan="2">K_m</td><td rowspan="2">1.68</td><td rowspan="2">1.72</td><td rowspan="2">1.76</td><td rowspan="2">1.80</td><td rowspan="2">1.84</td><td rowspan="2">1.88</td><td rowspan="2">1.92</td></tr>
<tr><td>D=2.53</td></tr>
<tr><td rowspan="2">热桥部分</td><td>K=2.42</td><td rowspan="2">D_m</td><td rowspan="2">2.56</td><td rowspan="2">2.58</td><td rowspan="2">2.60</td><td rowspan="2">2.61</td><td rowspan="2">2.63</td><td rowspan="2">2.65</td><td rowspan="2">2.66</td></tr>
<tr><td>D=2.87</td></tr>
<tr><td colspan="2">尺寸规格：190mm×190mm×90mm</td><td colspan="10">说明：①烧结多孔砖的导热系数为0.54W/（m·K），蓄热系数为5.78W/（m²·K），修正系数为1.0；
②当$K_m \le 2.0$W/（m²·K）时，满足《浙江省居住建筑节能设计标准》（DB 33/1015—2015）中分户墙的热工性能要求</td></tr>
</table>

6.3.2 烧结页岩空心砌块

1. 填充墙

<table>
<tr><th rowspan="2">无机轻集料保温砂浆外墙外保温墙体构造</th><th rowspan="2">墙体(保温层)厚度/mm</th><th rowspan="2">墙体面密度/(kg/m²)</th><th rowspan="2" colspan="2">墙体热工性能</th><th colspan="9">不同热桥比例的外墙平均传热系数(K_m)/热惰性指标(D_m)</th></tr>
<tr><th>性能</th><th>35%</th><th>40%</th><th>45%</th><th>50%</th><th>55%</th><th>60%</th><th>65%</th><th>70%</th></tr>
<tr><td rowspan="13">外 内
1234 5 6
1—饰面层;
2—抗裂面层
(抗裂砂浆+耐碱玻纤网);
3—保温层;
(无机保温砂浆Ⅱ型);
4—界面砂浆;
5—基层墙体
(烧结空心砌块 190mm);
6—界面层
(混合砂浆 20mm)</td><td rowspan="4">230</td><td rowspan="4">241</td><td rowspan="2">主体墙体</td><td>K=1.18</td><td rowspan="2">K_m</td><td rowspan="2">1.92</td><td rowspan="2">2.02</td><td rowspan="2">2.13</td><td rowspan="2">2.23</td><td rowspan="2">2.34</td><td rowspan="2">2.45</td><td rowspan="2">2.55</td><td rowspan="2">2.66</td></tr>
<tr><td>D=3.24</td></tr>
<tr><td rowspan="2">热桥部分</td><td>K=3.29</td><td rowspan="2">D_m</td><td rowspan="2">2.93</td><td rowspan="2">2.89</td><td rowspan="2">2.85</td><td rowspan="2">2.80</td><td rowspan="2">2.76</td><td rowspan="2">2.72</td><td rowspan="2">2.67</td><td rowspan="2">2.63</td></tr>
<tr><td>D=2.37</td></tr>
<tr><td rowspan="4">235
(20mm)</td><td rowspan="4">223</td><td rowspan="2">主体墙体</td><td>K=0.98</td><td rowspan="2">K_m</td><td rowspan="2">1.37</td><td rowspan="2">1.43</td><td rowspan="2">1.48</td><td rowspan="2">1.54</td><td rowspan="2">1.60</td><td rowspan="2">1.65</td><td rowspan="2">1.71</td><td rowspan="2">1.76</td></tr>
<tr><td>D=3.34</td></tr>
<tr><td rowspan="2">热桥部分</td><td>K=2.10</td><td rowspan="2">D_m</td><td rowspan="2">3.03</td><td rowspan="2">2.99</td><td rowspan="2">2.95</td><td rowspan="2">2.90</td><td rowspan="2">2.86</td><td rowspan="2">2.82</td><td rowspan="2">2.77</td><td rowspan="2">2.73</td></tr>
<tr><td>D=2.47</td></tr>
<tr><td rowspan="4">240
(25mm)</td><td rowspan="4">225</td><td rowspan="2">主体墙体</td><td>K=0.94</td><td rowspan="2">K_m</td><td rowspan="2">1.28</td><td rowspan="2">1.33</td><td rowspan="2">1.38</td><td rowspan="2">1.42</td><td rowspan="2">1.47</td><td rowspan="2">1.52</td><td rowspan="2">1.57</td><td rowspan="2">1.62</td></tr>
<tr><td>D=3.41</td></tr>
<tr><td rowspan="2">热桥部分</td><td>K=1.91</td><td rowspan="2">D_m</td><td rowspan="2">3.10</td><td rowspan="2">3.06</td><td rowspan="2">3.02</td><td rowspan="2">2.97</td><td rowspan="2">2.93</td><td rowspan="2">2.89</td><td rowspan="2">2.84</td><td rowspan="2">2.80</td></tr>
<tr><td>D=2.54</td></tr>
<tr><td colspan="2">290×190×190
尺寸格:290mm×190mm×190mm
孔型:五排二十孔
孔洞率:50%以上</td><td colspan="11">说明:①烧结空心砌块的导热系数为0.29W/(m·K),蓄热系数为4.19W/(m²·K),修正系数为1.0,密度为900kg/m³;
②无机保温砂浆Ⅱ型的导热系数为0.085W/(m·K),蓄热系数为1.5W/(m²·K),修正系数为1.25,密度为450kg/m³;
③本表中,K_m≤1.2W/(m²·K)时满足《浙江省居住建筑节能设计标准》(DB 33/1015—2015)中体型系数≤0.4,北区建筑外墙热工设计要求;K_m≤1.5W/(m²·K)时,满足体型系数≤0.4,南区建筑外墙热工设计要求;否则,需要进行建筑围护结构热工性能权衡判断;
④本表中,K_m≤1.0W/(m²·K)时满足《浙江省居住建筑节能设计标准》(DB 33/1015—2015)中体型系数>0.4,北区建筑外墙热工设计要求;K_m≤1.2W/(m²·K)时,满足体型系数>0.4,南区建筑外墙热工设计要求;否则,需要进行建筑围护结构热工性能权衡判断;
⑤本表中,K_m≤1.8W/(m²·K)时,满足《农村居住建筑节能设计标准》(GB/T 50824—2013)中规定的分散独立式、分户独立式(双拼、联排)低层建筑的外墙热工设计要求</td></tr>
</table>

续表

无机轻集料保温砂浆外墙外保温墙体构造	墙体（保温层）厚度/mm	墙体面密度/（kg/m²）	墙体热工性能		不同热桥比例的外墙平均传热系数（K_m）/热惰性指标（D_m）								
					性能	35%	40%	45%	50%	55%	60%	65%	70%
外 内 1234 5 6 1—饰面层； 2—抗裂面层（抗裂砂浆+耐碱玻纤网）； 3—保温层（无机保温砂浆Ⅱ型）； 4—界面砂浆； 5—基层墙体（烧结空心砌块190mm）； 6—界面层（混合砂浆20mm）	245（30mm）	228	主体墙体	K=0.90 D=3.48	K_m	1.20	1.24	1.28	1.33	1.37	1.41	1.45	1.50
			热桥部分	K=1.75 D=2.61	D_m	3.17	3.13	3.09	3.04	3.00	2.96	2.91	2.87
	250（35mm）	230	主体墙体	K=0.86 D=3.55	K_m	1.13	1.16	1.20	1.24	1.28	1.32	1.35	1.39
			热桥部分	K=1.62 D=2.68	D_m	3.24	3.20	3.16	3.11	3.07	3.03	2.98	2.94
	255（40mm）	232	主体墙体	K=0.83 D=3.62	K_m	1.06	1.10	1.13	1.17	1.20	1.23	1.27	1.38
			热桥部分	K=1.51 D=2.75	D_m	3.32	3.27	3.23	3.18	3.14	3.10	3.05	3.37

尺寸格：290mm×190mm×190mm
孔型：五排二十孔
孔洞率：50%以上

说明：①烧结空心砌块的导热系数为0.29W/（m·K），蓄热系数为4.19W/（m²·K），修正系数为1.0，密度为900kg/m³；

②无机保温砂浆Ⅱ型的导热系数为0.085W/（m·K），蓄热系数为1.5W/（m²·K），修正系数为1.25，密度为450kg/m³；

③本表中，K_m≤1.5W/（m²·K）时满足《浙江省居住建筑节能设计标准》（DB 33/1015—2015）中体型系数≤0.4，北区建筑外墙热工设计要求；K_m≤1.8W/（m²·K）时，满足体型系数≤0.4，南区建筑外墙热工设计要求；否则，需要进行建筑围护结构热工性能权衡判断；

④本表中，K_m≤1.2W/（m²·K）时满足《浙江省居住建筑节能设计标准》（DB 33/1015—2015）中体型系数>0.4，北区建筑外墙热工设计要求；K_m≤1.5W/（m²·K）时，满足体型系数>0.4，南区建筑外墙热工设计要求；否则，需要进行建筑围护结构热工性能权衡判断；

⑤本表中，K_m≤1.8W/（m²·K）时，满足《农村居住建筑节能设计标准》（GB/T 50824—2013）中规定的分散独立式、分户独立式（双拼、联排）低层建筑的外墙热工设计要求

续表

无机轻集料保温砂浆外墙外保温墙体构造	墙体（保温层）厚度/mm	墙体面密度/（kg/m²）	墙体热工性能		不同热桥比例的外墙平均传热系数（K_m）/热惰性指标（D_m）								
					性能	35%	40%	45%	50%	55%	60%	65%	70%
外 内 1234 5 6 1—饰面层； 2—抗裂面层 （抗裂砂浆+耐碱玻纤网）； 3—保温层 （无机保温砂浆Ⅱ型）； 4—界面砂浆； 5—基层墙体 （烧结页岩空心砌块240mm）； 6—界面层 （混合砂浆20mm）	280	286	主体墙体	K=0.95	K_m	1.67	1.77	1.88	1.98	2.08	2.19	2.29	2.39
				D=4.01									
			热桥部分	K=3.01	D_m	3.61	3.55	3.50	3.44	3.38	3.32	3.27	3.21
				D=2.86									
	285（20mm）	268	主体墙体	K=0.82	K_m	1.22	1.28	1.34	1.40	1.46	1.52	1.57	1.63
				D=4.11									
			热桥部分	K=1.98	D_m	3.71	3.65	3.59	3.54	3.48	3.42	3.37	3.31
				D=2.96									
	285（30mm）	273	主体墙体	K=0.76	K_m	1.08	1.12	1.17	1.21	1.26	1.31	1.35	1.40
				D=4.25									
			热桥部分	K=1.67	D_m	3.85	3.79	3.74	3.68	3.62	3.56	3.51	3.45
				D=3.10									
	尺寸规格：290mm×240mm×190mm 孔型：七排二十八孔 孔洞率：50%以上		说明：①烧结空心砌块的导热系数为0.28W/（m·K），蓄热系数为4.11W/（m²·K），修正系数为1.0，密度为900kg/m³； ②无机保温砂浆Ⅱ型的导热系数为0.085W/（m·K），蓄热系数为1.5W/（m²·K），修正系数为1.25，密度为450kg/m³； ③本表中，K_m≤1.5W/（m²·K）时满足《浙江省居住建筑节能设计标准》（DB 33/1015—2015）中体型系数≤0.4，北区建筑外墙热工设计要求；K_m≤1.8W/（m²·K）时，满足体型系数≤0.4，南区建筑外墙热工设计要求；否则，需要进行建筑围护结构热工性能权衡判断； ④本表中，K_m≤1.2W/（m²·K）时满足《浙江省居住建筑节能设计标准》（DB 33/1015—2015）中体型系数>0.4，北区建筑外墙热工设计要求；K_m≤1.5W/（m²·K）时，满足体型系数>0.4，南区建筑外墙热工设计要求；否则，需要进行建筑围护结构热工性能权衡判断； ⑤本表中，K_m≤1.8W/（m²·K）时，满足《农村居住建筑节能设计标准》（GB/T 50824—2013）中规定的分散独立式、分户独立式（双拼、联排）低层建筑的外墙热工设计要求										

2. 分户墙

<table>
<tr><th rowspan="2">分户墙构造</th><th rowspan="2">墙体厚度/mm</th><th rowspan="2">墙体面密度/(kg/m²)</th><th rowspan="2" colspan="2">墙体热工性能</th><th colspan="8">不同热桥比例的分户墙平均传热系数(K_m)/热惰性指标(D_m)</th></tr>
<tr><th>性能</th><th>10%</th><th>15%</th><th>20%</th><th>25%</th><th>30%</th><th>35%</th><th>40%</th></tr>
<tr><td rowspan="5">12 3 45
1—饰面层;
2—界面层(混合砂浆 20mm);
3—基层墙体
(烧结页岩空心砌块 190mm);
4—界面层(混合砂浆 20mm);
5—饰面层</td><td rowspan="4">230</td><td rowspan="4">239</td><td rowspan="2">主体墙体</td><td>K=1.07</td><td rowspan="2">K_m</td><td rowspan="2">1.23</td><td rowspan="2">1.30</td><td rowspan="2">1.38</td><td rowspan="2">1.45</td><td rowspan="2">1.53</td><td rowspan="2">1.61</td><td rowspan="2">1.68</td></tr>
<tr><td>D=3.24</td></tr>
<tr><td rowspan="2">热桥部分</td><td>K=2.60</td><td rowspan="2">D_m</td><td rowspan="2">3.15</td><td rowspan="2">3.11</td><td rowspan="2">3.07</td><td rowspan="2">3.02</td><td rowspan="2">2.98</td><td rowspan="2">2.94</td><td rowspan="2">2.89</td></tr>
<tr><td>D=2.37</td></tr>
<tr><td colspan="2">290×190×190
尺寸规格:290mm×190mm×190mm
孔型:五排二十孔
孔洞率:50%以上</td><td colspan="10">说明:①烧结多孔砖的导热系数为0.29W/(m·K),蓄热系数为4.191W/(m²·K),修正系数为1.0;
②当K_m≤2.0W/(m²·K)时,满足《浙江省居住建筑节能设计标准》(DB 33/1015—2015)中分户墙的热工性能要求</td></tr>
<tr><td rowspan="9">12 3 45
1—饰面层;
2—界面层(混合砂浆 20mm);
3—基层墙体
(烧结页岩空心砌块 190mm/240mm);
4—界面层(混合砂浆 20mm);
5—饰面层</td><td rowspan="4">230</td><td rowspan="4">239</td><td rowspan="2">主体墙体</td><td>K=1.05</td><td rowspan="2">K_m</td><td rowspan="2">1.23</td><td rowspan="2">1.33</td><td rowspan="2">1.42</td><td rowspan="2">1.51</td><td rowspan="2">1.60</td><td rowspan="2">1.59</td><td rowspan="2">1.79</td></tr>
<tr><td>D=3.28</td></tr>
<tr><td rowspan="2">热桥部分</td><td>K=2.90</td><td rowspan="2">D_m</td><td rowspan="2">3.12</td><td rowspan="2">3.04</td><td rowspan="2">2.96</td><td rowspan="2">2.88</td><td rowspan="2">2.80</td><td rowspan="2">2.96</td><td rowspan="2">2.64</td></tr>
<tr><td>D=1.68</td></tr>
<tr><td rowspan="4">280</td><td rowspan="4">284</td><td rowspan="2">主体墙体</td><td>K=0.88</td><td rowspan="2">K_m</td><td rowspan="2">1.04</td><td rowspan="2">1.11</td><td rowspan="2">1.19</td><td rowspan="2">1.27</td><td rowspan="2">1.34</td><td rowspan="2">1.42</td><td rowspan="2">1.50</td></tr>
<tr><td>D=4.02</td></tr>
<tr><td rowspan="2">热桥部分</td><td>K=2.42</td><td rowspan="2">D_m</td><td rowspan="2">3.90</td><td rowspan="2">3.84</td><td rowspan="2">3.79</td><td rowspan="2">3.73</td><td rowspan="2">3.67</td><td rowspan="2">3.61</td><td rowspan="2">3.56</td></tr>
<tr><td>D=2.87</td></tr>
<tr><td colspan="2">290×240×190
尺寸规格:290mm×240mm×190mm
孔型:七排二十八孔
孔洞率:50%以上</td><td colspan="10">说明:①烧结空心砌块的导热系数为0.28W/(m·K),蓄热系数为4.11W/(m²·K),修正系数为1.0;
②当K_m≤2.0W/(m²·K)时,满足《浙江省居住建筑节能设计标准》(DB 33/1015—2015)中分户墙的热工性能要求</td></tr>
</table>

6.3.3 烧结保温砖

1. 填充墙

无机轻集料保温砂浆外墙外保温墙体构造	墙体（保温层）厚度/mm	墙体面密度/（kg/m^2）	墙体热工性能		不同热桥比例的外墙平均传热系数（K_m）/热惰性指标（D_m）								
					性能	35%	40%	45%	50%	55%	60%	65%	70%
外 内 1234 5 6 1—饰面层； 2—抗裂面层（抗裂砂浆+耐碱玻纤网）； 3—保温层（无机保温砂浆Ⅱ型）； 4—界面砂浆； 5—基层墙体（烧结保温砖700级200mm）； 6—界面层（混合砂浆20mm）	240	210	主体墙体	K=0.91 D=3.63	K_m	1.72	1.84	1.95	2.07	2.19	2.30	2.42	2.53
			热桥部分	K=3.23 D=2.47	D_m	3.22	3.16	3.11	3.05	2.99	2.93	2.87	2.82
	245（20mm）	192	主体墙体	K=0.78 D=3.73	K_m	1.24	1.30	1.37	1.43	1.49	1.56	1.62	1.69
			热桥部分	K=2.08 D=2.57	D_m	3.32	3.26	3.21	3.15	3.09	3.03	2.97	2.92
	255（30mm）	197	主体墙体	K=0.73 D=3.87	K_m	1.08	1.13	1.18	1.23	1.28	1.33	1.38	1.44
			热桥部分	K=1.74 D=2.71	D_m	3.46	3.40	3.35	3.29	3.23	3.17	3.11	3.06
	尺寸规格：190mm×190mm×90mm		说明：①烧结保温砖700级的导热系数为0.22W/（m·K），蓄热系数为3.45W/（m^2·K），修正系数为1.0，密度为700kg/m^3； ②无机保温砂浆Ⅱ型的导热系数为0.085W/（m·K），蓄热系数为1.5W/（m^2·K），修正系数为1.25，密度为450kg/m^3； ③本表中，K_m≤1.5W/（m^2·K）时满足《浙江省居住建筑节能设计标准》（DB 33/1015—2015）中体型系数≤0.4，北区建筑外墙热工设计要求；K_m≤1.8W/（m^2·K）时，满足体型系数≤0.4，南区建筑外墙热工设计要求；否则，需要进行建筑围护结构热工性能权衡判断； ④本表中，K_m≤1.2W/（m^2·K）时满足《浙江省居住建筑节能设计标准》（DB 33/1015—2015）中体型系数>0.4，北区建筑外墙热工设计要求；K_m≤1.5W/（m^2·K）时，满足体型系数>0.4，南区建筑外墙热工设计要求；否则，需要进行建筑围护结构热工性能权衡判断； ⑤本表中，K_m≤1.8W/（m^2·K）时，满足《农村居住建筑节能设计标准》（GB/T 50824—2013）中规定的分散独立式、分户独立式（双拼、联排）低层建筑的外墙热工设计要求										

续表

无机轻集料保温砂浆外墙外保温墙体构造	墙体（保温层）厚度/mm	墙体面密度/（kg/m²）	墙体热工性能		不同热桥比例的外墙平均传热系数（K_m）/热惰性指标（D_m）								
					性能	35%	40%	45%	50%	55%	60%	65%	70%
外 内 1234 5 6 1—饰面层； 2—抗裂面层（抗裂砂浆+耐碱玻纤网）； 3—保温层（无机保温砂浆Ⅱ型）； 4—界面砂浆； 5—基层墙体（烧结保温砖800级200mm）； 6—界面层（混合砂浆20mm）	240	230	主体墙体	K=1.01 D=3.64	K_m	1.78	1.90	2.01	2.12	2.23	2.34	2.45	2.56
			热桥部分	K=3.23 D=2.47	D_m	3.23	3.17	3.11	3.05	2.99	2.94	2.88	2.82
	245（20mm）	217	主体墙体	K=0.86 D=3.73	K_m	1.28	1.34	1.41	1.47	1.53	1.59	1.65	1.71
			热桥部分	K=2.08 D=2.57	D_m	3.33	3.27	3.21	3.15	3.09	3.03	2.98	2.92
	255（30mm）	206	主体墙体	K=0.79 D=3.88	K_m	1.12	1.17	1.22	1.27	1.31	1.36	1.41	1.45
			热桥部分	K=1.74 D=2.71	D_m	3.47	3.41	3.35	3.29	3.23	3.18	3.12	3.06
	尺寸规格：190mm×190mm×90mm		说明：①烧结保温砖800级的导热系数为0.25W/（m·K），蓄热系数为3.93W/（m²·K），修正系数为1.0，密度为800kg/m³； ②无机保温砂浆Ⅱ型的导热系数为0.085W/（m·K），蓄热系数为1.5W/（m²·K），修正系数为1.25，密度为450kg/m³； ③本表中，K_m≤1.5W/（m²·K）时满足《浙江省居住建筑节能设计标准》（DB 33/1015—2015）中体型系数≤0.4，北区建筑外墙热工设计要求；K_m≤1.8W/（m²·K）时，满足体型系数≤0.4，南区建筑外墙热工设计要求；否则，需要进行建筑围护结构热工性能权衡判断； ④本表中，K_m≤1.2W/（m²·K）时满足《浙江省居住建筑节能设计标准》（DB 33/1015—2015）中体型系数>0.4，北区建筑外墙热工设计要求；K_m≤1.5W/（m²·K）时，满足体型系数>0.4，南区建筑外墙热工设计要求；否则，需要进行建筑围护结构热工性能权衡判断； ⑤本表中，K_m≤1.8W/（m²·K）时，满足《农村居住建筑节能设计标准》（GB/T 50824—2013）中规定的分散独立式、分户独立式（双拼、联排）低层建筑的外墙热工设计要求										

续表

无机轻集料保温砂浆外墙外保温墙体构造	墙体(保温层)厚度/mm	墙体面密度/(kg/m²)	墙体热工性能		不同热桥比例的外墙平均传热系数(K_m)/热惰性指标(D_m)								
					性能	10%	15%	20%	25%	30%	35%	40%	45%
外 内 1234 5 6 1—饰面层; 2—抗裂面层(抗裂砂浆+耐碱玻纤网); 3—保温层(无机保温砂浆Ⅱ型); 4—界面砂浆; 5—基层墙体(烧结保温砖900级240mm); 6—界面层(混合砂浆20mm)	280	286	主体墙体	K=0.95 D=4.27	K_m	1.16	1.26	1.36	1.47	1.57	1.67	1.77	1.88
			热桥部分	K=3.01 D=2.86	D_m	4.13	4.06	3.99	3.92	3.85	3.78	3.71	3.64
	280(15mm)	266	主体墙体	K=0.85 D=4.30	K_m	0.98	1.05	1.12	1.18	1.25	1.32	1.38	1.45
			热桥部分	K=2.19 D=2.89	D_m	4.16	4.09	4.02	3.95	3.88	3.81	3.74	3.67
	285(20mm)	268	主体墙体	K=0.82 D=4.37	K_m	0.93	0.99	1.05	1.11	1.17	1.22	1.28	1.34
			热桥部分	K=1.98 D=2.96	D_m	4.23	4.16	4.09	4.02	3.95	3.88	3.81	3.74
	尺寸规格:240mm×115mm×90mm		说明:①烧结保温砖900级的导热系数为0.28W/(m·K),蓄热系数为4.41W/(m²·K),修正系数为1.0,密度为900kg/m³; ②无机保温砂浆Ⅱ型的导热系数为0.085W/(m·K),蓄热系数为1.5W/(m²·K),修正系数为1.25,密度为450kg/m³; ③本表中,K_m≤1.5W/(m²·K)时满足《浙江省居住建筑节能设计标准》(DB 33/1015—2015)中体型系数≤0.4,北区建筑外墙热工设计要求;K_m≤1.8W/(m²·K)时,满足体型系数≤0.4,南区建筑外墙热工设计要求;否则,需要进行建筑围护结构热工性能权衡判断; ④本表中,K_m≤1.2W/(m²·K)时满足《浙江省居住建筑节能设计标准》(DB 33/1015—2015)中体型系数>0.4,北区建筑外墙热工设计要求;K_m≤1.5W/(m²·K)时,满足体型系数>0.4,南区建筑外墙热工设计要求;否则,需要进行建筑围护结构热工性能权衡判断; ⑤本表中,K_m≤1.8W/(m²·K)时,满足《农村居住建筑节能设计标准》(GB/T 50824—2013)中规定的分散独立式、分户独立式(双拼、联排)低层建筑的外墙热工设计要求									

续表

泡沫玻璃外墙外保温墙体构造	墙体（保温层）厚度/mm	墙体面密度/（kg/m²）	墙体热工性能		不同热桥比例的外墙平均传热系数（K_m）/热惰性指标（D_m）								
					性能	35%	40%	45%	50%	55%	60%	65%	70%
外 内 12345 6 7 1—饰面层（涂装饰面）； 2—抗裂面层（抗裂砂浆+耐碱玻纤网+弹性底涂）； 3—保温层（泡沫玻璃保温板）； 4—胶黏剂； 5—水泥砂浆找平层10mm； 6—基层墙体（烧结保温砖700级200mm）； 7—界面层（混合砂浆20mm）	265 （30mm）	206	主体墙体	K=0.66 D=3.90	K_m	0.91	0.95	0.99	1.02	1.06	1.09	1.13	1.17
			热桥部分	K=1.38 D=2.74	D_m	3.50	3.44	3.38	3.32	3.26	3.21	3.15	3.09
	275 （40mm）	208	主体墙体	K=0.60 D=4.01	K_m	0.80	0.83	0.86	0.88	0.91	0.94	0.97	1.00
			热桥部分	K=1.16 D=2.85	D_m	3.61	3.55	3.49	3.43	3.38	3.32	3.26	3.20
	285 （50mm）	209	主体墙体	K=0.56 D=4.12	K_m	0.71	0.74	0.76	0.78	0.80	0.82	0.85	0.87
			热桥部分	K=1.00 D=2.97	D_m	3.72	3.66	3.60	3.55	3.49	3.43	3.37	3.31
	尺寸规格：190mm×190mm×90mm		说明：①烧结保温砖700级的导热系数为0.22W/（m·K），蓄热系数为3.45W/（m²·K），修正系数为1.0，密度为700kg/m³； ②泡沫玻璃保温板的导热系数为0.066W/（m·K），蓄热系数为0.81W/（m²·K），修正系数为1.10，密度为160kg/m³； ③本表中，K_m≤1.5W/（m²·K）时满足《浙江省居住建筑节能设计标准》（DB 33/1015—2015）中体型系数≤0.4，北区建筑外墙热工设计要求；K_m≤1.8W/（m²·K）时，满足体型系数≤0.4，南区建筑外墙热工设计要求；否则，需要进行建筑围护结构热工性能权衡判断； ④本表中，K_m≤1.2W/（m²·K）时满足《浙江省居住建筑节能设计标准》（DB 33/1015—2015）中体型系数>0.4，北区建筑外墙热工设计要求；K_m≤1.5W/（m²·K）时，满足体型系数>0.4，南区建筑外墙热工设计要求；否则，需要进行建筑围护结构热工性能权衡判断； ⑤本表中，K_m≤1.8W/（m²·K）时，满足《农村居住建筑节能设计标准》（GB/T 50824—2013）中规定的分散独立式、分户独立式（双拼、联排）低层建筑的外墙热工设计要求										

续表

泡沫玻璃外墙外保温墙体构造	墙体(保温层)厚度/mm	墙体面密度/(kg/m²)	墙体热工性能		不同热桥比例的外墙平均传热系数(K_m)/热惰性指标(D_m)								
					性能	35%	40%	45%	50%	55%	60%	65%	70%
外　内 12345　6　7 1—饰面层(涂装饰面); 2—抗裂面层(抗裂砂浆+耐碱玻纤网+弹性底涂); 3—保温层(泡沫玻璃); 4—胶黏剂; 5—水泥砂浆找平层10mm; 6—基层墙体(烧结保温砖800级200mm); 7—界面层(混合砂浆20mm)	265(30mm)	226	主体墙体	K=0.71 D=3.91	K_m	0.95	0.98	1.01	1.05	1.08	1.11	1.15	1.18
			热桥部分	K=1.38 D=2.74	D_m	3.50	3.44	3.38	3.33	3.27	3.21	3.15	3.09
	275(40mm)	228	主体墙体	K=0.65 D=4.02	K_m	0.83	0.85	0.88	0.90	0.93	0.96	0.98	1.01
			热桥部分	K=1.16 D=2.85	D_m	3.61	3.55	3.50	3.44	3.38	3.32	3.26	3.20
	285(50mm)	229	主体墙体	K=0.59 D=4.13	K_m	0.74	0.76	0.78	0.80	0.82	0.84	0.86	0.88
			热桥部分	K=1.00 D=2.97	D_m	3.72	3.67	3.61	3.55	3.49	3.43	3.37	3.32
	尺寸规格:190mm×190mm×90mm		说明:①烧结保温砖800级的导热系数为0.25W/(m·K),蓄热系数为3.93W/(m²·K),修正系数为1.0,密度为800kg/m³; ②泡沫玻璃保温板的导热系数为0.066W/(m·K),蓄热系数为0.81W/(m²·K),修正系数为1.10,密度为160kg/m³; ③本表中,K_m≤1.5W/(m²·K)时满足《浙江省居住建筑节能设计标准》(DB 33/1015—2015)中体型系数≤0.4,北区建筑外墙热工设计要求;K_m≤1.8W/(m²·K)时,满足体型系数≤0.4,南区建筑外墙热工设计要求;否则,需要进行建筑围护结构热工性能权衡判断; ④本表中,K_m≤1.2W/(m²·K)时满足《浙江省居住建筑节能设计标准》(DB 33/1015—2015)中体型系数>0.4,北区建筑外墙热工设计要求;K_m≤1.5W/(m²·K)时,满足体型系数>0.4,南区建筑外墙热工设计要求;否则,需要进行建筑围护结构热工性能权衡判断; ⑤本表中,K_m≤1.8W/(m²·K)时,满足《农村居住建筑节能设计标准》(GB/T 50824—2013)中规定的分散独立式、分户独立式(双拼、联排)低层建筑的外墙热工设计要求										

续表

泡沫玻璃外墙外保温墙体构造	墙体（保温层）厚度/mm	墙体面密度/（kg/m²）	墙体热工性能		不同热桥比例的外墙平均传热系数（K_m）/热惰性指标（D_m）								
					性能	35%	40%	45%	50%	55%	60%	65%	70%
外 内 12345 6 7 1—饰面层（涂装饰面）； 2—抗裂面层（抗裂砂浆+耐碱玻纤网+弹性底涂）； 3—保温层（泡沫玻璃）； 4—胶黏剂； 5—水泥砂浆找平层 10mm； 6—基层墙体［烧结保温砖（非黏土）900级 240mm］； 7—界面层（混合砂浆 20mm）	305（30mm）	282	主体墙体	K=0.68	K_m	0.75	0.78	0.81	0.85	0.88	0.91	0.95	0.98
				D=4.55									
			热桥部分	K=1.34	D_m	4.40	4.33	4.26	4.19	4.12	4.05	3.98	3.91
				D=3.14									
	315（40mm）	284	主体墙体	K=0.62	K_m	0.67	0.70	0.73	0.75	0.78	0.80	0.83	0.85
				D=4.66									
			热桥部分	K=1.13	D_m	4.52	4.45	4.38	4.30	4.23	4.16	4.09	4.02
				D=3.25									
	325（50mm）	285	主体墙体	K=0.57	K_m	0.62	0.64	0.66	0.68	0.70	0.72	0.74	0.76
				D=4.77									
			热桥部分	K=0.98	D_m	4.63	4.56	4.49	4.42	4.35	4.28	4.21	4.13
				D=3.36									
	尺寸规格：240mm×115mm×90mm												

说明：①烧结保温砖 900 级的导热系数为 0.28W/（m·K），蓄热系数为 4.41W/（m²·K），修正系数为 1.0，密度为 900kg/m³；

②泡沫玻璃保温板的导热系数为 0.066W/（m·K），蓄热系数为 0.81W/（m²·K），修正系数为 1.10，密度为 160kg/m³；

③本表中，K_m≤1.5W/（m²·K）时满足《浙江省居住建筑节能设计标准》（DB 33/1015—2015）中体型系数≤0.4，北区建筑外墙热工设计要求；K_m≤1.8W/（m²·K）时，满足体型系数≤0.4，南区建筑外墙热工设计要求；否则，需要进行建筑围护结构热工性能权衡判断；

④本表中，K_m≤1.2W/（m²·K）时满足《浙江省居住建筑节能设计标准》（DB 33/1015—2015）中体型系数>0.4，北区建筑外墙热工设计要求；K_m≤1.5W/（m²·K）时，满足体型系数>0.4，南区建筑外墙热工设计要求；否则，需要进行建筑围护结构热工性能权衡判断；

⑤本表中，K_m≤1.8W/（m²·K）时，满足《农村居住建筑节能设计标准》（GB/T 50824—2013）中规定的分散独立式、分户独立式（双拼、联排）低层建筑的外墙热工设计要求

2. 分户墙

<table>
<tr><th rowspan="2">分户墙构造</th><th rowspan="2">墙体厚度/mm</th><th rowspan="2">墙体面密度/(kg/m²)</th><th rowspan="2" colspan="2">墙体热工性能</th><th colspan="8">不同热桥比例的分户墙平均传热系数(K_m)/热惰性指标(D_m)</th></tr>
<tr><th>性能</th><th>10%</th><th>15%</th><th>20%</th><th>25%</th><th>30%</th><th>35%</th><th>40%</th></tr>
<tr><td rowspan="9">1—饰面层；
2—界面层(混合砂浆 20mm)；
3—基层墙体
[烧结保温砖(非黏土)700 级 190mm/240mm]；
4—界面层(混合砂浆 20mm)；
5—饰面层</td><td rowspan="4">230</td><td rowspan="4">201</td><td rowspan="2">主体墙体</td><td>K=0.88</td><td rowspan="2">K_m</td><td rowspan="2">1.05</td><td rowspan="2">1.14</td><td rowspan="2">1.22</td><td rowspan="2">1.31</td><td rowspan="2">1.39</td><td rowspan="2">1.48</td><td rowspan="2">1.56</td></tr>
<tr><td>D=3.47</td></tr>
<tr><td rowspan="2">热桥部分</td><td>K=2.60</td><td rowspan="2">D_m</td><td rowspan="2">3.36</td><td rowspan="2">3.31</td><td rowspan="2">3.25</td><td rowspan="2">3.20</td><td rowspan="2">3.14</td><td rowspan="2">3.09</td><td rowspan="2">3.03</td></tr>
<tr><td>D=2.37</td></tr>
<tr><td rowspan="4">280</td><td rowspan="4">236</td><td rowspan="2">主体墙体</td><td>K=0.73</td><td rowspan="2">K_m</td><td rowspan="2">0.90</td><td rowspan="2">0.98</td><td rowspan="2">1.07</td><td rowspan="2">1.15</td><td rowspan="2">1.24</td><td rowspan="2">1.32</td><td rowspan="2">1.41</td></tr>
<tr><td>D=4.26</td></tr>
<tr><td rowspan="2">热桥部分</td><td>K=2.42</td><td rowspan="2">D_m</td><td rowspan="2">4.12</td><td rowspan="2">4.05</td><td rowspan="2">3.98</td><td rowspan="2">3.91</td><td rowspan="2">3.84</td><td rowspan="2">3.77</td><td rowspan="2">3.70</td></tr>
<tr><td>D=2.87</td></tr>
<tr><td colspan="12">说明：①烧结保温砖 700 级的导热系数为 0.22W/(m·K)，蓄热系数为 3.45W/(m²·K)，修正系数为 1.0，密度为 700kg/m³；
②当 K_m≤2.0W/(m²·K)时，满足《浙江省居住建筑节能设计标准》(DB 33/1015—2015)中分户墙的热工性能要求</td></tr>
<tr><td rowspan="9">1—饰面层；
2—界面层(混合砂浆 20mm)；
3—基层墙体
[烧结保温砖(非黏土类)800 级 190mm/240mm]；
4—界面层(混合砂浆 20mm)；
5—饰面层</td><td rowspan="4">230</td><td rowspan="4">220</td><td rowspan="2">主体墙体</td><td>K=0.97</td><td rowspan="2">K_m</td><td rowspan="2">1.13</td><td rowspan="2">1.21</td><td rowspan="2">1.29</td><td rowspan="2">1.37</td><td rowspan="2">1.45</td><td rowspan="2">1.54</td><td rowspan="2">1.62</td></tr>
<tr><td>D=3.48</td></tr>
<tr><td rowspan="2">热桥部分</td><td>K=2.60</td><td rowspan="2">D_m</td><td rowspan="2">3.37</td><td rowspan="2">3.31</td><td rowspan="2">3.26</td><td rowspan="2">3.20</td><td rowspan="2">3.15</td><td rowspan="2">3.09</td><td rowspan="2">3.04</td></tr>
<tr><td>D=2.37</td></tr>
<tr><td rowspan="4">280</td><td rowspan="4">260</td><td rowspan="2">主体墙体</td><td>K=0.81</td><td rowspan="2">K_m</td><td rowspan="2">0.97</td><td rowspan="2">1.05</td><td rowspan="2">1.13</td><td rowspan="2">1.21</td><td rowspan="2">1.29</td><td rowspan="2">1.37</td><td rowspan="2">1.45</td></tr>
<tr><td>D=4.27</td></tr>
<tr><td rowspan="2">热桥部分</td><td>K=2.42</td><td rowspan="2">D_m</td><td rowspan="2">4.13</td><td rowspan="2">4.06</td><td rowspan="2">3.99</td><td rowspan="2">3.92</td><td rowspan="2">3.85</td><td rowspan="2">3.78</td><td rowspan="2">3.71</td></tr>
<tr><td>D=2.87</td></tr>
<tr><td colspan="12">说明：①烧结保温砖 800 级的导热系数为 0.25W/(m·K)，蓄热系数为 3.93W/(m²·K)，修正系数为 1.0，密度为 800kg/m³；
②当 K_m≤2.0W/(m²·K)时，满足《浙江省居住建筑节能设计标准》(DB 33/1015—2015)中分户墙的热工性能要求</td></tr>
</table>

续表

分户墙构造	墙体厚度/mm	墙体面密度/(kg/m²)	墙体热工性能		不同热桥比例的分户墙平均传热系数(K_m)/热惰性指标(D_m)							
					性能	10%	15%	20%	25%	30%	35%	40%
12 3 45 1—饰面层； 2—界面层(混合砂浆20mm)； 3—基层墙体[烧结保温砖(非黏土类)900级 190mm/240mm]； 4—界面层(混合砂浆20mm)； 5—饰面层	230	239	主体墙体	K=1.96	K_m	1.20	1.28	1.36	1.43	1.51	1.59	1.67
				D=2.99								
			热桥部分	K=2.60	D_m	3.38	3.32	3.26	3.21	3.15	3.10	3.04
				D=2.37								
	280	284	主体墙体	K=0.88	K_m	1.04	1.11	1.19	1.27	1.34	1.42	1.50
				D=4.27								
			热桥部分	K=2.42	D_m	4.13	4.06	3.99	3.92	3.85	3.78	3.71
				D=2.87								

说明：①烧结保温砖900级的导热系数为0.28W/(m·K)，蓄热系数为4.41W/(m²·K)，修正系数为1.0；
②当K_m≤2.0W/(m²·K)时，满足《浙江省居住建筑节能设计标准》(DB 33/1015—2015)中分户墙的热工性能要求

6.3.4 填充型混凝土复合砌块

1. 填充墙

无机轻集料保温砂浆外墙外保温墙体构造	墙体（保温层）厚度/mm	墙体面密度/（kg/m²）	墙体热工性能		不同热桥比例的外墙平均传热系数（K_m）/热惰性指标（D_m）								
					性能	35%	40%	45%	50%	55%	60%	65%	70%
1—饰面层； 2—抗裂面层（抗裂砂浆+耐碱玻纤网）； 3—保温层（无机保温砂浆Ⅱ型）； 4—界面砂浆； 5—基层墙体（填充型混凝土复合砌块800级 190mm）； 6—界面层（混合砂浆20mm）	230	222	主体墙体	K=0.78 D=3.98	K_m	1.66	1.79	1.91	2.04	2.16	2.29	2.42	2.54
			热桥部分	K=3.29 D=2.37	D_m	3.42	3.34	3.25	3.17	3.09	3.01	2.93	2.85
	235（20mm）	204	主体墙体	K=0.69 D=4.08	K_m	1.19	1.26	1.33	1.40	1.47	1.54	1.61	1.68
			热桥部分	K=2.10 D=2.47	D_m	3.51	3.43	3.35	3.27	3.19	3.11	3.03	2.95
	245（30mm）	209	主体墙体	K=0.65 D=4.22	K_m	1.04	1.07	1.13	1.18	1.24	1.29	1.35	1.40
			热桥部分	K=1.75 D=2.61	D_m	3.66	3.72	3.64	3.56	3.47	3.39	3.30	3.22
	尺寸规格：290mm×190mm×190mm 孔型：单排孔		说明：①填充型混凝土复合砌块800级导热系数为0.16W/（m·K），蓄热系数为3.23W/（m²·K），修正系数为1.1，密度为800kg/m³； ②无机保温砂浆Ⅱ型的导热系数为0.085W/（m·K），蓄热系数为1.5W/（m²·K），修正系数为1.25，密度为450kg/m³； ③本表中，K_m≤1.5W/（m²·K）时满足《浙江省居住建筑节能设计标准》（DB 33/1015—2015）中体型系数≤0.4，北区建筑外墙热工设计要求；K_m≤1.8W/（m²·K）时，满足体型系数≤0.4，南区建筑外墙热工设计要求；否则，需要进行建筑围护结构热工性能权衡判断； ④本表中，K_m≤1.2W/（m²·K）时满足《浙江省居住建筑节能设计标准》（DB 33/1015—2015）中体型系数>0.4，北区建筑外墙热工设计要求；K_m≤1.5W/（m²·K）时，满足体型系数>0.4，南区建筑外墙热工设计要求；否则，需要进行建筑围护结构热工性能权衡判断； ⑤本表中，K_m≤1.8W/（m²·K）时，满足《农村居住建筑节能设计标准》（GB/T 50824—2013）中规定的分散独立式、分户独立式（双拼、联排）低层建筑的外墙热工设计要求										

续表

无机轻集料保温砂浆外墙外保温墙体构造	墙体(保温层)厚度/mm	墙体面密度/(kg/m²)	墙体热工性能		不同热桥比例的外墙平均传热系数(K_m)/热惰性指标(D_m)								
					性能	35%	40%	45%	50%	55%	60%	65%	70%
外 内 1234 5 6 1—饰面层; 2—抗裂面层(抗裂砂浆+耐碱玻纤网); 3—保温层(无机保温砂浆Ⅱ型); 4—界面砂浆; 5—基层墙体(填充型混凝土复合砌块900级240mm); 6—界面层(混合砂浆20mm)	230	241	主体墙体	K=0.83 D=4.07	K_m	1.69	1.81	1.94	2.06	2.18	2.31	2.43	2.55
			热桥部分	K=3.29 D=2.37	D_m	3.47	3.39	3.30	3.22	3.13	3.05	2.96	2.88
	235(20mm)	223	主体墙体	K=0.72 D=4.17	K_m	1.21	1.27	1.34	1.41	1.48	1.55	1.62	1.69
			热桥部分	K=2.10 D=2.47	D_m	3.57	3.49	3.40	3.32	3.23	3.15	3.06	2.98
	245(30mm)	228	主体墙体	K=0.68 D=4.31	K_m	1.05	1.11	1.16	1.22	1.27	1.32	1.38	1.43
			热桥部分	K=1.75 D=2.61	D_m	3.71	3.63	3.54	3.46	3.37	3.29	3.20	3.12

290 35 220 35 190 50 90 50 190 190 290

尺寸规格:290mm×190mm×190mm
孔型:单排孔

说明:①填充型混凝土复合砌块900级导热系数为0.17W/(m·K),蓄热系数为3.52W/(m²·K),修正系数为1.1,密度为900kg/m³;

②无机保温砂浆Ⅱ型的导热系数为0.085W/(m·K),蓄热系数为1.5W/(m²·K),修正系数为1.25,密度为450kg/m³;

③本表中,K_m≤1.5W/(m²·K)时满足《浙江省居住建筑节能设计标准》(DB 33/1015—2015)中体型系数≤0.4,北区建筑外墙热工设计要求;K_m≤1.8W/(m²·K)时,满足体型系数≤0.4,南区建筑外墙热工设计要求;否则,需要进行建筑围护结构热工性能权衡判断;

④本表中,K_m≤1.2W/(m²·K)时满足《浙江省居住建筑节能设计标准》(DB 33/1015—2015)中体型系数>0.4,北区建筑外墙热工设计要求;K_m≤1.5W/(m²·K)时,满足体型系数>0.4,南区建筑外墙热工设计要求;否则,需要进行建筑围护结构热工性能权衡判断;

⑤本表中,K_m≤1.8W/(m²·K)时,满足《农村居住建筑节能设计标准》(GB/T 50824—2013)中规定的分散独立式、分户独立式(双拼、联排)低层建筑的外墙热工设计要求

续表

无机轻集料保温砂浆外墙外保温墙体构造	墙体（保温层）厚度/mm	墙体面密度/（kg/m²）	墙体热工性能		不同热桥比例的外墙平均传热系数（K_m）/热惰性指标（D_m）								
					性能	35%	40%	45%	50%	55%	60%	65%	70%
外　内 1234　5　6 1—饰面层； 2—抗裂面层（抗裂砂浆+耐碱玻纤网）； 3—保温层（无机保温砂浆Ⅱ型）； 4—界面砂浆； 5—基层墙体（填充型混凝土复合砌块1000级240mm）； 6—界面层（混合砂浆20mm）	230	260	主体墙体	K=0.87 D=4.16	K_m	1.72	1.84	1.96	2.08	2.20	2.32	2.44	2.56
			热桥部分	K=3.29 D=2.37	D_m	3.53	3.44	3.35	3.26	3.17	3.08	3.00	2.91
	235（20mm）	242	主体墙体	K=0.75 D=4.26	K_m	1.23	1.29	1.36	1.43	1.50	1.56	1.63	1.70
			热桥部分	K=2.10 D=2.47	D_m	3.63	3.54	3.45	3.36	3.27	3.18	3.09	3.01
	245（30mm）	247	主体墙体	K=0.70 D=4.40	K_m	1.07	1.12	1.18	1.23	1.28	1.33	1.37	1.44
			热桥部分	K=1.75 D=2.61	D_m	3.77	3.68	3.59	3.50	3.41	3.32	3.24	3.15
	290　35　220　35　190　50　90　50　190　190　290 尺寸规格：290mm×190mm×190mm 孔型：单排孔		说明：①填充型混凝土复合砌块1000级导热系数为0.18W/（m·K），蓄热系数为3.82W/（m²·K），修正系数为1.1，密度为1000kg/m³； ②无机保温砂浆Ⅱ型的导热系数为0.085W/（m·K），蓄热系数为1.5W/（m²·K），修正系数为1.25，密度为450kg/m³； ③本表中，K_m≤1.5W/（m²·K）时满足《浙江省居住建筑节能设计标准》（DB 33/1015—2015）中体型系数≤0.4，北区建筑外墙热工设计要求；K_m≤1.8W/（m²·K）时，满足体型系数≤0.4，南区建筑外墙热工设计要求；否则，需要进行建筑围护结构热工性能权衡判断； ④本表中，K_m≤1.2W/（m²·K）时满足《浙江省居住建筑节能设计标准》（DB 33/1015—2015）中体型系数>0.4，北区建筑外墙热工设计要求；K_m≤1.5W/（m²·K）时，满足体型系数>0.4，南区建筑外墙热工设计要求；否则，需要进行建筑围护结构热工性能权衡判断； ⑤本表中，K_m≤1.8W/（m²·K）时，满足《农村居住建筑节能设计标准》（GB/T 50824—2013）中规定的分散独立式、分户独立式（双拼、联排）低层建筑的外墙热工设计要求										

2. 分户墙

分户墙构造	墙体厚度/mm	墙体面密度/(kg/m²)	墙体热工性能		不同热桥比例的分户墙平均传热系数(K_m)/热惰性指标(D_m)							
					性能	10%	15%	20%	25%	30%	35%	40%
1—饰面层； 2—界面层(混合砂浆 20mm)； 3—基层墙体(填充型混凝土复合砌块 800 级 190mm/240mm)； 4—界面层(混合砂浆 20mm)； 5—饰面层	230	220	主体墙体	K=0.74 D=3.98	K_m	0.92	1.02	1.11	1.20	1.30	1.39	1.48
			热桥部分	K=2.60 D=2.37	D_m	3.82	3.74	3.66	3.58	3.50	3.42	3.34
	280	260	主体墙体	K=0.61 D=4.90	K_m	0.79	0.88	0.97	1.06	1.15	1.24	1.33
			热桥部分	K=2.42 D=2.87	D_m	4.70	4.59	4.49	4.39	4.29	4.19	4.09
	说明：①填充型混凝土复合砌块 800 级的导热系数为 0.22W/(m·K)，蓄热系数为 3.45W/(m²·K)，修正系数为 1.0，密度为 800kg/m³； ②当 K_m≤2.0W/(m²·K)时，满足《浙江省居住建筑节能设计标准》(DB 33/1015—2015)中分户墙的热工性能要求											
1—饰面层； 2—界面层(混合砂浆 20mm)； 3—基层墙体(填充型混凝土复合砌块 900 级 190mm/240mm)； 4—界面层(混合砂浆 20mm)； 5—饰面层	230	239	主体墙体	K=0.77 D=4.07	K_m	0.96	1.05	1.14	1.23	1.32	1.41	1.50
			热桥部分	K=2.60 D=2.37	D_m	3.90	3.82	3.73	3.65	3.56	3.48	3.39
	280	284	主体墙体	K=0.64 D=5.01	K_m	0.82	0.91	1.00	1.08	1.17	1.26	1.35
			热桥部分	K=2.42 D=2.87	D_m	4.80	4.69	4.58	4.48	4.37	4.26	4.15
	说明：①填充型混凝土复合砌块 900 级的导热系数为 0.17W/(m·K)，蓄热系数为 3.52W/(m²·K)，修正系数为 1.1，密度为 900kg/m³； ②当 K_m≤2.0W/(m²·K)时，满足《浙江省居住建筑节能设计标准》(DB 33/1015—2015)中分户墙的热工性能要求											

续表

分户墙构造	墙体厚度/mm	墙体面密度/(kg/m²)	墙体热工性能		不同热桥比例的分户墙平均传热系数(K_m)/热惰性指标(D_m)							
					性能	10%	15%	20%	25%	30%	35%	40%
12 3 45 1—饰面层； 2—界面层（混合砂浆20mm）； 3—基层墙体（填充型混凝土复合砌块1000级190mm/240mm）； 4—界面层（混合砂浆20mm）； 5—饰面层	230	258	主体墙体	K=0.81 D=4.16	K_m	0.99	1.08	1.17	1.26	1.35	1.43	1.52
			热桥部分	K=2.60 D=2.37	D_m	3.98	3.89	3.80	3.71	3.62	3.53	3.44
	280	308	主体墙体	K=0.67 D=5.12	K_m	0.85	0.93	1.02	1.11	1.20	1.28	1.37
			热桥部分	K=2.42 D=2.87	D_m	4.90	4.79	4.67	4.56	4.45	4.33	4.22
	说明：①填充型混凝土复合砌块1000级的导热系数为0.18W/(m·K)，蓄热系数为3.82W/(m²·K)，修正系数为1.1，密度为1000kg/m³； ②当K_m≤2.0W/(m²·K)时，满足《浙江省居住建筑节能设计标准》(DB 33/1015—2015)中分户墙的热工性能要求											

6.3.5 蒸压加气混凝土砌块（蒸压粉煤灰加气混凝土砌块）

1. 承重墙

无机轻集料保温砂浆外墙外保温墙体构造	墙体（保温层）厚度/mm	墙体面密度/（kg/m²）	墙体热工性能		不同热桥比例的外墙平均传热系数（K_m）/热惰性指标（D_m）								
					性能	10%	15%	20%	25%	30%	35%	40%	45%
外 内 1234 5 6 1—饰面层； 2—抗裂面层（抗裂砂浆+耐碱玻纤网）； 3—保温层（无机保温砂浆Ⅱ型）； 4—界面砂浆； 5—基层墙体（蒸压加气混凝土砌块B07 250mm）； 6—界面层（混合砂浆20mm）	290	245	主体墙体	K=0.77 D=4.48	K_m	0.99	1.09	1.20	1.31	1.42	1.53	1.64	1.75
			热桥部分	K=2.96 D=2.96	D_m	4.33	4.25	4.18	4.10	4.03	3.95	3.87	3.80
	290（15mm）	225	主体墙体	K=0.70 D=4.51	K_m	0.84	0.92	0.99	1.06	1.14	1.21	1.28	1.36
			热桥部分	K=2.16 D=2.99	D_m	4.36	4.28	4.21	4.13	4.05	3.98	3.90	3.83
	295（20mm）	227	主体墙体	K=0.68 D=4.58	K_m	0.81	0.87	0.93	1.00	1.06	1.13	1.19	1.25
			热桥部分	K=1.96 D=3.06	D_m	4.43	4.35	4.28	4.20	4.12	4.05	3.97	3.90

240 250 600

尺寸规格：600mm×250mm×240mm

说明：①蒸压加气混凝土砌块B07级导热系数为0.18W/（m·K），蓄热系数为3.82W/（m²·K），修正系数为1.1，密度为700kg/m³；

②无机保温砂浆Ⅱ型的导热系数为0.085W/（m·K），蓄热系数为1.5W/（m²·K），修正系数为1.25，密度为450kg/m³；

③本表中，K_m≤1.5W/（m²·K）时满足《浙江省居住建筑节能设计标准》（DB 33/1015—2015）中体型系数≤0.4，北区建筑外墙热工设计要求；K_m≤1.8W/（m²·K）时，满足体型系数≤0.4，南区建筑外墙热工设计要求；否则，需要进行建筑围护结构热工性能权衡判断；

④本表中，K_m≤1.2W/（m²·K）时满足《浙江省居住建筑节能设计标准》（DB 33/1015—2015）中体型系数>0.4，北区建筑外墙热工设计要求；K_m≤1.5W/（m²·K）时，满足体型系数>0.4，南区建筑外墙热工设计要求；否则，需要进行建筑围护结构热工性能权衡判断；

⑤本表中，K_m≤1.8W/（m²·K）时，满足《农村居住建筑节能设计标准》（GB/T 50824—2013）中规定的分散独立式、分户独立式（双拼、联排）低层建筑的外墙热工设计要求

2. 填充墙

无机轻集料保温砂浆外墙外保温墙体构造	墙体（保温层）厚度/mm	墙体面密度/（kg/m^2）	墙体热工性能		不同热桥比例的外墙平均传热系数（K_m）/热惰性指标（D_m）								
					性能	35%	40%	45%	50%	55%	60%	65%	70%
外　内　1234　5　6 1—饰面层； 2—抗裂面层（抗裂砂浆+耐碱玻纤网）； 3—保温层（无机保温砂浆Ⅱ型）； 4—界面砂浆； 5—基层墙体（蒸压加气混凝土砌块B07 200mm）； 6—界面层（混合砂浆20mm）	240	210	主体墙体	K=0.92 D=3.68	K_m	1.73	1.85	1.96	2.08	2.19	2.31	2.42	2.54
			热桥部分	K=3.23 D=2.47	D_m	3.26	3.20	3.14	3.08	3.01	2.95	2.89	2.83
	255（30mm）	197	主体墙体	K=0.74 D=3.92	K_m	1.09	1.14	1.19	1.24	1.29	1.34	1.39	1.44
			热桥部分	K=1.74 D=2.71	D_m	3.50	3.44	3.38	3.32	3.26	3.19	3.13	3.07
	245（20mm）	192	主体墙体	K=0.80 D=3.78	K_m	1.24	1.31	1.37	1.44	1.50	1.56	1.63	1.69
			热桥部分	K=2.08 D=2.57	D_m	3.36	3.30	3.24	3.17	3.11	3.05	2.99	2.93

200　200　600

尺寸规格：600mm×200mm×200mm

说明：①蒸压加气混凝土砌块B07级导热系数为0.18W/（m·K），蓄热系数为3.82W/（m^2·K），修正系数为1.1，密度为700kg/m^3；

②无机保温砂浆Ⅱ型的导热系数为0.085W/（m·K），蓄热系数为1.5W/（m^2·K），修正系数为1.25，密度为450kg/m^3；

③本表中，K_m≤1.5W/（m^2·K）时满足《浙江省居住建筑节能设计标准》（DB 33/1015—2015）中体型系数≤0.4，北区建筑外墙热工设计要求；K_m≤1.8W/（m^2·K）时，满足体型系数≤0.4，南区建筑外墙热工设计要求；否则，需要进行建筑围护结构热工性能权衡判断；

④本表中，K_m≤1.2W/（m^2·K）时满足《浙江省居住建筑节能设计标准》（DB 33/1015—2015）中体型系数>0.4，北区建筑外墙热工设计要求；K_m≤1.5W/（m^2·K）时，满足体型系数>0.4，南区建筑外墙热工设计要求；否则，需要进行建筑围护结构热工性能权衡判断；

⑤本表中，K_m≤1.8W/（m^2·K）时，满足《农村居住建筑节能设计标准》（GB/T 50824—2013）中规定的分散独立式、分户独立式（双拼、联排）低层建筑的外墙热工设计要求

3. 分户墙

分户墙构造	墙体厚度/mm	墙体面密度/(kg/m²)	墙体热工性能		不同热桥比例的分户墙平均传热系数(K_m)/热惰性指标(D_m)							
					性能	10%	15%	20%	25%	30%	35%	40%
12 3 45 1—饰面层； 2—界面层（混合砂浆 20mm）； 3—基层墙体（蒸压加气混凝土砌块 B06 200mm/240mm）； 4—界面层（混合砂浆 20mm）； 5—饰面层	240	188	主体墙体	K=0.78	K_m	0.96	1.05	1.14	1.23	1.32	1.40	1.49
				D=3.77								
			热桥部分	K=2.56	D_m	3.64	3.58	3.51	3.45	3.38	3.32	3.25
				D=2.47								
	280	212	主体墙体	K=0.68	K_m	0.85	0.94	1.03	1.11	1.20	1.29	1.37
				D=4.43								
			热桥部分	K=2.42	D_m	4.27	4.20	4.12	4.04	3.96	3.88	3.80
				D=2.87								

说明：①蒸压加气混凝土砌块 B06 级的导热系数为 0.16W/(m·K)，蓄热系数为 3.28W/(m²·K)，修正系数为 1.25，密度为 600kg/m³；

②当 $K_m \leq 2.0$W/(m²·K)时，满足《浙江省居住建筑节能设计标准》(DB 33/1015—2015)中分户墙的热工性能要求

6.3.6　陶粒增强加气砌块

1. 承重墙

无机轻集料保温砂浆外墙外保温墙体构造	墙体（保温层）厚度/mm	墙体面密度/（kg/m²）	墙体热工性能		不同热桥比例的外墙平均传热系数（K_m）/热惰性指标（D_m）								
					性能	10%	15%	20%	25%	30%	35%	40%	45%
外 内 1234 5 6 1—饰面层； 2—抗裂面层（抗裂砂浆+耐碱玻纤网）； 3—保温层（无机保温砂浆Ⅱ型）； 4—界面砂浆； 5—基层墙体（陶粒增强加气砌块B07 240mm）； 6—界面层（混合砂浆20mm）	280	238	主体墙体	K=0.77 D=5.44	K_m	0.99	1.10	1.21	1.33	1.44	1.55	1.66	1.77
			热桥部分	K=3.01 D=2.86	D_m	5.18	5.05	4.92	4.79	4.66	4.54	4.41	4.28
	280（15mm）	218	主体墙体	K=0.70 D=5.46	K_m	0.85	0.92	1.00	1.07	1.15	1.22	1.29	1.37
			热桥部分	K=2.19 D=2.89	D_m	5.21	5.08	4.95	4.82	4.69	4.56	4.44	4.31
	285（20mm）	220	主体墙体	K=0.68 D=5.54	K_m	0.81	0.87	0.94	1.00	1.07	1.13	1.20	1.26
			热桥部分	K=1.98 D=2.96	D_m	5.28	5.15	5.02	4.89	4.76	4.63	4.51	4.38

240　240　600

尺寸规格：600mm×240mm×240mm

说明：①陶粒增强加气混凝土砌块B07级导热系数为0.18W/（m·K），蓄热系数为4.45W/（m²·K），修正系数为1.2，密度700kg/m³；

②无机保温砂浆Ⅱ型的导热系数为0.085W/（m·K），蓄热系数为1.5W/（m²·K），修正系数为1.25，密度450kg/m³；

③本表中，K_m≤1.5W/（m²·K）时满足《浙江省居住建筑节能设计标准》（DB 33/1015—2015）中体型系数≤0.4，北区建筑外墙热工设计要求；K_m≤1.8W/（m²·K）时，满足体型系数≤0.4，南区建筑外墙热工设计要求；否则，需要进行建筑围护结构热工性能权衡判断；

④本表中，K_m≤1.2W/（m²·K）时满足《浙江省居住建筑节能设计标准》（DB 33/1015—2015）中体型系数>0.4，北区建筑外墙热工设计要求；K_m≤1.5W/（m²·K）时，满足体型系数>0.4，南区建筑外墙热工设计要求；否则，需要进行建筑围护结构热工性能权衡判断；

⑤本表中，K_m≤1.8W/（m²·K）时，满足《农村居住建筑节能设计标准》（GB/T 50824—2013）中规定的分散独立式、分户独立式（双拼、联排）低层建筑的外墙热工设计要求

2. 填充墙

无机轻集料保温砂浆外墙外保温墙体构造	墙体（保温层）厚度/mm	墙体面密度/（kg/m²）	墙体热工性能		不同热桥比例的外墙平均传热系数（K_m）/热惰性指标（D_m）								
					性能	35%	40%	45%	50%	55%	60%	65%	70%
外 内 1234 5 6 1—饰面层； 2—抗裂面层（抗裂砂浆+耐碱玻纤网）； 3—保温层（无机保温砂浆Ⅱ型）； 4—界面砂浆； 5—基层墙体（陶粒增强加气砌块B07 200mm）； 6—界面层（混合砂浆20mm）	240	210	主体墙体	K=0.89 D=4.61	K_m	1.71	1.83	1.95	2.06	2.18	2.30	2.41	2.53
			热桥部分	K=3.23 D=2.47	D_m	3.86	3.75	3.65	3.54	3.43	3.33	3.22	3.11
	255（30mm）	197	主体墙体	K=0.72 D=4.85	K_m	1.08	1.13	1.18	1.23	1.28	1.33	1.38	1.43
			热桥部分	K=1.74 D=2.71	D_m	4.10	3.99	3.89	3.78	3.67	3.57	3.45	3.35
	245（20mm）	192	主体墙体	K=0.77 D=4.71	K_m	1.23	1.29	1.36	1.43	1.49	1.56	1.62	1.69
			热桥部分	K=2.08 D=2.57	D_m	3.96	3.85	3.75	3.64	3.53	3.42	3.32	3.21

200 200 600

尺寸规格：600mm×200mm×200mm

说明：①陶粒增强加气混凝土砌块B07级导热系数为0.18W/（m·K），蓄热系数为4.45W/（m²·K），修正系数为1.2，密度700kg/m³；

②无机保温砂浆Ⅱ型的导热系数为0.085W/（m·K），蓄热系数为1.5W/（m²·K），修正系数为1.25，密度450kg/m³；

③本表中，K_m≤1.5W/（m²·K）时满足《浙江省居住建筑节能设计标准》（DB 33/1015—2015）中体型系数≤0.4，北区建筑外墙热工设计要求；K_m≤1.8W/（m²·K）时，满足体型系数≤0.4，南区建筑外墙热工设计要求；否则，需要进行建筑围护结构热工性能权衡判断；

④本表中，K_m≤1.2W/（m²·K）时满足《浙江省居住建筑节能设计标准》（DB 33/1015—2015）中体型系数>0.4，北区建筑外墙热工设计要求；K_m≤1.5W/（m²·K）时，满足体型系数>0.4，南区建筑外墙热工设计要求；否则，需要进行建筑围护结构热工性能权衡判断；

⑤本表中，K_m≤1.8W/（m²·K）时，满足《农村居住建筑节能设计标准》（GB/T 50824—2013）中规定的分散独立式、分户独立式（双拼、联排）低层建筑的外墙热工设计要求

3. 分户墙

分户墙构造	墙体厚度/mm	墙体面密度/(kg/m^2)	墙体热工性能		不同热桥比例的分户墙平均传热系数(K_m)/热惰性指标(D_m)							
					性能	10%	15%	20%	25%	30%	35%	40%
12 3 45 1—饰面层； 2—界面层（混合砂浆 20mm）； 3—基层墙体（陶粒增强加气砌块 B06 200mm/240mm）； 4—界面层（混合砂浆 20mm）； 5—饰面层	240	188	主体墙体	K=0.76 D=4.70	K_m	0.94	1.03	1.12	1.21	1.30	1.39	1.48
			热桥部分	K=2.56 D=2.47	D_m	4.48	4.37	4.26	4.14	4.03	3.92	3.81
	280	212	主体墙体	K=0.66 D=5.54	K_m	0.83	0.92	1.01	1.10	1.18	1.27	1.36
			热桥部分	K=2.42 D=2.87	D_m	5.28	5.14	5.01	4.87	4.74	4.61	4.47

说明：①陶粒增强加气砌块 B06 级的导热系数为 0.16W/（m·K），蓄热系数为 4.04W/（m^2·K），修正系数为 1.20；
②当 $K_m \leq 2.0$W/（m^2·K）时，满足《浙江省居住建筑节能设计标准》（DB 33/1015—2015）中分户墙的热工性能要求

6.3.7 混凝土多孔砖

1. 承重墙

无机轻集料保温砂浆外墙外保温墙体构造	墙体（保温层）厚度/mm	墙体面密度/（kg/m²）	墙体热工性能		不同热桥比例的外墙平均传热系数（K_m）/热惰性指标（D_m）								
					性能	10%	15%	20%	25%	30%	35%	40%	45%
外 内 1234 5 6 1—饰面层； 2—抗裂面层（抗裂砂浆+耐碱玻纤网）； 3—保温层（无机保温砂浆Ⅱ型）； 4—界面砂浆； 5—基层墙体（混凝土多孔砖 240mm）； 6—界面层（混合砂浆 20mm）	280	418	主体墙体	K=1.92 D=2.85	K_m	2.03	2.09	2.14	2.20	2.25	2.30	2.36	2.41
			热桥部分	K=3.01 D=2.86	D_m	2.85	2.85	2.85	2.85	2.85	2.85	2.86	2.86
	285（20mm）	400	主体墙体	K=1.45 D=2.95	K_m	1.50	1.53	1.55	1.58	1.61	1.63	1.66	1.69
			热桥部分	K=1.98 D=2.96	D_m	2.95	2.95	2.95	2.95	2.95	2.95	2.95	2.95
	290（25mm）	402	主体墙体	K=1.32 D=3.02	K_m	1.40	1.42	1.45	1.47	1.49	1.51	1.54	1.56
			热桥部分	K=1.81 D=3.03	D_m	3.02	3.02	3.02	3.02	3.02	3.02	3.02	3.03

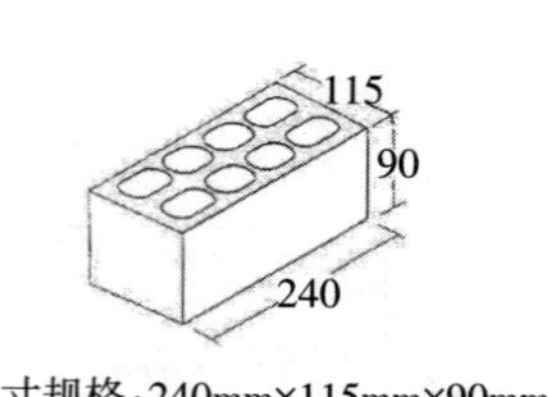

尺寸规格：240mm×115mm×90mm
孔型：双排八孔

说明：①混凝土多孔砖导热系数为0.738W/（m·K），蓄热系数为7.25W/（m²·K），修正系数为1.0，密度1450kg/m³；

②无机保温砂浆Ⅱ型的导热系数为0.085W/（m·K），蓄热系数为1.5W/（m²·K），修正系数为1.25，密度450kg/m³；

③本表中，K_m≤1.2W/（m²·K）时满足《浙江省居住建筑节能设计标准》（DB 33/1015—2015）中体型系数≤0.4，北区建筑外墙热工设计要求；K_m≤1.5W/（m²·K）时，满足体型系数≤0.4，南区建筑外墙热工设计要求；否则，需要进行建筑围护结构热工性能权衡判断；

④本表中，K_m≤1.0W/（m²·K）时满足《浙江省居住建筑节能设计标准》（DB 33/1015—2015）中体型系数>0.4，北区建筑外墙热工设计要求；K_m≤1.2W/（m²·K）时，满足体型系数>0.4，南区建筑外墙热工设计要求；否则，需要进行建筑围护结构热工性能权衡判断；

⑤本表中，K_m≤1.8W/（m²·K）时，满足《农村居住建筑节能设计标准》（GB/T 50824—2013）中规定的分散独立式、分户独立式（双拼、联排）低层建筑的外墙热工设计要求

续表

无机轻集料保温砂浆外墙外保温墙体构造	墙体（保温层）厚度/mm	墙体面密度/（kg/m²）	墙体热工性能		不同热桥比例的外墙平均传热系数（K_m）/热惰性指标（D_m）								
					性能	10%	15%	20%	25%	30%	35%	40%	45%
外 内 1234 5 6 1—饰面层； 2—抗裂面层 （抗裂砂浆+耐碱玻纤网）； 3—保温层 （无机保温砂浆Ⅱ型）； 4—界面砂浆； 5—基层墙体 （混凝土多孔砖 240mm）； 6—界面层 （混合砂浆 20mm）	295（30mm）	405	主体墙体	K=1.27 D=3.09	K_m	1.31	1.33	1.35	1.37	1.39	1.41	1.43	1.45
			热桥部分	K=1.67 D=3.10	D_m	3.09	3.09	3.09	3.09	3.09	3.09	3.10	3.10
	300（35mm）	407	主体墙体	K=1.20 D=3.16	K_m	1.24	1.25	1.27	1.29	1.30	1.32	1.34	1.36
			热桥部分	K=1.55 D=3.17	D_m	3.16	3.16	3.16	3.16	3.16	3.17	3.17	3.17
	305（40mm）	409	主体墙体	K=1.14 D=3.23	K_m	1.17	1.18	1.20	1.21	1.23	1.24	1.26	1.27
			热桥部分	K=1.44 D=3.25	D_m	3.23	3.23	3.23	3.23	3.24	3.24	3.24	3.24
	115 90 240 尺寸规格：240mm×115mm×90mm 孔型：双排八孔		说明：①混凝土多孔砖导热系数为0.738W/（m·K），蓄热系数为7.25W/（m²·K），修正系数为1.0，密度1450kg/m³； ②无机保温砂浆Ⅱ型的导热系数为0.085W/（m·K），蓄热系数为1.5W/（m²·K），修正系数为1.25，密度450kg/m³； ③本表中，K_m≤1.5W/（m²·K）时满足《浙江省居住建筑节能设计标准》（DB 33/1015—2015）中体型系数≤0.4，北区建筑外墙热工设计要求；K_m≤1.8W/（m²·K）时，满足体型系数≤0.4，南区建筑外墙热工设计要求；否则，需要进行建筑围护结构热工性能权衡判断； ④本表中，K_m≤1.2W/（m²·K）时满足《浙江省居住建筑节能设计标准》（DB 33/1015—2015）中体型系数>0.4，北区建筑外墙热工设计要求；K_m≤1.5W/（m²·K）时，满足体型系数>0.4，南区建筑外墙热工设计要求；否则，需要进行建筑围护结构热工性能权衡判断； ⑤本表中，K_m≤1.8W/（m²·K）时，满足《农村居住建筑节能设计标准》（GB/T 50824—2013）中规定的分散独立式、分户独立式（双拼、联排）低层建筑的外墙热工设计要求										

2. 分户墙

分户墙构造	墙体厚度/mm	墙体面密度/(kg/m²)	墙体热工性能		不同热桥比例的分户墙平均传热系数(K_m)/热惰性指标(D_m)							
					性能	10%	15%	20%	25%	30%	35%	40%
1—饰面层； 2—界面层(混合砂浆 20mm/无机保温砂浆Ⅰ型 20mm)； 3—基层墙体(混凝土多孔砖 240mm)； 4—界面层(混合砂浆 20mm/无机保温砂浆Ⅰ型 20mm)； 5—饰面层	280	416	主体墙体	K=1.66 D=2.85	K_m	1.74	1.78	1.81	1.85	1.89	1.93	1.96
			热桥部分	K=2.42 D=2.87	D_m	2.85	2.85	2.85	2.86	2.86	2.86	2.86
	280 (20mm)	362	主体墙体	K=0.99 D=2.91	K_m	1.01	1.02	1.03	1.04	1.06	1.07	1.08
			热桥部分	K=1.21 D=2.92	D_m	2.91	2.91	2.91	2.91	2.91	2.91	2.91

说明：①混凝土多孔砖的导热系数为0.738W/(m·K)，蓄热系数为7.25W/(m²·K)，修正系数为1.0，密度1450kg/m³；
②无机保温砂浆Ⅰ型(C型)的导热系数为0.07W/(m·K)，蓄热系数为1.2W/(m²·K)，修正系数为1.25，密度450kg/m³；
③当K_m≤2.0W/(m²·K)时，满足《浙江省居住建筑节能设计标准》(DB 33/1015—2015)中分户墙的热工性能要求

参考文献

[1] 浙政发. 浙江省人民政府关于积极推进绿色建筑发展的若干意见. 2011.

[2] 建设发. 关于进一步加强我省民用建筑节能设计技术管理的通知. 2009.

[3] 浙江省统计局,国家统计局浙江调查总队. 浙江省统计年鉴[M]. 北京:中国统计出版社,2013.

[4] 徐星明. 浙江农村经济现象探析(上篇)[J]. 首都经济杂志,2003:17-19.

[5] 徐星明. 浙江农村经济现象探析(下篇)[J]. 首都经济杂志,2003:39-41.

[6] 徐立,张明龙. 浙江专业市场型村落演化的一般过程及其启示. 乡镇经济[J],2007:62-65.

[7] 中国建筑工程协会. 农村单体居住建筑节能设计标准[M]. 北京:中国计划出版社,2013.

[8] 中华人民共和国住房和城乡建设部. 农村居住建筑节能设计标准[M]. 北京:中国建筑工业出版社,2012.

[9] 中国气象局气象信息中心气象资料室,清华大学建筑技术科学系. 中国建筑热环境分析专用气象数据集[M]. 北京:中国建筑工业出版社,2005.

[10] 中华人民共和国住房和城乡建设部,中华人民共和国国家质量监督检验检疫总局. 民用建筑供暖通风与空气调节设计规范[M]. 北京:中国建筑工业出版社,2012.

[11] 涂逢祥. 建筑遮阳在发达国家的应用和发展[J]. 建筑技术,2003,12(44):1106-1108.

[12] 王珺. 长江三角洲地区遮阳技术研究[J]. 建筑节能,2009,9(37):46-49.

[13] 张三明. 建筑物理[M]. 武汉:华中科技大学出版社,2009.

[14] 徐伟. 国际建筑节能标准研究[M]. 北京:中国建筑工业出版社,2012.

[15] International Energy Conservation Code2009.

[16] Energy Standard for Buildings Except Low-Rise Residential Buildings(ASHRAE90.1-2010).

[17] 経済産業省,国土交通省. エネルギーの使用の合理化に関する建築主等及び特定建築物の所有者の判断の基準. 2013.

[18] 国土交通省. 住宅に係るエネルギーの使用の合理化に関する設計、施工及び維持保全の指針. 2013.

[19] 経済産業省,国土交通省. 特定住宅に必要とされる性能の向上に関する住宅事業建築主の判断の基準. 2014.